U0828179

ANNUAL STATISTIC REPORT ON ENVIRONMENT IN CHINA

中国环境统计年报 2009

中华人民共和国环境保护部 编

MINISTRY OF ENVIRONMENTAL PROTECTION
OF THE PEOPLE'S REPUBLIC OF CHINA

中国环境科学出版社·北京

CHINA ENVIRONMENTAL SCIENCE PRESS · BEIJING

图书在版编目（CIP）数据

中国环境统计年报．2009/中华人民共和国环境保护部编．—北京：中国环境科学出版社，2010.12

ISBN 978-7-5111-0425-0

Ⅰ．①中…　Ⅱ．①中…　Ⅲ．①环境统计—统计资料—中国—2009—年报　Ⅳ．①X508.2-54

中国版本图书馆 CIP 数据核字（2010）第 234198 号

责任编辑　沈　建　贾卫列
责任校对　扣志红
封面设计　玄石至上

出版发行　中国环境科学出版社
（100062　北京东城区广渠门内大街 16 号）
网　　址：http://www.cesp.com.cn
联系电话：010-67112765（总编室）
发行热线：010-67125803，010-67113405（传真）

印　　刷　北京中科印刷有限公司
经　　销　各地新华书店
版　　次　2010 年 12 月第 1 版
印　　次　2010 年 12 月第 1 次印刷
开　　本　889×1194　1/16
印　　张　17.75
字　　数　405 千字
定　　价　100.00 元

【版权所有。未经许可请勿翻印、转载，侵权必究】
如有缺页、破损、倒装等印装质量问题，请寄回本社更换

《中国环境统计年报·2009》编委会

主　任　张力军

副主任　赵华林　罗　毅　于　飞　傅德黔

编　委　（按姓氏笔画为序）

万婷婷　万玉玲　王军霞　王　鑫　王明良　毛玉如　安海蓉
韦洪莲　史庆敏　李红兵　李敏君　陈　明　陈　默　何　军
张玉军　邹世英　周　冏　赵　莹　赵永明　赵银慧　彭　菲
郭从容　贾卫列　唐桂刚　董广霞　董文福　彭德富　景立新

主　编　罗　毅

副主编　毛玉如　景立新

编　辑　孙京敏　党瑞华　韩　雪　谢　晔　蔡笑涯　冯元群　郎勇设
锁玉琴　任建东　谭　良　黄素英　兰波涛　潘　圣　贾　曼
王琳琳　韦　伟　白云辉　郑　兵　王　健　黄　春　杨朝晖
唐　蓉　乔淑芳　刘新平　周　震　戴晓峰　韩福敏　季　冕
廖　屹　李占春　刘荣军　张彦涛　李肇全　赵新宇　朱敬之
董海燕　王健炜　刘建晖　孙　炜　朱靖琼　吴劲松　王秀臣
杨　华　施敏芳　黄　霞　李　灵　刘晓蕾　孔福生　王　群
毛国辉　牛　耘　毋建军　胡荣国　杨　辛　杨　斌　王　龙
李　勤　冯沈迎　汪新生　廖惠彬　马　祥　王　炜　侯　亮
尚从容　张生杰　王双炯　魏永邦　叶　青　代宝义　高　峰
于爱敏　张柏文　马成伟　石雪梅　徐　涛　康　宏　陈　刚
肖辰畅　柳　郁　冯　适　陈　豪　王彦刚　张　敏　黄树杰
曹　霞　王洪珍　汪太鹏　王文贡　王晓辉　朱明双　王文有
黄婧蓼琦

组织编写　环境保护部污染物排放总量控制司
　　　　　中国环境监测总站
资料提供　各省、自治区、直辖市环境保护厅（局）
批　　准　中华人民共和国环境保护部

目　录

1

全国环境统计概要

QUANGUO HUANJING TONGJI GAIYAO

ANNUAL STATISTIC REPORT ON ENVIRONMENT IN CHINA

2009

综　述

2009 年，在党中央、国务院的坚强领导下，全国环境保护系统坚定不移地贯彻党中央、国务院关于环境保护的决策部署，坚持以探索中国环保新道路为主题，以做好国际金融危机形势下的环保工作为主线，以解决危害群众健康的突出环境问题为重点，参与宏观调控的水平进一步提高，污染减排取得显著成效，污染防治稳步推进，基础能力建设取得积极进展，较好地完成了 2009 年各项工作任务。与 2005 年相比，2009 年全国化学需氧量排放量和二氧化硫排放量分别下降 9.66%和 13.14%，二氧化硫已提前完成“十一五”的总量减排目标。

2009 年全国废水排放总量 589.7 亿吨，比上年增加 3.1%。其中，工业废水排放量 234.5 亿吨，比上年减少 3.0%。城镇生活污水排放量 355.2 亿吨，比上年增加 7.6%。废水中化学需氧量（COD）排放量 1 277.5 万吨，比上年减少 3.3%。废水中氨氮排放量 122.6 万吨，比上年减少 3.5%。工业用水重复利用率 85.0%，比上年提高 1.2 个百分点。

全国废气中二氧化硫（SO_2）排放量 2 214.4 万吨，比上年减少 4.6%。烟尘排放量 847.7 万吨，比上年减少 6.0%。工业粉尘排放量 523.6 万吨，比上年减少 10.5%。氮氧化物排放量 1 692.7 万吨，比上年增加 4.2%。工业二氧化硫排放达标率为 91.0%，比上年提高 2.2 个百分点。

全国工业固体废物产生量 20.4 亿吨，比上年增加 7.3%；工业固体废物排放量 710 万吨，比上年减少 9.1%。工业固体废物综合利用率为 67.0%，比上年增加 2.7 个百分点。

全国共有城市污水处理厂 2 192 座，比上年增加 500 座。城市生活污水处理率达到 63.3%，比上年提高 5.9 个百分点。

1.1 统计企业基本情况

2009 年，对 110 905 家重点统计的工业企业进行了发表调查，对其他非重点调查工业企业的污染排放量按比率进行估算。

1.1.1 工业企业污染物治理情况

发表调查的企业中，共有 14 738 套废水污染物在线监测仪器，7.7 万套废水治理设施，投入运行费 478.5 亿元，比上年增加 5.7%。共去除化学需氧量 1 321.3 万吨、氨氮 64.1 万吨、石油类 37.1 万吨、挥发酚 8.5 万吨、氰化物 1.4 万吨。

企业在用的工业锅炉和炉窑数分别为 8.6 万台和 8.1 万台，共安装 9 108 套废气污染物在线监测仪器、17.6 万套废气治理设施（其中脱硫设施 26 995 套），投入运行费 873.7 亿元，比上年增加 13.0%。共去除二氧化硫 2 889.9 万吨（其中燃料燃烧过程中去除 1 738.9 万吨）、烟尘 32 848.1 万吨、粉尘 8 722.6 万吨。

1.1.2 工业企业污染治理投资情况

2009 年全国共实施工业污染治理项目 9 122 个，其中废水治理项目 3 864 个，废气治理项目 3 863 个，工业固体废物治理项目 386 个。当年竣工的项目数 8 235 个，其中废水治理项目 3 415 个，废气治理项目 3 540 个，工业固体废物治理项目 338 个。

工业污染治理项目本年完成投资总额为 442.5 亿元，其中，工业废水治理项目完成投资 149.5 亿元，新增设计处理能力 2 178.2 万吨/日。工业废气治理项目完成投资 232.5 亿元，新增设计处理能力（标态）29 467 万米^3/时。工业固体废物治理项目完成投资 21.9 亿元，新增设计处理能力 218.1 万吨/日。

1.2 废水

1.2.1 废水及主要污染物排放情况

（1）废水排放情况

2009 年，全国废水排放总量 589.7 亿吨，比上年增加 3.1%。其中，工业废水排放量

234.5 亿吨，比上年减少 3.0%。工业废水排放量占废水排放总量的 39.8%。

生活污水排放量 355.2 亿吨，比上年增加 7.6%。生活污水排放量占废水排放总量的 60.2%。

表 1　全国废水及其主要污染物排放量年际对比

项目 年度	废水排放量（亿吨）			化学需氧量排放量（万吨）			氨氮排放量（万吨）		
	合计	工业	生活	合计	工业	生活	合计	工业	生活
2001	433.0	202.7	230.3	1 404.8	607.5	797.3	125.2	41.3	83.9
2002	439.5	207.2	232.3	1 366.9	584.0	782.9	128.8	42.1	86.7
2003	460.0	212.4	247.6	1 333.6	511.9	821.7	129.7	40.4	89.3
2004	482.4	221.1	261.3	1 339.2	509.7	829.5	133.0	42.2	90.8
2005	524.5	243.1	281.4	1 414.2	554.7	859.4	149.8	52.5	97.3
2006	536.8	240.2	296.6	1 428.2	542.3	885.9	141.3	42.5	98.8
2007	556.8	246.6	310.2	1 381.8	511.0	870.8	132.4	34.1	98.3
2008	571.7	241.7	330.0	1 320.7	457.6	863.1	127.0	29.7	97.3
2009	589.7	234.5	355.2	1 277.5	439.7	837.8	122.6	27.3	95.3
增长率（%）	3.1	−3.0	7.6	−3.3	−3.9	−2.9	−3.5	−7.7	−2.1

注：增长率指 2009 年与 2008 年相比，下同。

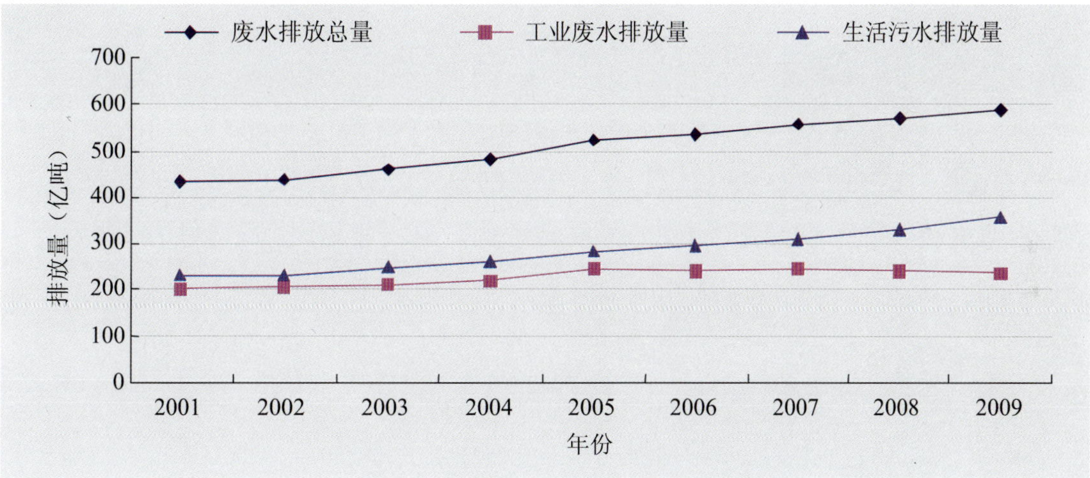

图 1　全国废水排放量年际对比

自 2001 年以来，废水排放总量呈持续上升趋势。其中，生活污水排放量始终呈增长趋势，而工业废水排放量近年来有所下降。

（2）化学需氧量排放情况

2009 年，全国废水中化学需氧量排放量 1 277.5 万吨，比上年下降 3.3%。

工业废水中化学需氧量排放量 439.7 万吨，比上年下降 3.9%。工业化学需氧量排放量占化学需氧量排放总量的 34.4%。

生活污水中化学需氧量排放量 837.8 万吨，比上年下降 2.9%。生活化学需氧量排放量占化学需氧量排放总量的 65.6%。

2009 年化学需氧量排放总量继续保持了下降趋势。

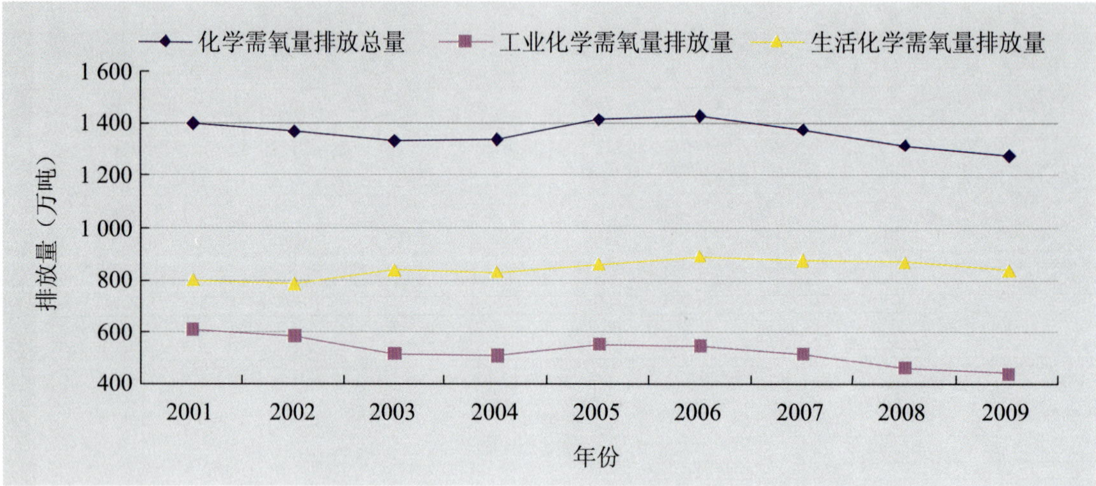

图 2　全国化学需氧量排放量年际对比

（3）氨氮排放情况

2009 年，全国废水中氨氮排放量 122.6 万吨，比上年减少 3.5%。其中，工业氨氮排放量 27.3 万吨，比上年减少 7.7%，工业氨氮排放量占氨氮排放总量的 22.3%。生活氨氮排放量 95.3 万吨，比上年减少 2.1%，生活氨氮排放量占氨氮排放总量的 77.7%。

“十一五”以来，氨氮排放总量呈下降趋势，主要是由工业氨氮排放量下降所致。

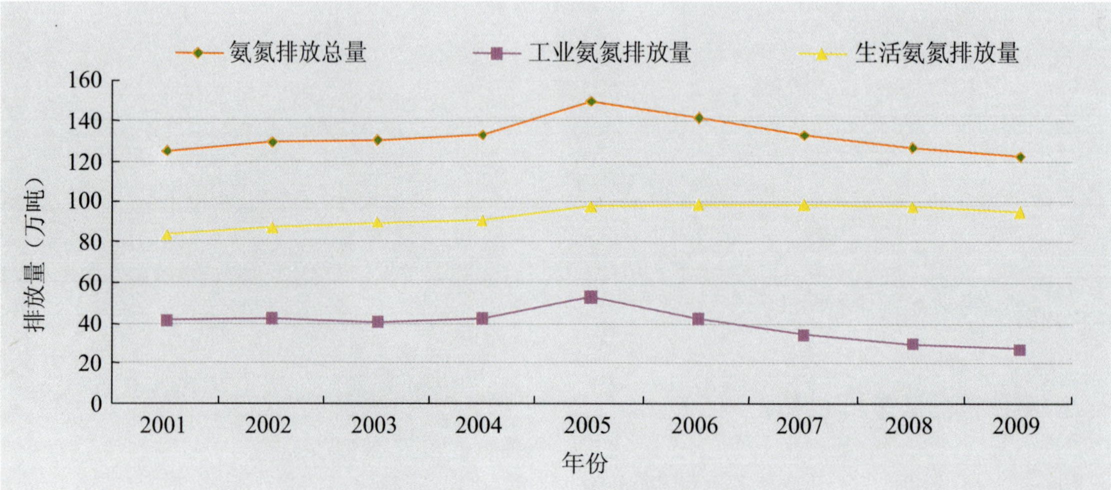

图 3　全国废水中氨氮排放量年际对比

（4）废水中其他主要污染物排放情况

2009 年，全国工业废水中石油类排放量 0.95 万吨，比上年减少 28.6%；挥发酚排放量 1 044.6 吨，比上年减少 45.5%；氰化物排放量 250 吨，比上年减少 2.3%。工业废水中五项重金属（汞、镉、六价铬、铅、砷）排放量自“十一五”以来总体呈下降趋势。

表 2　全国废水中其他有毒有害污染物排放量年际对比　　单位：吨

年度	汞	镉	六价铬	铅	砷
2001	5.6	110.5	121.4	489.9	408.4
2002	4.8	105.6	111.1	484.8	346.2
2003	5.5	84.5	103.1	568.5	373.7
2004	3.0	56.3	150.8	366.2	306.1
2005	2.7	62.1	105.6	378.3	453.2
2006	2.6	49.4	96.4	339.1	245.2
2007	1.2	39.3	69.0	319.7	187.4
2008	1.36	39.5	75.3	240.9	215.0
2009	1.39	32.3	55.4	182.2	197.3
增长率（%）	2.3	−18.2	−26.4	−24.4	-8.2

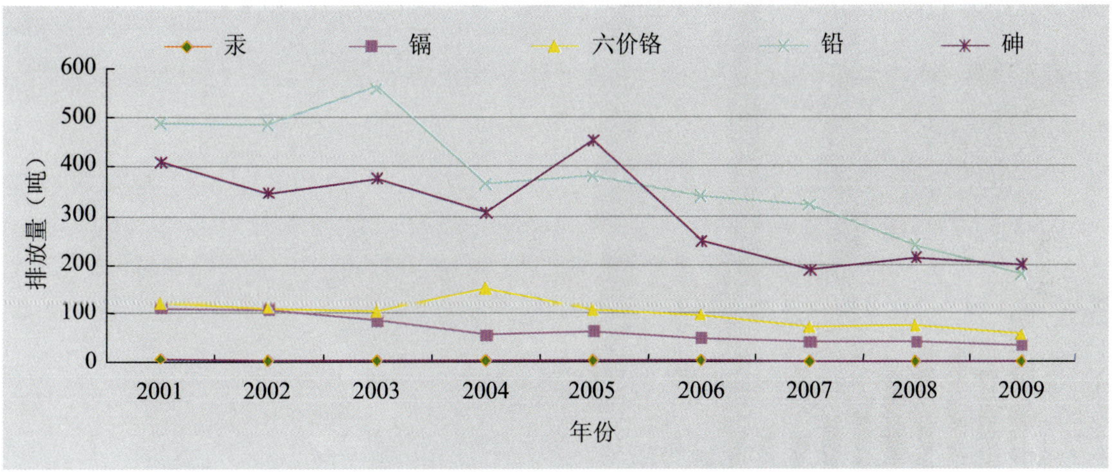

图 4　工业废水中五项重金属历年排放趋势

1.2.2　各地区废水及主要污染物排放情况

（1）各地区废水排放情况

2009 年，废水排放量大于 30 亿吨的省份依次为广东、江苏、山东、浙江、河南、广西。这 6 个省份废水排放总量为 260.1 亿吨，占全国废水排放量的 44.1%。工业废水排放量最大的是江苏，生活污水排放量最大的是广东，与上年相同。

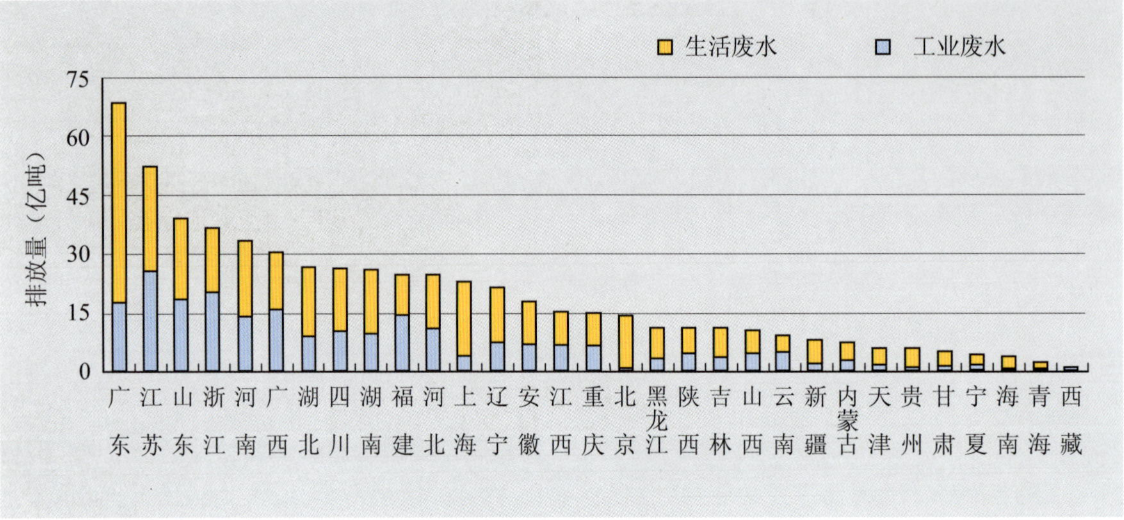

图 5　各地区废水排放情况

（2）各地区化学需氧量排放情况

化学需氧量排放量前 10 位的省份依次为广西、广东、湖南、江苏、四川、山东、河南、湖北、河北和辽宁。这 10 个省份的化学需氧量排放量为 728.7 万吨，占全国化学需氧量排放量的 57.0%。工业化学需氧量排放量最大的是广西，生活化学需氧量排放量最大的是广东。

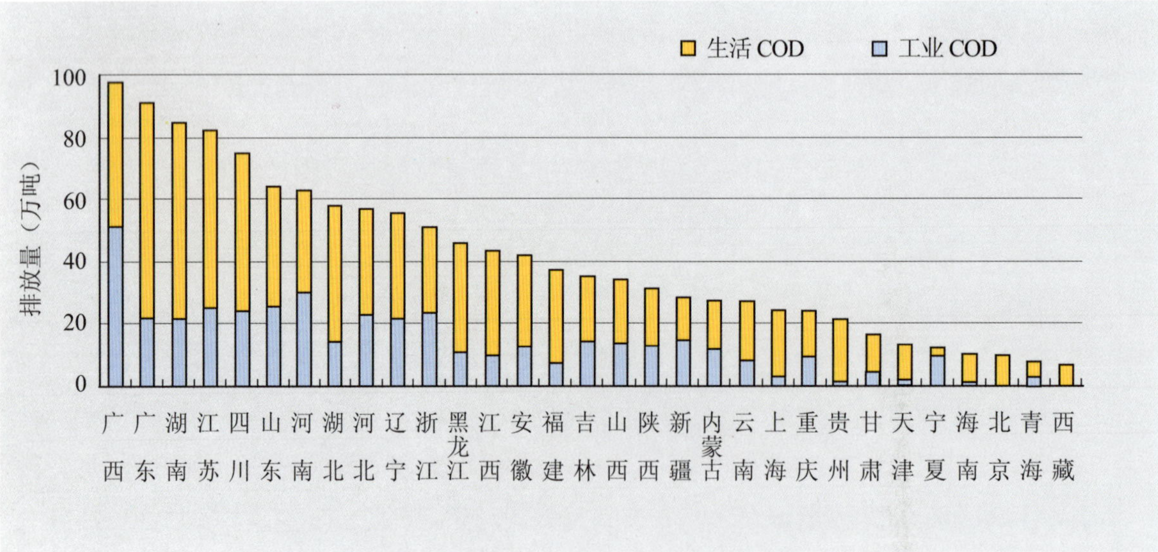

图 6　各地区化学需氧量排放情况

（3）各地区氨氮排放情况

氨氮排放量前10位的省份依次为广东、湖南、河南、山东、江苏、湖北、辽宁、四川、河北和黑龙江。这10个省份的氨氮排放量为69.6万吨，占全国氨氮排放量的56.8%。工业氨氮排放量最大的是河南，生活氨氮排放量最大的是广东。

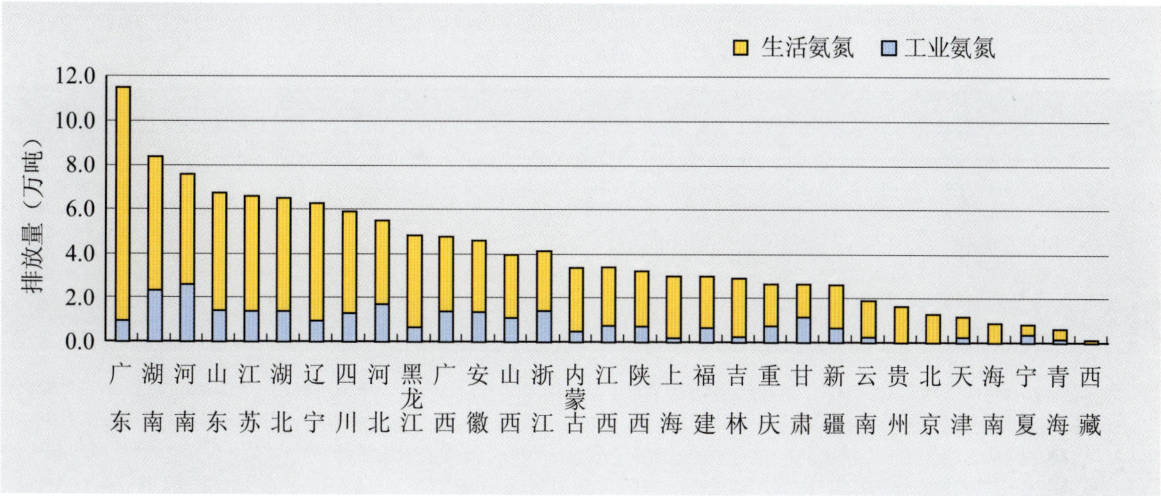

图7　各地区氨氮排放情况

1.2.3　工业行业废水及主要污染物排放情况

（1）行业废水排放情况

2009年，在统计的39个工业行业中，废水排放量位于前4位的行业依次为：造纸与纸制品业；化学原料及化学制品制造业；纺织业；电力、热力的生产和供应业。这4个行业的废水排放量为107.8亿吨，占重点调查统计企业废水排放量的51.6%。

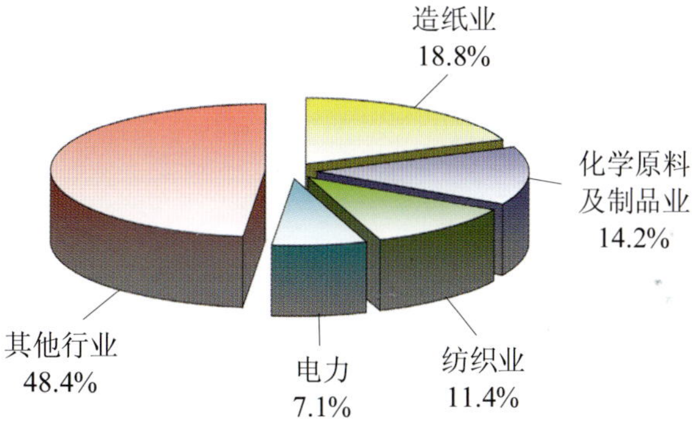

图8　工业行业废水排放情况

（2）行业化学需氧量排放情况

2009年，化学需氧量排放量位于前4位的行业依次为造纸业、农副食品加工业、化学原料及制品业、纺织业。这4个行业的化学需氧量排放量为236.4万吨，经济贡献率占17.2%，污染贡献率却占62.3%。

表3　重点行业化学需氧量污染贡献率变化趋势　　单位：%

行　业	2003年	2004年	2005年	2006年	2007年	2008年	2009年
造纸业	34.5	33.0	32.4	33.6	34.7	32.8	28.9
农副食品加工业	14.4	13.3	13.7	12.8	12.8	14.9	13.9
化学原料及制品业	10.8	11.2	11.5	11.7	10.3	10.6	11.3
纺织业	5.6	6.7	6.1	6.8	7.6	8.0	8.3
累　计	65.3	64.2	63.7	64.9	65.4	66.3	62.3

注：①污染贡献率指该行业某种污染物排放量与所有统计行业中此污染物排放总量之比，下同。
②因2002年后《国民经济行业分类》标准执行GB/T 4754—2002，行业分类有所变化，故本表起始年份为2003年。

与2008年相比，2009年农副食品加工业经济贡献率上升但污染贡献率下降，造纸业经济贡献率和污染贡献率均低于2008年，化学原料及制品业经济贡献率降低但污染贡献率有所上升，纺织业经济贡献率和污染贡献率均高于2008年。

表4　重点行业经济贡献率变化趋势（按总产值计算）　　单位：%

行　业	2003年	2004年	2005年	2006年	2007年	2008年	2009年
造纸业	2.4	2.2	2.1	2.0	2.1	2.4	1.9
农副食品加工业	3.3	3.4	3.2	3.0	3.8	3.2	3.7
化学原料及制品业	9.5	8.3	8.3	8.2	9.2	7.3	7.1
纺织业	4.8	4.4	4.3	4.1	3.4	4.2	4.5
累　计	20.0	18.3	17.9	17.3	18.5	17.1	17.2

注：经济贡献率指某行业的工业总产值（现价）与统计行业总产值（现价）的比值，下同。

表5　重点行业化学需氧量排放强度变化趋势　　单位：吨/万元

行　业	2003年	2004年	2005年	2006年	2007年	2008年	2009年
造纸业	0.094	0.075	0.069	0.054	0.040	0.025	0.025
农副食品加工业	0.021	0.025	0.019	0.014	0.008	0.008	0.006
化学原料及制品业	0.007	0.007	0.006	0.005	0.003	0.003	0.003
纺织业	0.008	0.008	0.006	0.005	0.006	0.003	0.003

注：排放强度指某行业污染物排放量与相同范围内统计工业总产值（现价）的比值，即单位产值排放量，下同。

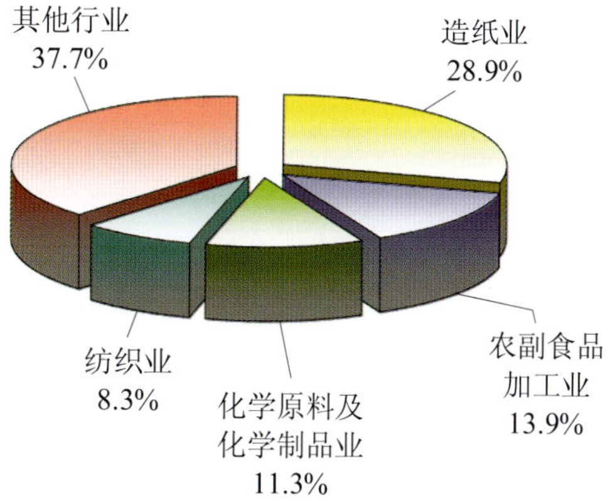

图 9　工业行业化学需氧量排放情况

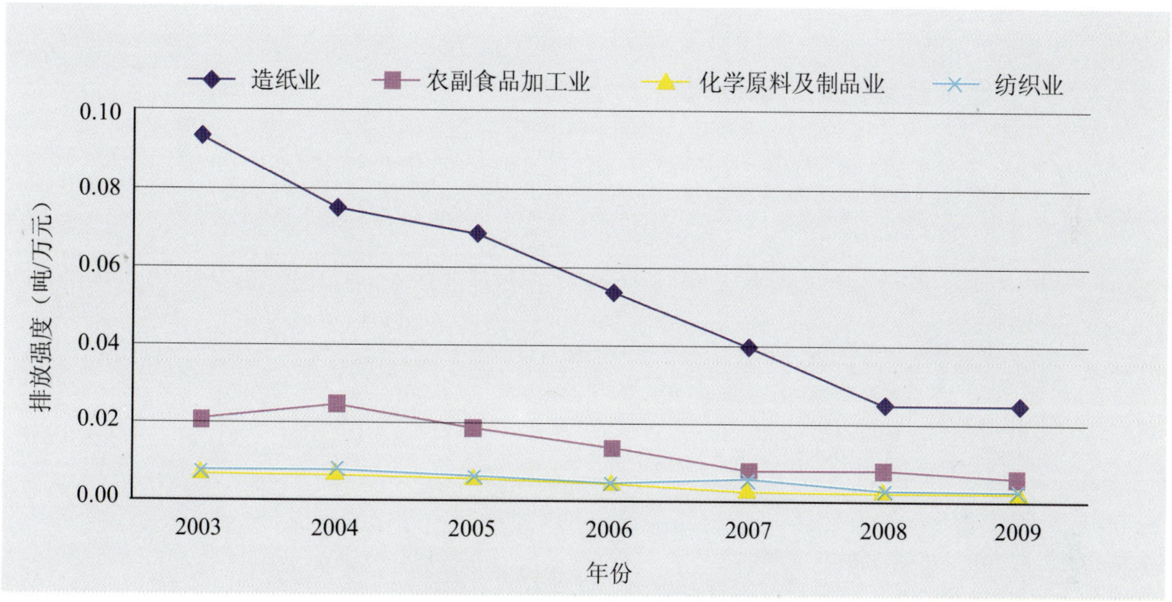

图 10　重点行业化学需氧量排放强度变化趋势

总体看来，从 2003 年到 2009 年，这 4 个行业的排放强度呈下降趋势，尤其 2009 年降幅变小，而且这 4 个行业的化学需氧量的污染贡献率之和仍维持在 60%以上，因此作为废水治理的重点行业，应进一步加大结构调整和技术更新的力度，实现经济与环境效益的双赢。

（3）行业氨氮排放情况

2009 年，氨氮排放量位于前 4 位的行业依次为化学原料及制品业、造纸业、农副食品加工业、纺织业。这 4 个行业氨氮排放量为 15.0 万吨，占重点调查统计企业氨氮排放量的 61.4%。

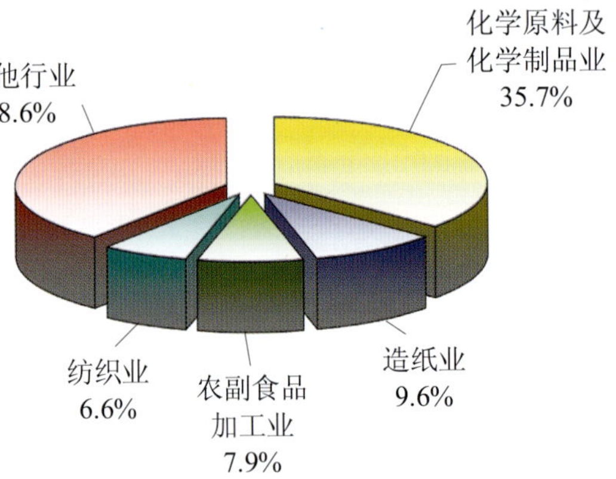

图 11　工业行业氨氮排放情况

（4）行业重金属等污染物排放情况

2009 年，重金属（汞、镉、六价铬、铅、砷）排放量位于前 4 位的行业依次为有色金属矿采选业、有色金属冶炼及压延加工业、化学原料及化学制品制造业、黑色金属冶炼及压延加工业。这 4 个行业重金属排放量为 404.4 吨，占重点调查统计企业排放量的 86.3%。

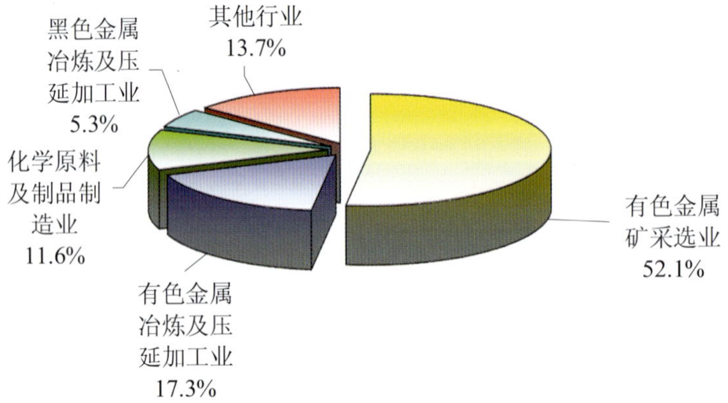

图 12　工业行业重金属排放情况

（5）行业石油类污染物排放情况

石油类排放量位于前 4 位的行业依次为：黑色金属冶炼及压延加工业；化学原料及化学制品制造业；石油加工、炼焦及核燃料加工业；交通运输设备制造业。这 4 个行业石油类排放量为 5 631 吨，占重点调查统计企业石油类排放量的 59.2%。

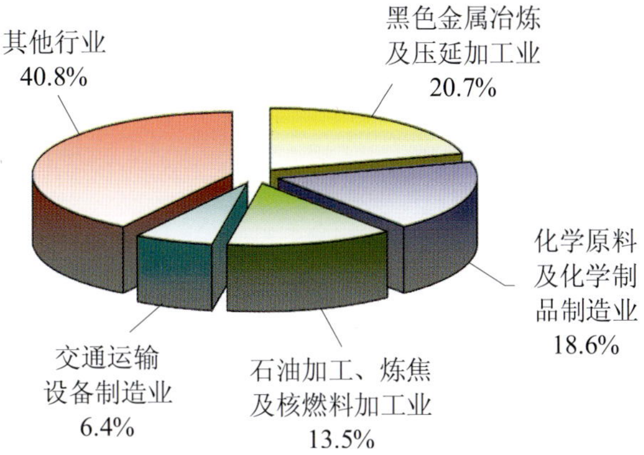

图 13　工业行业石油类污染物排放情况

1.2.4　七大流域接纳废水及污染治理情况

1.2.4.1　接纳废水及主要污染物情况

2009 年，辽河、海河、淮河、长江、黄河、松花江和珠江七大流域共有 85 182 家工业企业纳入重点调查统计范围，占全部重点调查统计企业数的 76.8%。

（1）废水

七大流域共接纳废水 482.5 亿吨，比上年增加 7.9%，占全国废水排放总量的 81.8%；接纳工业废水 184.4 亿吨，比上年减少 0.5%，占全国工业废水排放量的 78.6%；接纳生活污水 298.1 亿吨，比上年增加 13.8%，占全国生活污水排放量的 83.9%。

表 6　七大流域废水及污染物接纳情况

年度	废水（亿吨）			化学需氧量（万吨）			氨氮（万吨）		
	总计	工业	生活	总计	工业	生活	总计	工业	生活
2005	379.3	172.5	206.8	1 059.8	406.3	653.6	110.9	40.4	70.5
2006	412.0	180.8	231.2	1 136.4	422.5	713.9	113.0	36.2	76.8
2007	433.6	191.0	242.6	1 114.1	410.5	703.6	107.1	28.9	78.2
2008	447.3	185.3	262.0	1 070.0	365.6	704.4	103.1	24.9	78.2
2009	482.5	184.4	298.1	1 053.4	356.5	696.9	102.1	23.4	78.7
增长率（%）	7.9	−0.5	13.8	−1.6	−2.5	−1.1	−1.0	−6.0	0.6

注：①从 2004 年起，本年报中松花江流域和珠江流域统计范围较往年有所扩大。其中，松花江流域包括松花江流域和黑龙江流域，珠江流域包括珠江流域和粤桂琼沿海诸河流域。

②从 2006 年起，本年报中流域数据的汇总方法有所变化，流域规划所含区县的全部数据，不再沿用以前的按“排水去向”汇总数据的方法，汇总的区县数有所减少。以下湖泊数据同。

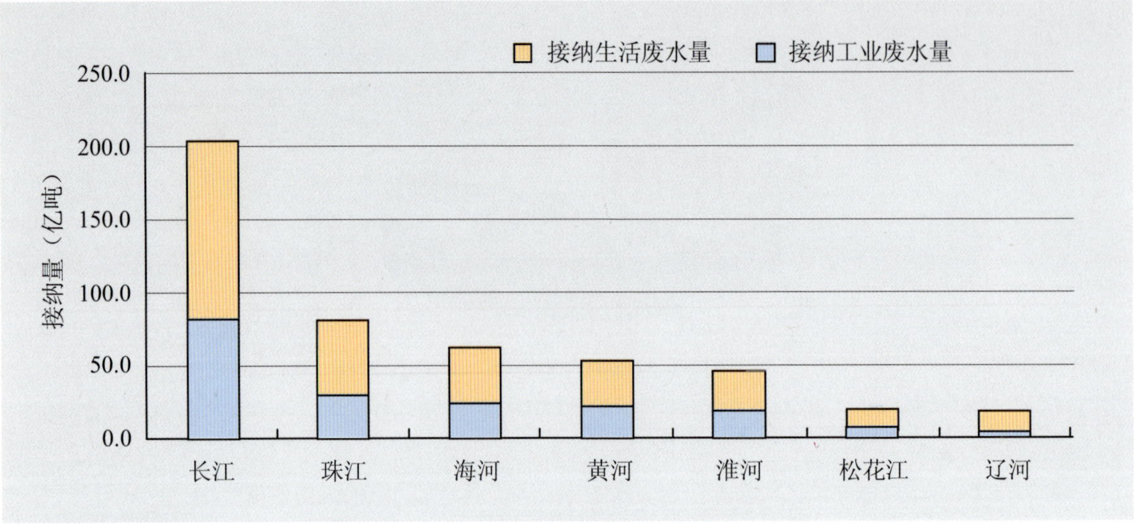

图 14　七大流域废水接纳情况

长江接纳的废水量占七大流域接纳总量的 42.4%，列第一位；其次是珠江，占 16.8%；第三位是海河，占 13.0%。

（2）化学需氧量

七大流域接纳化学需氧量 1 053.4 万吨，比上年降低 1.6%，占全国化学需氧量排放量的 82.5%；接纳工业化学需氧量 356.5 万吨，比上年降低 2.5%，占全国工业化学需氧量排放量的 81.1%；接纳生活化学需氧量 696.9 万吨，比上降低 1.1%，占全国生活化学需氧量排放量的 83.2%。

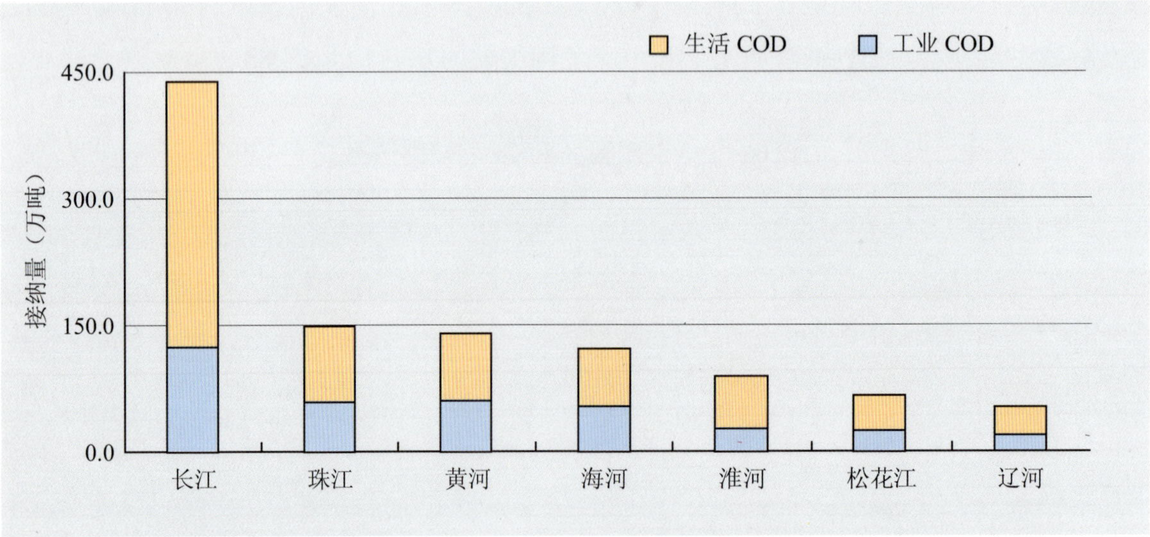

图 15　七大流域化学需氧量接纳情况

（3）氨氮

七大流域接纳氨氮 102.1 万吨，比上年减少 1.0%，占全国氨氮排放量的 83.3%；接纳工业氨氮 23.4 万吨，比上年减少 6.0%，占全国工业氨氮排放量的 85.4%；接纳生活氨氮 78.7 万吨，与上年增加 0.6%，占全国生活氨氮排放量的 82.6%。

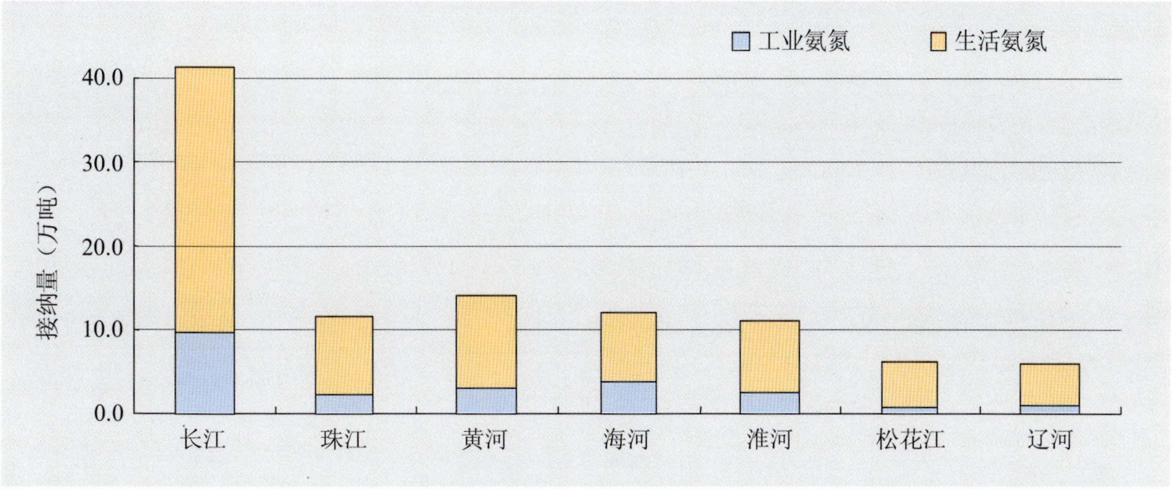

图 16　七大流域氨氮接纳情况

1.2.4.2　废水及主要污染物治理与投资情况

2009 年，七大流域共有废水治理设施 60 297 套，年运行费用 397.8 亿元，共去除化学需氧量 1 038.7 万吨、氨氮 49.6 万吨、石油类 33.6 万吨、挥发酚 7.7 万吨、氰化物 1.2 万吨。

七大流域实施工业废水治理项目 3 114 个，竣工 2 773 个，工业废水治理项目完成投资 124.4 亿元，占全国工业废水治理项目完成投资额的 83.2%。

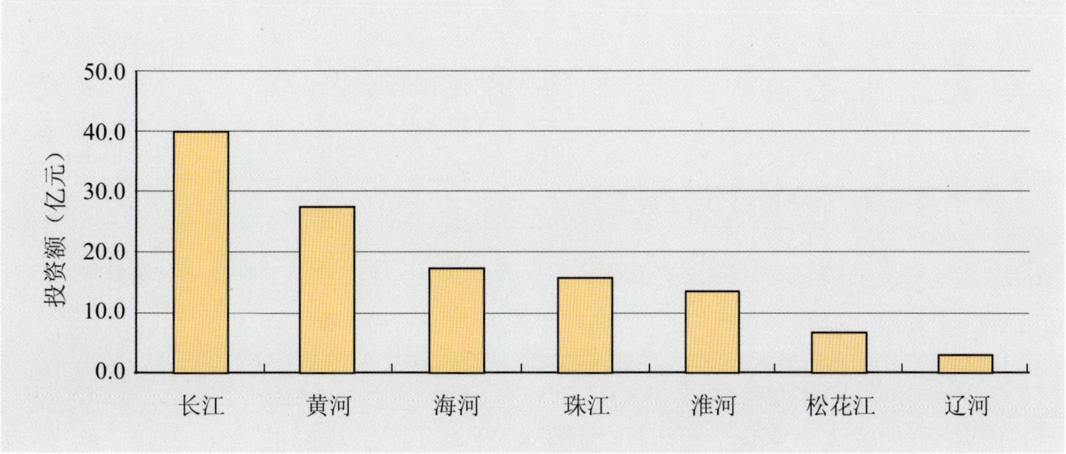

图 17　七大流域工业废水治理投资情况

七大流域经处理的工业废水为465.2亿吨，工业废水排放达标率为94.9%。纳入统计的污水处理厂1 894座，比上年增加489座，共形成8 873万吨/日的处理能力，处理生活污水196.5亿吨/年。城市生活污水处理率为65.9%，高于全国平均水平2.6个百分点。

1.2.5 五大湖泊接纳废水及污染治理情况

（1）接纳废水及主要污染物情况

2009年，滇池、巢湖、太湖、洞庭湖和鄱阳湖流域重点调查统计企业6 805家，接纳废水排放量41.9亿吨，比上年增加3.2%，其中工业废水20.2亿吨，比上年减少0.2%，生活污水21.7亿吨，比上年增加6.6%。接纳化学需氧量54.8万吨，比上年减少4.0%，其中工业化学需氧量23.0万吨，比上年减少3.1%，生活化学需氧量31.8万吨，比上年减少4.5%。接纳氨氮4.5万吨，比上年减少12.4%，其中工业氨氮1.4万吨，比上年减少15.9%，生活氨氮3.1万吨，比上年减少10.7%。

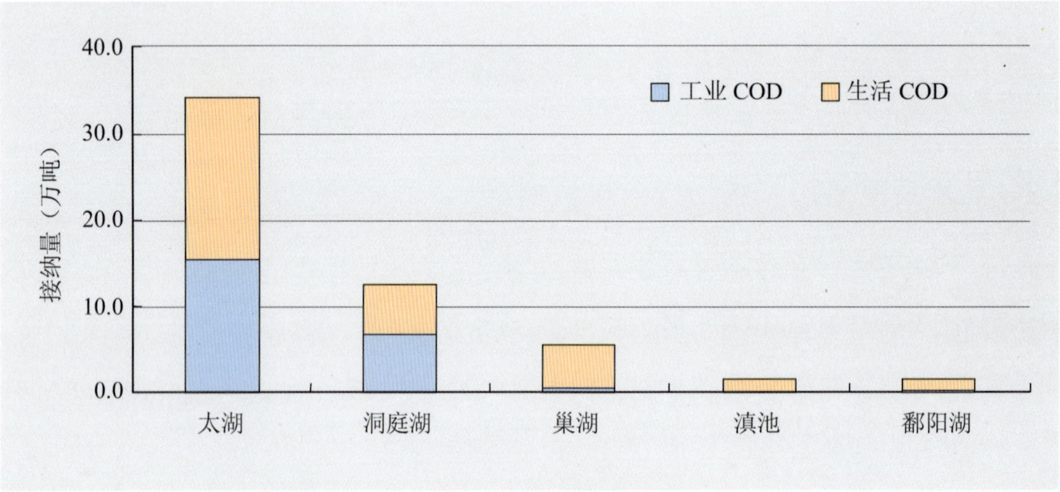

图18 五大湖泊化学需氧量接纳情况

（2）废水及主要污染物治理与投资情况

2009年，五大湖泊流域共有废水治理设施5 820套，年运行费用38.8亿元，共去除化学需氧量108.2万吨、氨氮3.2万吨、石油类0.7万吨、挥发酚1 102吨、氰化物62.3吨。

五大湖泊流域工业废水施工治理项目数423个，竣工项目数389个，工业废水治理项目完成投资12.0亿元，占全国工业废水治理项目完成投资额的8.0%。工业废水治理竣工项目新增设计处理能力 63.8 万吨/日。

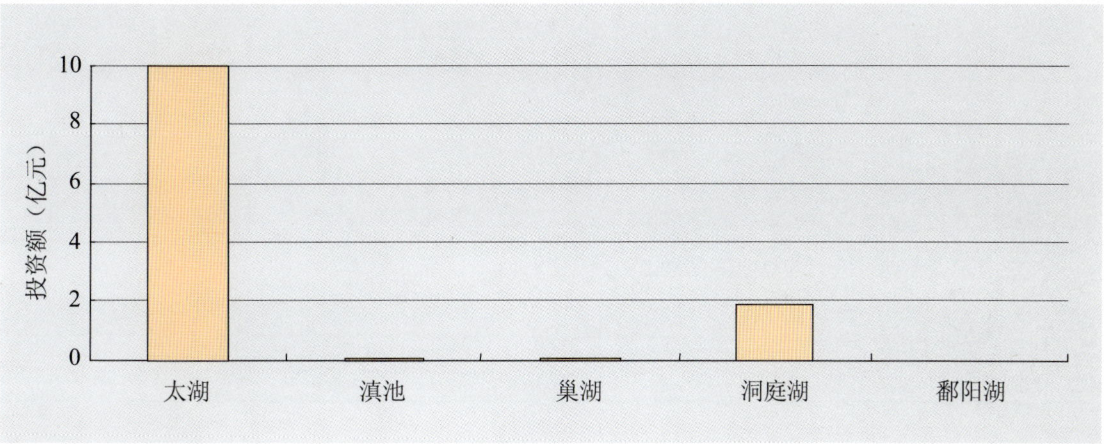

图 19　五大湖泊工业废水治理投资情况

五大湖泊流域经处理的工业废水为 25.5 亿吨，工业废水排放达标率为 97.9%。纳入统计的污水处理厂共 267 座，比上年增加 33 座，共形成 966 万吨/日的处理能力，处理生活污水 18.4 亿吨。城市生活污水处理率为 84.4%，高于全国平均水平 21.1 个百分点。

1.2.6　三峡库区接纳废水和主要污染物情况

（1）废水及污染物接纳情况

2009 年，重点调查了三峡库区（含库区、影响区及上游区共 314 个区县）10 969 家企业。

三峡库区共接纳废水 50.1 亿吨，比上年增加 2.1%。其中，工业废水 19.2 亿吨，比上年减少 0.7%；生活污水 30.9 亿吨，比上年增加 3.8%。

三峡库区接纳化学需氧量为 120.8 万吨，比上年减少 0.8%。其中，工业化学需氧量为 36.8 万吨，比上年减少 1.4%；生活化学需氧量为 84.0 万吨，比上年减少 0.6%。

三峡库区接纳氨氮为 10.5 万吨，与上年持平。其中，工业氨氮为 2.3 万吨，比上年减少 15.9%；生活氨氮为 8.3 万吨，比上年增加 5.5%。

三峡库区排放废水量最大的是四川，其次为重庆、贵州、云南、湖北；化学需氧量排放最大的是四川，其次为重庆、贵州、云南、湖北。

表 7　三峡库区及其上游主要污染物排放情况

年度	废水排放量（亿吨）			化学需氧量排放量（万吨）			氨氮排放量（万吨）		
	合计	工业	生活	合计	工业	生活	合计	工业	生活
2003	35.71	20.17	15.56	123.75	55.42	68.34	8.50	2.62	5.88
2004	34.25	18.52	15.74	103.27	34.22	69.05	8.63	2.67	5.97
2005	38.04	19.24	18.80	104.14	33.78	70.36	8.82	2.36	6.46
2006	46.50	21.37	25.12	127.14	43.76	83.38	11.09	3.60	7.48
2007	46.96	20.35	26.60	125.49	41.54	83.95	10.45	3.07	7.39
2008	49.09	19.36	29.73	121.83	37.32	84.51	10.53	2.71	7.82
2009	50.10	19.23	30.87	120.84	36.80	84.04	10.53	2.28	8.25
增长率（%）	2.06	−0.67	3.83	−0.81	−1.39	−0.56	0.00	−15.87	5.50

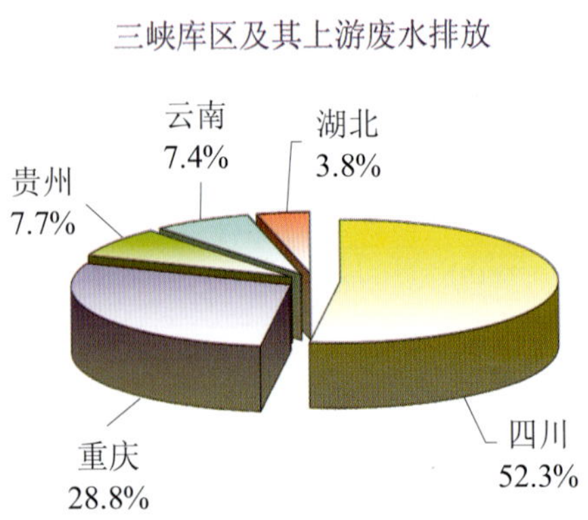

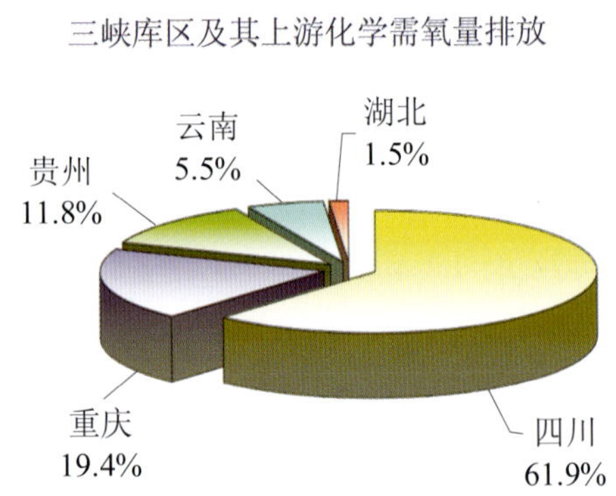

图 20　三峡库区省市废水及化学需氧量排放构成情况

（2）废水及污染物治理与投资情况

2009 年，三峡地区工业废水治理施工项目数 328 个，竣工项目数 288 个，工业废水治理项目完成投资 9.0 亿元，占全国工业废水治理项目完成投资额的 6.0%。工业废水治理竣工项目新增设计处理能力 60.0 万吨/日。

三峡地区共处理工业废水 33.7 亿吨，工业废水排放达标率为 94.3%。纳入统计的污水处理厂 240 座，比上年增加 49 座，共形成 736 万吨/日的处理能力，处理生活污水 19.7 亿吨/年。生活污水处理率 63.9%，高于全国平均水平 0.6 个百分点。

1.2.7　“南水北调”东线工程沿线接纳废水及主要污染物情况

“南水北调”东线工程途经 6 个地区的 23 个市（地级市）、105 个县（县级市、县城和区）。

2009 年，沿线重点调查工业企业数 8 240 家，排放工业废水 19.3 亿吨，排放工业化学需氧量 34.1 万吨、工业氨氮 2.7 万吨，排放石油类、重金属等其他污染物 871 吨。沿线各地区工业废水平均排放达标率为 98.0%。

沿线工业废水治理施工项目 246 个，竣工项目 229 个，工业废水治理项目完成投资额 14.3 亿元，新增工业废水治理能力 561.3 万吨/日。

沿线生活污水排放 27.0 亿吨，生活化学需氧量为 59.4 万吨，生活氨氮为 7.2 万吨。沿线污水处理厂 199 座，污水处理能力 1 006 万吨/日，处理生活污水量 20.3 亿吨。生活污水平均处理率为 75.4%，高于全国平均水平 12.1 个百分点。

1.2.8 入海陆源废水及主要污染物排放情况

2009 年，入海陆源的统计范围为我国沿海 11 个地区的 163 个县（区、市）。四大海域的重点调查工业企业数为 2.1 万家，占全国重点调查统计工业企业数的 18.9%。

表 8 近岸海域主要污染物接纳情况

年度	废水（亿吨）			化学需氧量（万吨）			氨氮（万吨）		
	总计	工业	生活	总计	工业	生活	总计	工业	生活
2003	74.6	34.4	40.2	168.4	56.4	112.0	16.4	3.9	12.5
2004	85.3	37.5	47.8	166.8	53.4	113.4	16.6	3.6	13.0
2005	91.7	40.3	51.4	179.9	63.4	116.5	18.6	4.5	14.1
2006	100.4	43.1	57.3	196.1	61.5	134.6	19.5	4.2	15.3
2007	97.2	42.6	54.6	180.5	62.7	117.8	17.0	3.6	13.4
2008	106.4	44.7	61.7	175.4	54.2	121.2	17.4	3.2	14.2
2009	109.3	41.9	67.4	171.2	52.1	119.1	16.6	2.7	13.9
增长率（%）	2.7	−6.3	9.2	−2.4	−3.9	−1.7	−4.6	−15.6	−2.1

四大海域入海陆源的废水排放总量为 109.3 亿吨，比上年增加 2.7%。其中，工业废水排放量为 41.9 亿吨，比上年减少 6.3%，占入海陆源废水排放总量的 38.3%；直排海的工业废水量为 12.8 亿吨。生活污水排放量为 67.4 亿吨，比上年增加 9.2%，占入海陆源废水排放总量的 61.7%。工业废水接纳量最大的海域是东海，生活化学需氧量接纳量最大的海域是南海。

四大海域入海陆源排放的化学需氧量 171.2 万吨，比上年减少 2.4%。其中，工业化学需氧量 52.1 万吨，比上年减少 3.9%，占化学需氧量排放量的 30.4%；生活化学需氧量 119.1 万吨，比上年减少 1.7%，占化学需氧量排放量的 69.6%。工业化学需氧量接纳量最大的海域是东海，生活化学需氧量接纳量最大的海域是南海。

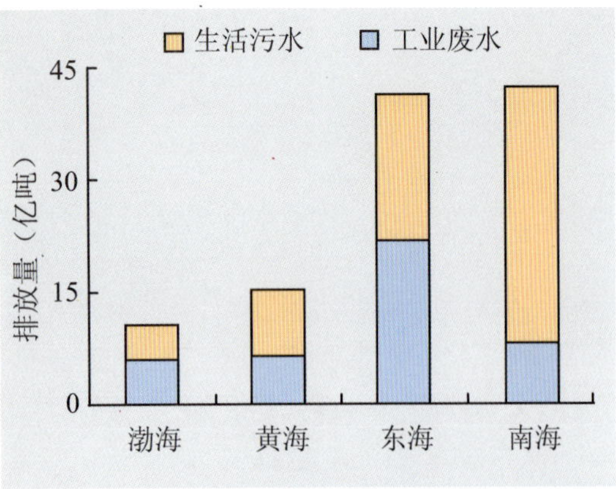

图 21　四大海域入海陆源废水排放情况

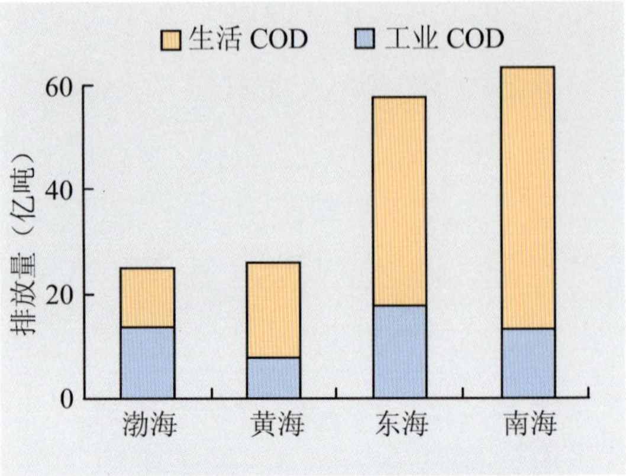

图 22　四大海域入海陆源化学需氧量排放情况

四大海域入海陆源排放氨氮 16.6 万吨，比上年减少 4.6%。其中，工业氨氮为 2.7 万吨，比上年减少 15.6%；生活氨氮为 13.9 万吨，比上年减少 2.1%。工业氨氮接纳量最大的海域是东海，生活氨氮接纳量最大的海域是南海。

四大海域入海陆源排放石油类等其他污染物 1 151 吨，比上年减少 33.4%。

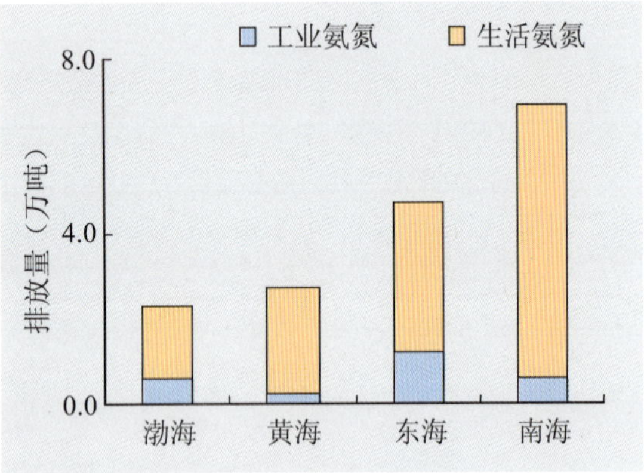

图 23　四大海域入海陆源氨氮排放情况

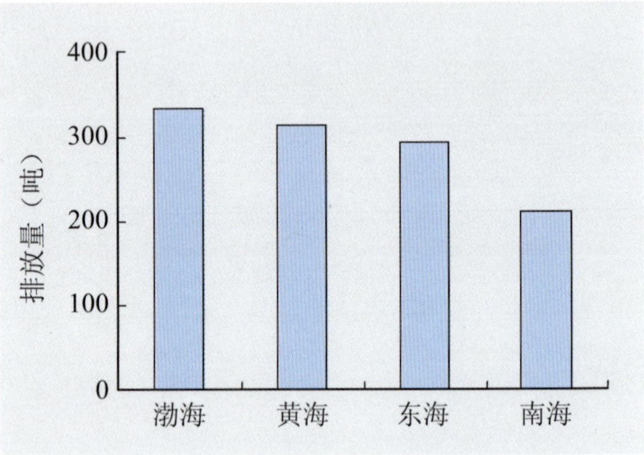

图 24　四大海域入海陆源石油类等其他污染物排放情况

四大海域入海陆源共有废水治理设施 15 376 套，年运行费用 85.5 亿元，共去除化学需氧量 240.7 万吨、氨氮 15.5 万吨、石油类 5.0 万吨、挥发酚 2 935 吨、氰化物 1 834 吨。四大海域入海陆源工业废水治理施工项目数 803 个，竣工项目数 683 个，工业废水治理项目完成投资 27.6 亿元，占全国工业废水治理项目完成投资额的 18.5%。工业废水治理竣工项目新增设计处理能力 101.9 万吨/日。工业废水排放达标率为 96.1%，比上年上升 0.8 个百分点。

四大海域入海陆源纳入统计的污水处理厂 311 座，新增 58 座，共形成 2 285.1 万吨/日的处理能力，处理生活污水 44.2 亿吨/年。生活污水处理率为 65.7%，高于全国平均水平 2.4 个百分点。

1.3　废气

1.3.1　废气及废气中主要污染物排放情况

（1）煤炭及燃料油使用情况

2009 年，全国环境统计的煤炭消费总量为 31.5 亿吨，比上年增加 5.7%。工业煤炭消费量为 29.5 亿吨，比上年增加 5.4%。其中，工业煤耗中燃料煤消费量为 21.0 亿吨，原料煤消费量为 8.5 亿吨；生活煤炭消费量为 1.9 亿吨，比上年增加 0.7%；工业（不含车船用）共消耗燃料油 2 016 万吨，比上年减少 13.7%。其中，重油 1 585 万吨，柴油 406 万吨。

表 9　全国环境统计煤炭、燃料油消费量　　单位：万吨

项目 年度	煤炭消费量				燃料油消费量（不含车船用）		
	合计	工业		生活	消费总量		
		燃料煤	原料煤			重油	柴油
2001	142 217	91 234	30 571	20 412	2 646	2 034	387
2002	152 812	97 264	36 524	19 024	2 773	2 043	495
2003	172 430	110 728	42 624	19 078	2 624	2 141	343
2004	195 611	125 972	50 026	19 613	2 734	2 295	365
2005	226 164	143 627	60 796	21 741	3 447	2 412	383
2006	250 452	162 089	67 987	20 376	2 666	2 049	571
2007	285 377	187 815	78 642	18 920	3 207	2 613	557
2008	297 663	199 862	80 307	19 328	2 335	1 850	475
2009	314 687	2 101 40	850 81	19 466	2 016	1 585	406
增长率（%）	5.7	5.1	5.9	0.7	−13.7	−14.3	−14.5

（2）二氧化硫排放情况

2009 年，全国工业废气排放量为 436 064 亿米^3（标态），比上年增加 8.0%。全国二氧化硫排放量为 2 214.4 万吨，比上年减少 4.6%。其中，工业二氧化硫排放量为 1 865.9 万吨，比上年减少 6.3%，占全国二氧化硫排放量的 84.3%；生活二氧化硫排放量为 348.5 万吨，比上年增加 5.6%，占全国二氧化硫排放量的 15.7%。

表 10　全国近年废气中主要污染物排放量　　单位：万吨

年度	二氧化硫			烟尘			工业粉尘	氮氧化物		
	合计	工业	生活	合计	工业	生活		合计	工业	生活
2001	1 947.8	1 566.6	381.2	1 069.8	851.9	217.9	990.6	—	—	—
2002	1 926.6	1 562.0	364.6	1 012.7	804.2	208.5	941.0	—	—	—
2003	2 158.7	1 791.4	367.3	1 048.7	846.2	202.5	1 021.0	—	—	—
2004	2 254.9	1 891.4	363.5	1 094.9	886.5	208.4	904.8	—	—	—
2005	2 549.3	2 168.4	380.9	1 182.5	948.9	233.6	911.2	—	—	—
2006	2 588.8	2 237.6	351.2	1 088.8	864.5	224.3	808.4	1 523.8	1 136.0	387.8
2007	2 468.1	2 140.0	328.1	986.6	771.1	215.5	698.7	1 643.4	1 261.3	382.0
2008	2 321.2	1 991.3	329.9	901.6	670.7	230.9	584.9	1 624.5	1 250.5	374.0
2009	2 214.4	1 865.9	348.5	847.7	604.4	243.3	523.6	1 692.7	1 284.8	407.9
增长率（%）	−4.6	−6.3	5.6	−6.0	−9.9	5.4	−10.5	4.2	2.7	9.1

注：我国从 2006 年开始统计氮氧化物排放量，生活排放量中含交通源排放的氮氧化物。

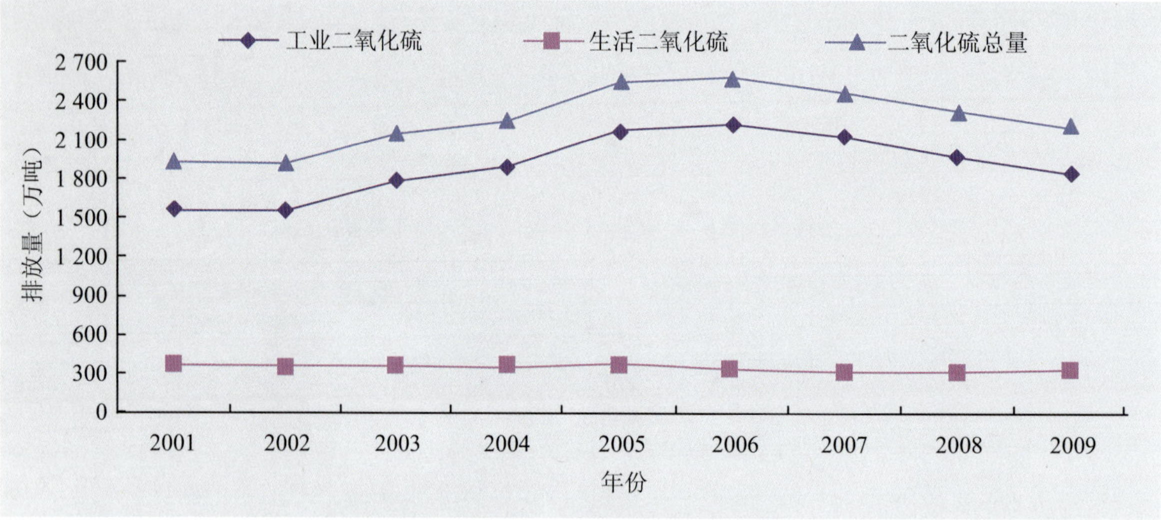

图 25　全国二氧化硫排放量年际变化

（3）氮氧化物排放情况

2009 年，氮氧化物排放量为 1 692.7 万吨，比上年增加 4.2%。其中，工业氮氧化物排放量为 1 284.8 万吨，比上年增加 2.7%，占全国氮氧化物排放量的 75.9%；生活氮氧化物排放量为 407.9 万吨，比上年增加 9.1%，占全国氮氧化物排放量的 24.1%。其中交通源氮氧化物排放量为 317.0 万吨，占全国氮氧化物排放量的 18.7%。

（4）烟尘及工业粉尘排放情况

2009 年，烟尘排放量为 847.7 万吨，比上年减少 6.0%。其中，工业烟尘排放量为 604.4 万吨，比上年减少 9.9%，占全国烟尘排放量的 71.3%；生活烟尘排放量为 243.3 万吨，比上年增加 5.4%，占全国烟尘排放量的 28.7%。

工业粉尘排放量为 523.6 万吨，比上年减少 10.5%。

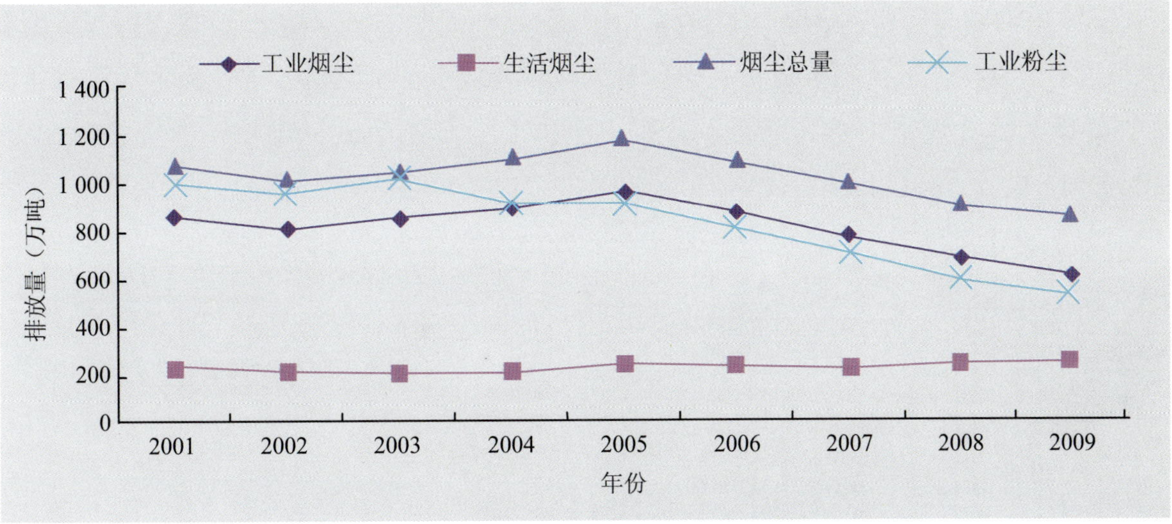

图 26　全国烟尘和工业粉尘排放量年际变化

1.3.2　各地区废气中主要污染物排放情况

（1）二氧化硫排放情况

2009 年，二氧化硫排放量超过 100 万吨的省份依次为山东、内蒙古、河南、山西、河北、贵州、四川、江苏、广东和辽宁。这 10 个省份的二氧化硫排放量占全国排放量的 55.9%。工业二氧化硫排放量最大的是山东，占全国工业二氧化硫排放量的 7.3%；生活二氧化硫排放量最大的是贵州，占全国生活二氧化硫排放量的 15.8%。

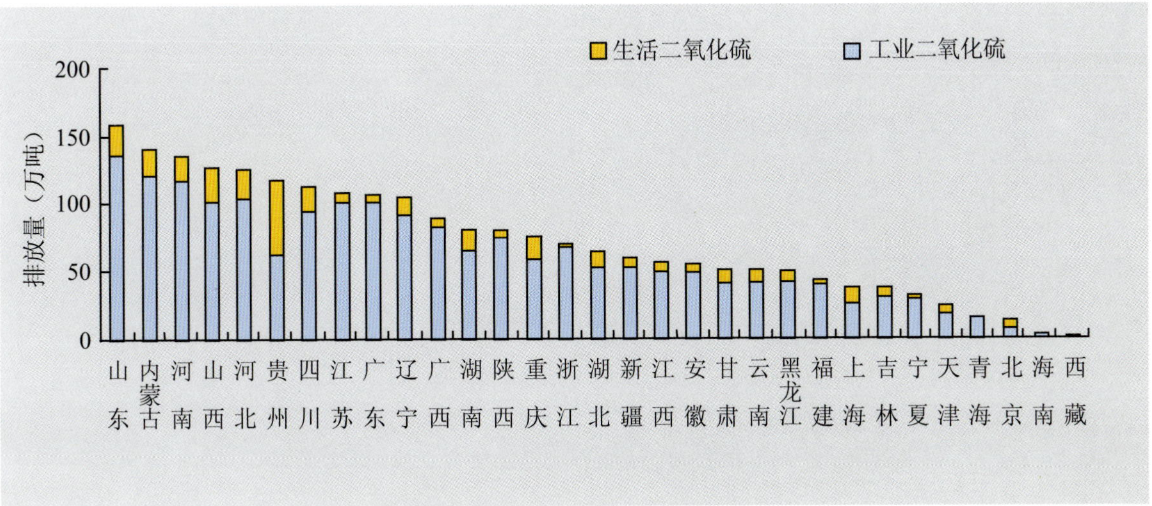

图 27　各地区二氧化硫排放情况

（2）氮氧化物排放情况

氮氧化物排放量超过 100 万吨的省份依次为山东、广东、河南、江苏、山西和内蒙古。这 5 个省份氮氧化物排放量占全国氮氧化物排放量的 42.2%。工业和生活氮氧化物排放量最大的分别是山东和广东，分别占全国工业和生活氮氧化物排放量的 8.6%和 11.6%。

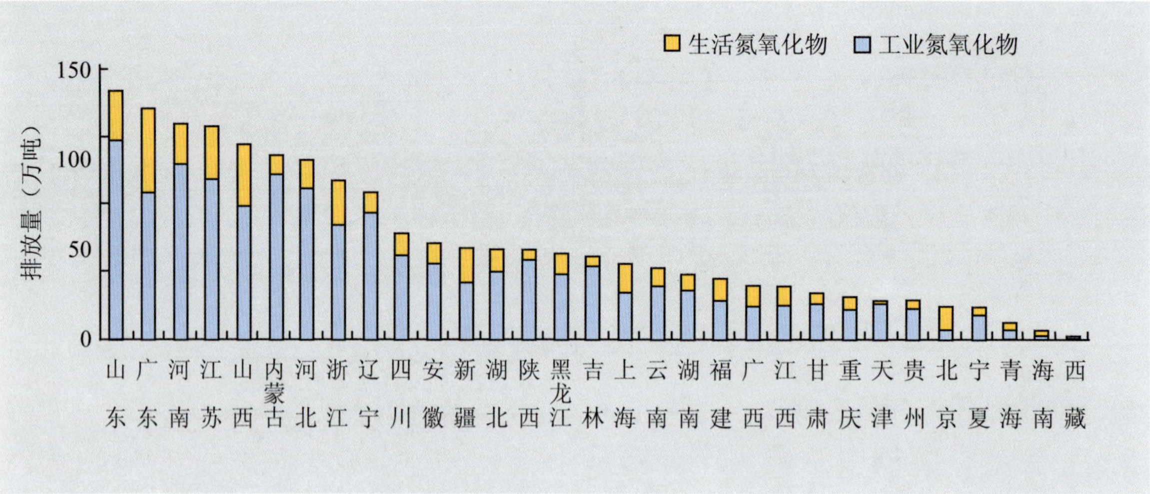

图 28　各地区氮氧化物排放情况

（3）烟尘排放情况

烟尘排放量超过 50 万吨的省份依次为山西、辽宁、河南、内蒙古。这 4 个省份烟尘排放量占全国烟尘排放量的 28.0%。工业和生活烟尘排放量最大的分别是河南和黑龙江，分别占全国工业和生活烟尘排放量的 8.6%和 13.2%。

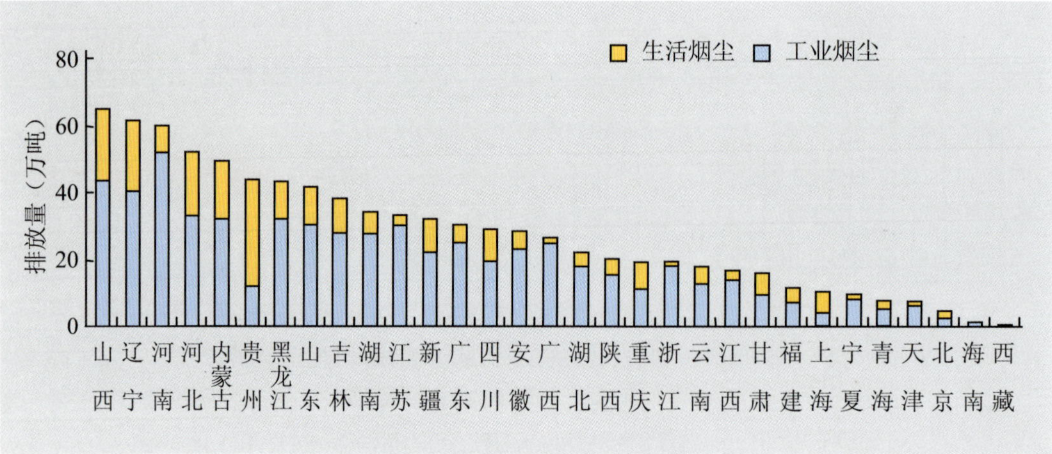

图 29　各地区烟尘排放情况

(4) 工业粉尘排放情况

工业粉尘排放量超过 40 万吨的省份依次为湖南、广西、山西和河北，其工业粉尘排放量占全国工业粉尘排放量的 36.2%。

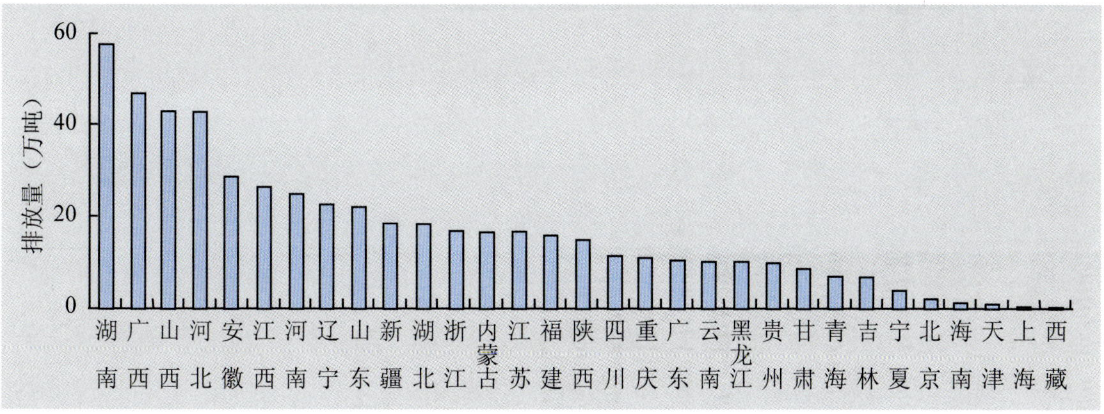

图 30　各地区工业粉尘排放情况

1.3.3　工业行业废气中主要污染物排放情况

(1) 二氧化硫排放情况

2009 年，二氧化硫排放量排行前三名的行业依次为：电力、热力的生产及供应业；黑色金属冶炼及压延加工业；非金属矿物制品业。这 3 类重污染行业共排放二氧化硫 1 263.7 万吨，占统计工业行业二氧化硫排放量的 74.6%，见图 31。

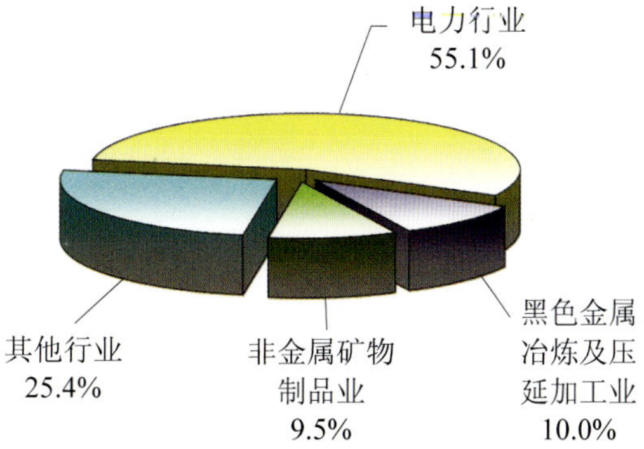

图 31　工业行业二氧化硫排放情况

由表 11、表 12 可见，与上年相比，这 3 类行业中，黑色金属冶炼业和非金属矿物制品业的二氧化硫污染贡献率有所升高，电力、热力的生产和供应业略有下降。黑色金属冶炼业的污染贡献率持续升高。

表 11　重污染行业二氧化硫污染贡献率年际变化　　单位：%

行　业	2001 年	2002 年	2003 年	2004 年	2005 年	2006 年	2007 年	2008 年	2009 年
电力、热力业	53.5	54.9	61.7	57.1	58.9	59.0	58.2	57.8	55.1
非金属矿物制品业	11.6	11.4	9.5	9.8	9.0	9.1	9.3	9.2	9.5
黑色金属冶炼业	5.4	5.9	5.1	6.5	7.2	7.3	8.2	8.8	10.0
总　计	70.5	72.2	76.3	73.4	75.1	75.4	75.7	75.8	74.6

表 12　重污染行业经济贡献率年际变化　　单位：%

行　业	2001 年	2002 年	2003 年	2004 年	2005 年	2006 年	2007 年	2008 年	2009 年
电力、热力业	5.7	6.4	5.7	5.2	4.8	5.1	6.0	5.5	5.5
非金属矿物制品业	5.9	4.5	4.1	4.3	3.7	3.4	3.3	3.8	3.4
黑色金属冶炼业	7.8	8.7	9.8	12.4	12.1	12.5	13.4	13.5	12.0
总　计	19.4	19.6	19.6	21.9	20.6	21.0	22.7	22.8	20.9

“十五”以来，电力、热力的生产和供应业二氧化硫排放强度呈现下降趋势。特别是“十一五”以来，下降尤为显著，非金属矿物制品业和黑色金属冶炼业 2009 年二氧化硫排放强度相比 2008 年略有增加。

表 13　重污染行业二氧化硫排放强度变化趋势　　单位：吨/万元

行　业	2001 年	2002 年	2003 年	2004 年	2005 年	2006 年	2007 年	2008 年	2009 年
电力、热力业	0.229	0.185	0.218	0.213	0.218	0.165	0.105	0.087	0.074
非金属矿物制品业	0.049	0.056	0.054	0.044	0.043	0.038	0.030	0.020	0.021
黑色金属冶炼业	0.017	0.015	0.012	0.010	0.010	0.008	0.007	0.005	0.006

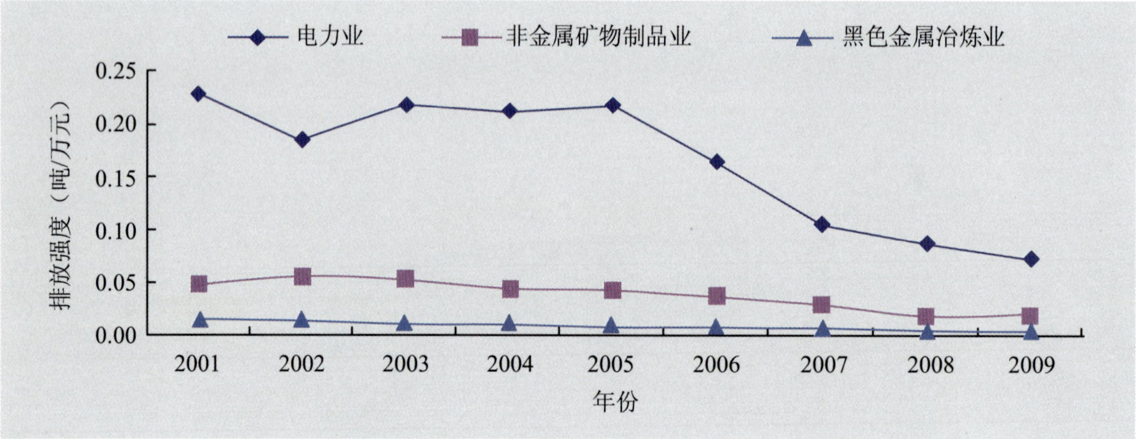

图 32　重污染行业二氧化硫排放强度变化趋势

（2）氮氧化物排放情况

2009 年，氮氧化物排放量位于排名前 3 位的行业依次为：电力、热力的生产和供应业；非金属矿物制品业；黑色金属冶炼及压延加工业。这 3 类行业占统计行业氮氧化物排放量的 81.9%，其中电力业占 64.5%，见图 33。

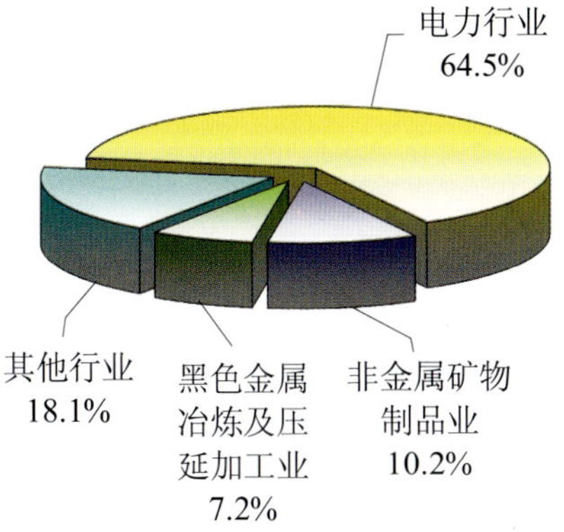

图 33　工业行业氮氧化物排放情况

（3）烟尘排放情况

2009 年，烟尘排放量位于排名前 3 位的行业依次为：电力、热力的生产和供应业；非金属矿物制品业；黑色金属冶炼及压延加工业，与上年相同。这 3 类行业占统计行业烟尘排放量的 67.3%，其中电力业占 40.8%，见图 34。

（4）工业粉尘排放情况

2009 年，非金属矿物制品业、黑色金属冶炼及压延加工业的工业粉尘排放量占统计行业工业粉尘排放量的 82.6%。其中，非金属矿物制品业占 64.9%，黑色金属冶炼及压延加工业占 17.7%，见图 35。

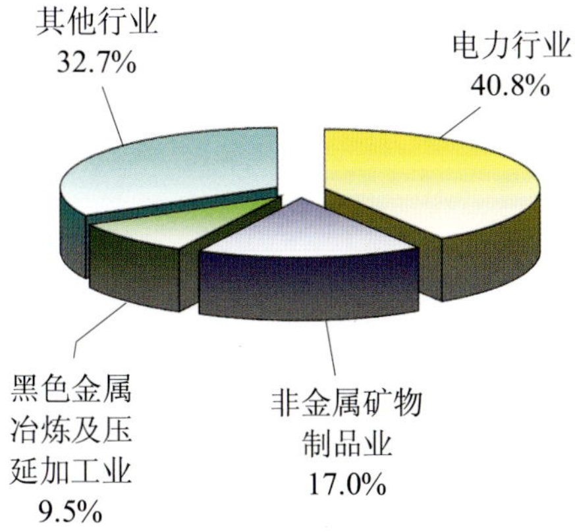

图 34　工业行业烟尘排放情况

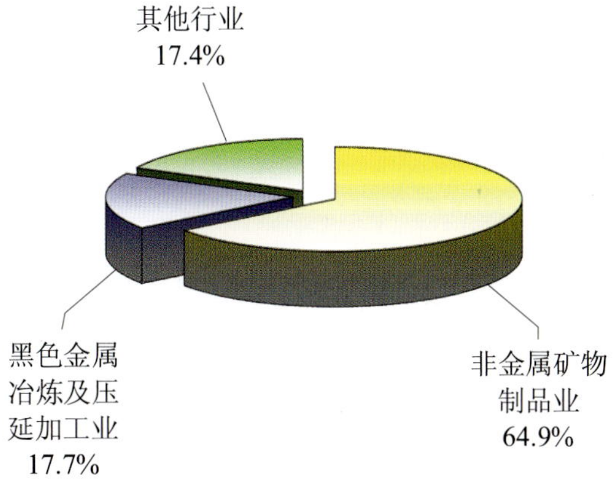

图 35　工业行业粉尘排放情况

1.3.4 火电厂二氧化硫排放情况

2009 年，纳入重点调查统计范围的电力企业 2 438 家。其中，独立火电厂 1 715 家、自备电厂 723 家。

独立火电厂共消耗燃料煤 14.5 亿吨，占全国工业煤炭消耗量的 49.2%。二氧化硫排放量为 877 万吨，比上年减少 12.8%，占全国工业二氧化硫排放量的 47.0%。独立火电厂二氧化硫排放量位于排名前 5 位的省份依次为内蒙古、山东、河南、陕西和山西，占全国独立火电厂二氧化硫排放量的 29.3%。

独立火电厂共安装了 3 132 套脱硫设施，比上年增加 191 套。去除二氧化硫 1 407 万吨，比上年增加 33.9%，去除率达到 61.6%，比上年升高 10.5 个百分点。

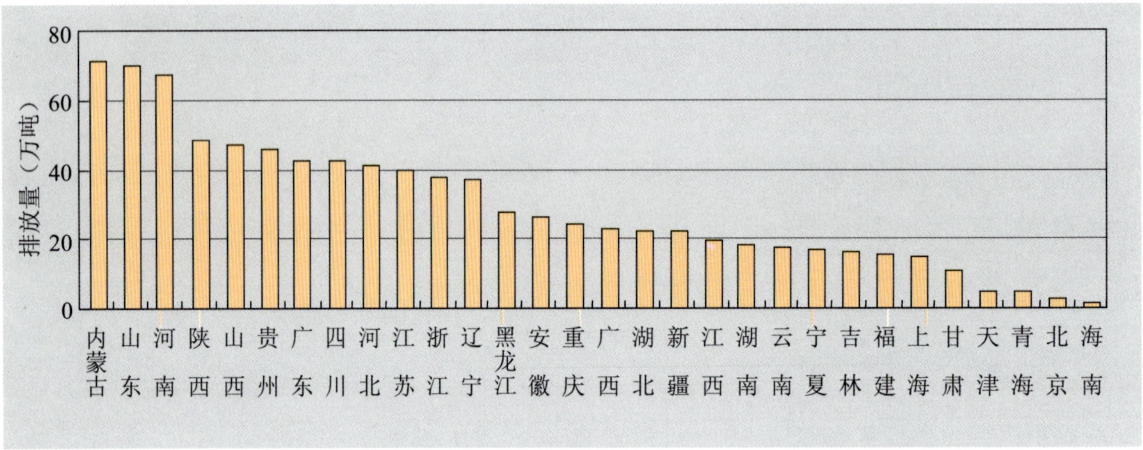

图 36 各地区独立火电厂二氧化硫排放情况

1.4 工业固体废物

1.4.1 工业固体废物产生、排放及利用情况

2009 年，全国工业固体废物产生量为 203 943 万吨，比上年增加 7.3%；工业固体废物排放量为 710 万吨，比上年减少 9.2%。全国危险废物产生量为 1 430 万吨，比上年增加 5.4%；危险废物排放量为 1.5 吨。

表 14　全国工业固体废物产生及处理情况　　单位：万吨

年度	产生量		排放量		综合利用量		贮存量		处置量	
	合计	危险废物	合计	危险废物	合计	危险废物	合计	危险废物	合计	危险废物
2001	88 746	952	2 894	2.1	47 290	442	30 183	307	14 491	229
2002	94 509	1 000	2 635	1.7	50 061	392	30 040	383	16 618	242
2003	100 428	1 170	1 941	0.3	56 040	427	27 667	423	17 751	375
2004	120 030	995	1 762	1.1	67 796	403	26 012	343	26 635	275
2005	134 449	1 162	1 655	0.6	76 993	496	27 876	337	31 259	339
2006	151 541	1 084	1 302	20.0	92 601	566	22 398	267	42 883	289
2007	175 632	1 079	1 197	0.1	110 311	650	24 119	154	41 350	346
2008	190 127	1 357	782	0.07	123 482	819	21 883	196	48 291	389
2009	203 943	1 430	710	0.00 015	138 186	831	20 929	219	47 488	428
增长率（%）	7.3	5.4	−9.2	−99.8	11.9	1.5	−4.4	11.7	−1.7	10.0

注：“综合利用量”和“处置量”指标中含有综合利用和处置往年量。

工业固体废物综合利用量为 138 186 万吨，比上年增加 11.9%；工业固体废物贮存量为 20 929 万吨，比上年减少 4.4%。其中危险废物贮存量为 219 万吨，比上年增加 11.7%；工业固体废物处置量为 47 488 万吨，比上年减少 1.7%，其中危险废物处置量为 428 万吨，比上年增加 10.0%。

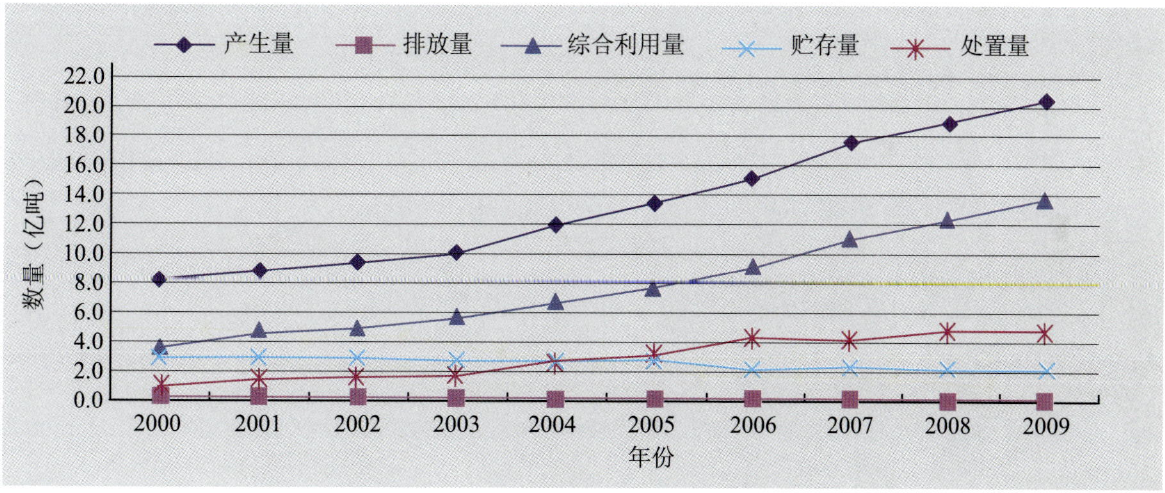

图 37　全国工业固体废物产生、处理及排放量年际变化

“十一五”期间，工业固体废物产生量逐年上升，工业固体废物综合利用量、贮存量和处理量持续增加，工业固体废物排放量呈下降趋势。

1.4.2　各地区工业固体废物排放及处理情况

2009 年，工业固体废物排放量超过 100 万吨的省份有重庆、山西和新疆。这 3 个省份的工业固体废物排放量占全国工业固体废物排放量的 55.8%。

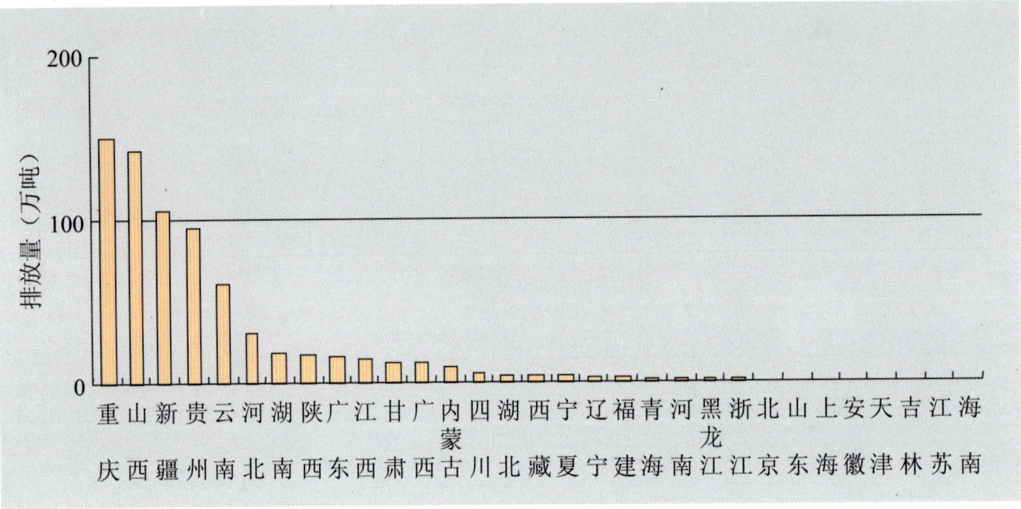

图 38　各地区工业固体废物排放情况

1.4.3　工业行业固体废物排放情况

2009 年，工业固体废物排放量超过 60 万吨的行业依次为煤炭开采和洗选、有色金属矿采选业。这 2 个行业工业固体废物排放量占统计工业行业固体废物排放总量的 60.6%。

1.4.4　各地区危险废物集中处置情况

2009 年，纳入统计的危险废物集中处置厂 558 座，比上年新增 40 座。除西藏无危险废物集中处置厂外，其余各省份均有数量不等的处置厂，最多的是广东省，共 85 座。

危险废物集中处置厂运行费用为 32.1 亿元，比上年减少 1.2%；危险废物日处置能力 15 947 吨。其中，焚烧处置能力为 11 443 吨，填埋处置能力为 2 537 吨；危险废物实际处置量为 197.5 万吨，比上年增加 51.9%。其中，焚烧量 155.5 万吨，比上年增加 57.2%，填埋量 33.8 万吨，比上年增加 103.6%；危险废物综合利用量为 155.1 万吨，比上年增加 26.2%。

1.5　环境污染治理投资情况

2009 年，环境污染治理投资为 4 525.2 亿元，比上年增加 0.8%，占当年 GDP 的 1.35%。其中，城市环境基础设施建设投资 2 512.0 亿元，比上年增加 39.5%；工业污染源治理投资 442.5 亿元，比上年减少 18.4%；建设项目“三同时”环保投资 1 570.7 亿元，比上年减少 26.8%。

表 15 全国近年环境污染治理投资情况 单位：亿元

年度	城市环境基础设施建设投资	工业污染源治理投资	建设项目“三同时”环保投资	投资总额
2001	595.7	174.5	336.4	1 106.6
2002	785.3	188.4	389.7	1 363.4
2003	1 072.4	221.8	333.5	1 627.3
2004	1 141.2	308.1	460.5	1 909.8
2005	1 289.7	458.2	640.1	2 388
2006	1 314.9	483.9	767.2	2 566
2007	1 467.8	552.4	1 367.4	3 387.6
2008	1 801	542.6	2 146.7	4 490.3
2009	2 512	442.5	1 570.7	4 525.2
增长率（%）	39.5	–18.4	–26.8	0.8

1.5.1 城市环境基础设施建设

2009 年，在城市环境基础设施建设投资中，燃气工程建设投资 182.2 亿元，比上年增加 11.4%；集中供热工程建设投资 368.7 亿元，比上年增加 36.7%；排水工程建设投资 729.8 亿元，比上年增加 47.1%；园林绿化工程建设投资 914.9 亿元，比上年增加 40.8%；市容环境卫生工程建设投资 316.5 亿元，比上年增加 42.6%。

燃气、集中供热、排水、园林绿化和市容环境卫生投资分别占城市环境基础设施建设总投资的 7.3%、14.7%、29.1%、15.5%和 36.4%，排水设施市容环境卫生投资为城市环境基础设施建设投资的重点。

表 16 全国近年城市环境基础设施建设投资构成 单位：亿元

年度	投资总额					
		燃气	集中供热	排水	园林绿化	市容环境卫生
2001	595.73	75.48	81.98	224.46	163.24	50.56
2002	789.13	88.42	121.43	274.99	239.47	64.81
2003	1 072.36	133.46	145.82	375.16	321.94	95.99
2004	1 141.22	148.32	173.35	352.28	359.46	107.80
2005	1 289.70	142.37	220.19	368.03	411.32	147.79
2006	1 314.92	155.05	223.59	331.52	429.01	175.75
2007	1 467.81	160.37	230.03	410.01	525.56	141.84
2008	1 801.16	163.54	269.68	495.96	649.86	222.03
2009	2 511.97	182.17	368.67	729.80	914.86	316.47

1.5.2 工业污染源污染治理投资

2009 年，在工业污染源污染治理投资中，废水治理资金 149.5 亿元，比上年减少 23.2%；废气治理资金 232.5 亿元，比上年减少 12.5%；工业固体废物治理资金 21.9 亿元，比上年增加 11.0%；噪声治理资金 1.4 亿元，比上年减少 50.3%。

废水、废气、固废、噪声以及其他污染要素治理投资，分别占工业源治理总投资的 33.8%、52.5%、4.9%、0.3%和 8.4%，废水和废气仍是工业污染治理的重点。

表 17 全国近年工业源污染治理投资构成　　单位：万元

年度	废水	废气	固废	噪声	其他
2001	729 214.3	657 940.4	186 967.2	6 424.4	164 733.7
2002	714 935.1	697 864.3	161 287.3	10 463.5	299 112.6
2003	873 747.7	921 222.4	161 763.4	10 139.2	251 408.3
2004	1 055 868.1	1 427 974.9	226 464.8	13 416.1	357 335.6
2005	1 337 146.9	2 129 571.3	274 181.3	30 613.3	810 395.9
2006	1 511 164.5	2 332 697.1	182 630.5	30 145.1	782 847.9
2007	1 960 721.8	2 752 642.2	182 531.9	18 278.6	606 837.9
2008	1 945 977.4	2 656 986.8	196 850.6	28 382.9	597 746.7
2009	1 494 606.0	2 324 616.0	218 535.7	14 100.0	372 664.2

1.5.3 建设项目“三同时”环保投资

2009 年，建设项目“三同时”环保投资 1 570.7 亿元，比上年减少 26.8%。建设项目“三同时”环保投资占环境污染治理投资总额的比例为 34.71%，占建设项目投资总额的 3.2%。

表 18 建设项目“三同时”投资情况

年度	环保投资额（亿元）	占建设项目投资总额（%）	占全社会固定资产投资总额（%）	占环境治理投资总额（%）
2001	336.4	3.6	0.90	30.40
2002	389.7	5.2	0.90	28.58
2003	333.5	3.9	0.60	20.49
2004	460.5	3.9	0.65	24.13
2005	640.1	4.0	0.72	26.80
2006	767.2	1.0	0.70	29.88
2007	1 367.4	5.0	1.00	40.36
2008	2 146.7	6.4	1.25	47.76
2009	1 570.7	3.2	0.70	34.71

1.6 工业污染物排放达标情况

1.6.1 工业废水排放达标率

2009 年，全国工业废水排放达标率为 94.2%，比上年提高 1.8 个百分点。工业废水排放达标率高于 95%的省份依次为河北、上海、福建、山东、北京、天津、江苏、陕西、海南、安徽、河南、湖北、四川、浙江和广西。

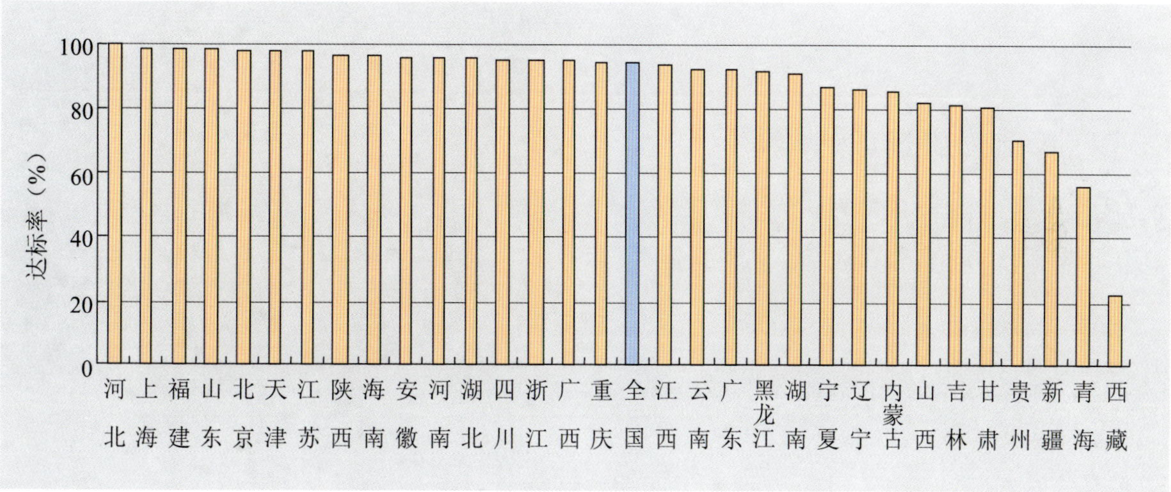

图 39　各地区工业废水排放达标情况

1.6.2 工业二氧化硫排放达标率

2009 年，全国工业二氧化硫排放达标率为 91.0%，比上年提高 2.2 个百分点。工业二氧化硫排放达标率高于 95%的省份依次为河北、北京、山东、天津、上海、福建、山西、湖北、安徽、江苏、云南、浙江、海南和黑龙江。

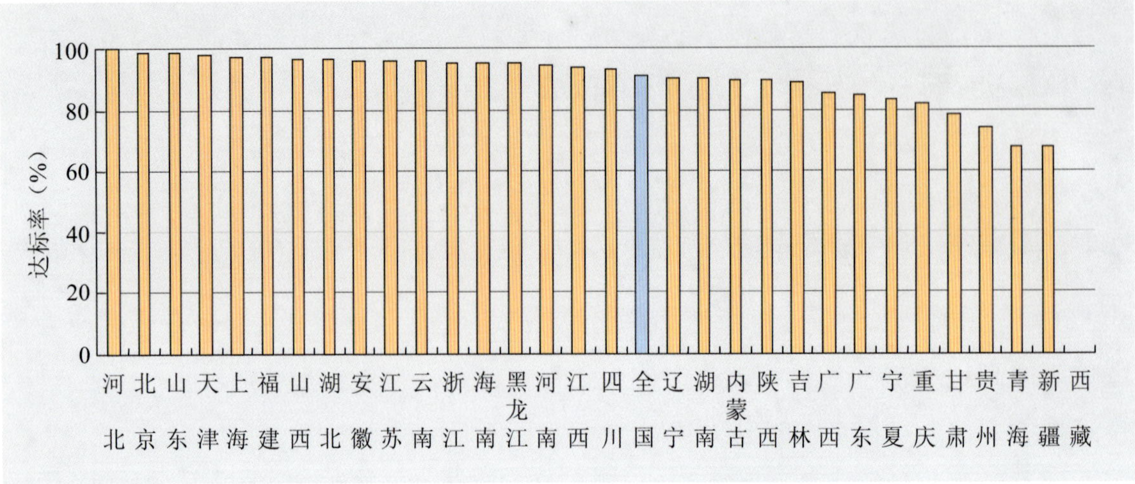

图 40　各地区工业二氧化硫排放达标情况

1.6.3　工业烟尘排放达标率

2009 年，全国工业烟尘排放达标率为 90.3%，比上年提高 0.7 个百分点。达标率高于 95%的省份依次为河北、山东、上海、北京、江苏、天津、福建、浙江、陕西、安徽、河南、广西和湖北。

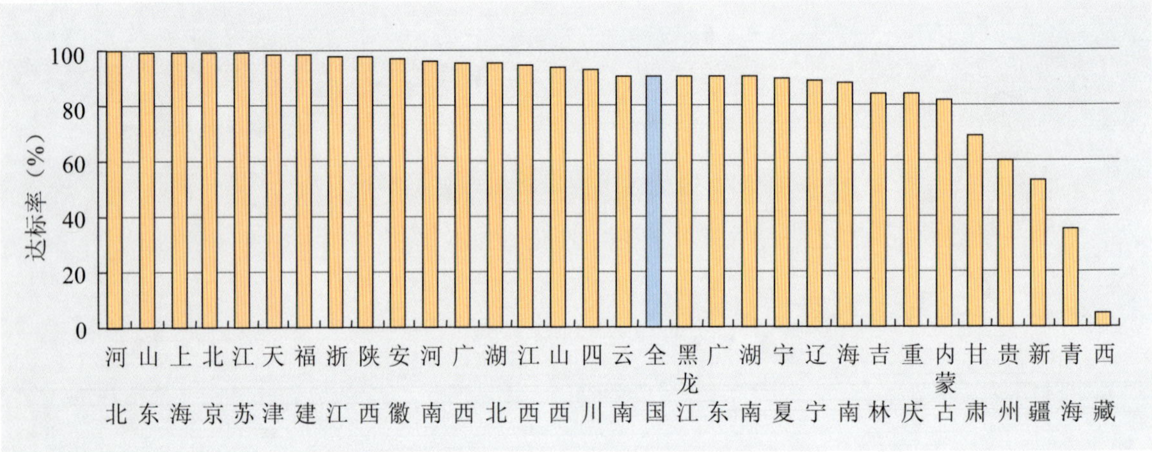

图 41　各地区工业烟尘排放达标情况

1.6.4　工业粉尘排放达标率

2009 年，全国工业粉尘排放达标率为 89.9%，比上年提高 0.6 个百分点。高于 95%的省份依次为北京、河北、上海、广西、江苏、天津、浙江、山东、海南、陕西、宁夏、湖北、安徽、福建、江西和四川。

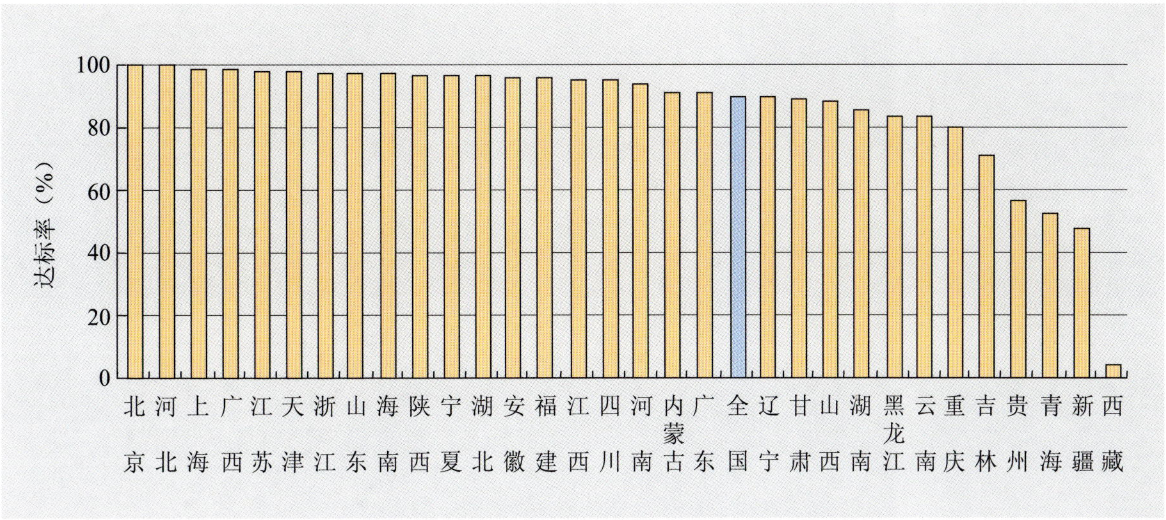

图 42　各地区工业粉尘排放达标情况

1.6.5　工业氮氧化物排放达标率

2009 年，全国工业氮氧化物排放达标率为 88.7%，比上年提高 3.4 个百分点。高于 95%的省份依次为河北、上海、江苏、浙江、湖北和北京。

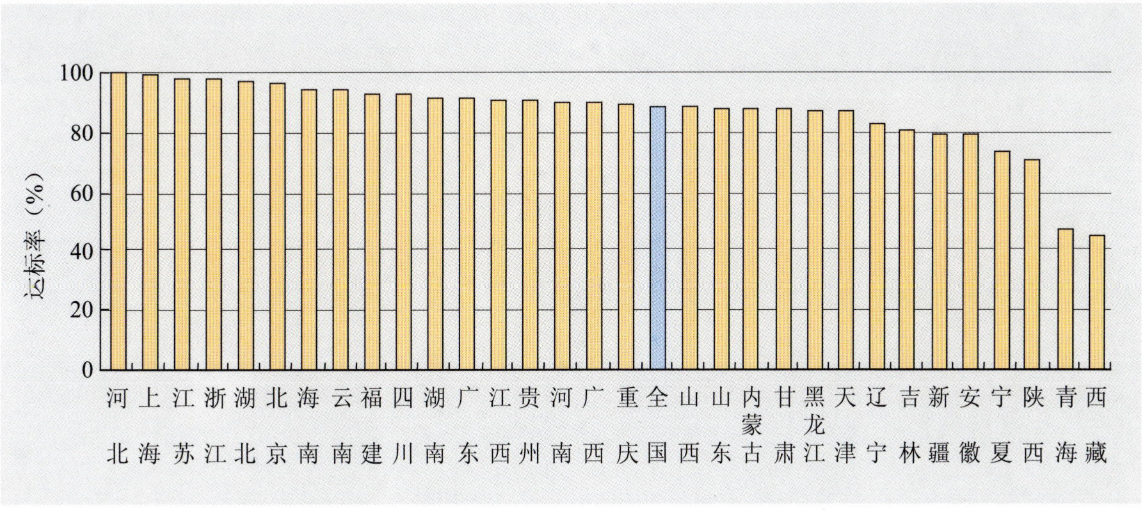

图 43　各地区工业氮氧化物排放达标情况

1.6.6　工业固体废物综合利用率

2009 年，全国工业固体废物综合利用率为 67.0%，比上年提高 2.7 个百分点。综合利用率高于 90%的省份依次为河北、江苏、上海、山东、浙江和广东。

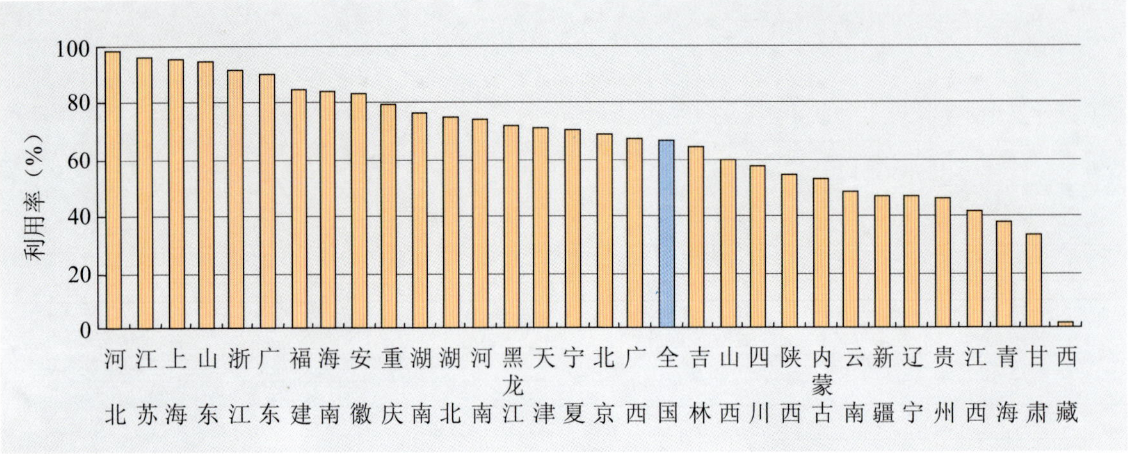

图 44　各地区工业固体废物综合利用情况

1.7　城镇生活污水处理情况

2009 年，全国共统计 2 192 座城市污水处理厂，比上年增加 500 座；设计日处理能力 10 477 万吨，比上年新增 1 398 万吨。全年共处理废水 281.3 亿吨。其中，生活污水 224.9 亿吨，占总处理水量的 80.0%。城镇生活污水处理率达到 63.3%，比上年提高 5.9 个百分点。

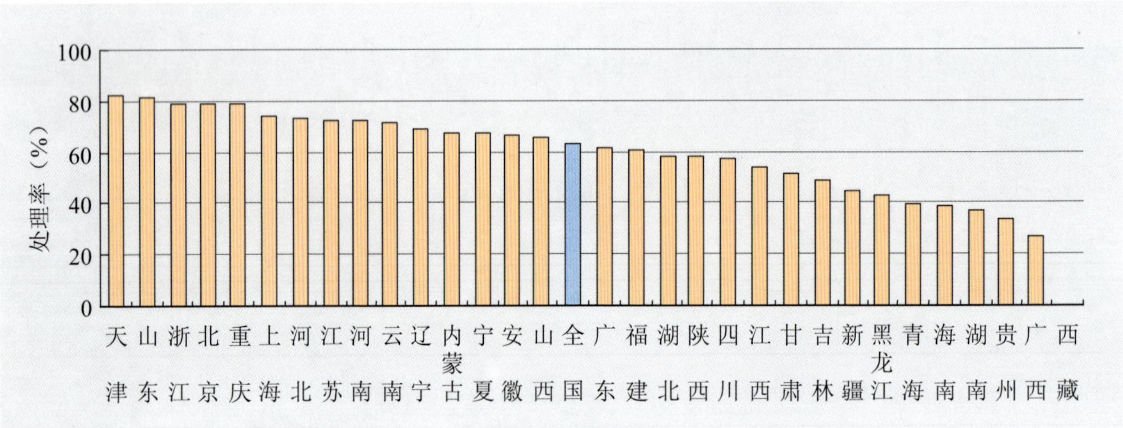

图 45　各地区城镇生活污水处理率

1.8 重点城市主要污染物排放情况

2009 年，113 个重点城市废水排放量为 352 亿吨，占全国废水排放量的 59.7%。其中，工业废水排放量 128 亿吨、生活污水排放量 224 亿吨。重点城市工业废水排放达标率为 96.5%，高于全国平均水平 2.3 个百分点。

重点城市化学需氧量排放量为 601 万吨，占全国化学需氧量排放量的 47.0%。其中，工业化学需氧量排放量 191 万吨、生活化学需氧量排放量 410 万吨。氨氮排放量为 60 万吨，占全国氨氮排放总量的 48.9%。其中，工业氨氮排放量 13 万吨、生活氨氮排放量 47 万吨。

重点城市二氧化硫排放量为 1 091 万吨，占全国二氧化硫排放量的 49.3%。其中，工业二氧化硫排放量 933 万吨、生活二氧化硫排放量 158 万吨。氮氧化物排放量 914 万吨，占全国氮氧化物排放量的 54.0%。其中，工业氮氧化物排放量 700 万吨、生活氮氧化物排放量 213 万吨。烟尘排放量 376 万吨，占全国烟尘排放量的 44.3%。其中，工业烟尘排放量 280 万吨、生活烟尘排放量 96 万吨。工业粉尘排放量 224 万吨，占全国工业粉尘排放量的 42.7%。工业固体废物排放量 303 万吨，占全国工业固体废物排放量的 42.6%。

重点城市共有污水处理厂 1 348 座，城市生活污水处理率为 74.5%，高出全国平均水平 11.2 个百分点。

1.9 医院主要污染物排放情况

2009 年，纳入调查的县及县以上医院 10 686 家，共有 230 万张床位。废水排放量为 4.5 亿吨，化学需氧量排放量为 7.0 万吨，氨氮排放量为 0.7 万吨，医疗废物产生量为 28.3 万吨，放射源总数为 1.1 万枚。

调查的医院共设有 10 578 套废水处理设施，废水日处理能力为 259 万吨，废水处理率为 94.6%，废水排放达标率为 87.0%。

1.10 环境管理制度执行情况

1.10.1 环境信访

2009 年，全国环保系统共收到群众来信 69.6 万封，涉及环境污染与生态破坏有关问题的有 67.5 万件。其中，反映水污染的有 10.0 万件，大气污染的 26.0 万件，固体废物污染的有 1.5 万件，噪声污染的有 24.3 万件，反映“三产”等其他污染的 3.3 万件。来信处理率为 92.6%。

群众来访 4.2 万批次，7.4 万人次，涉及环境污染与生态破坏有关问题的有 4.3 万批次。其中，反映水污染的有 1.0 万批次，反映大气污染的有 1.6 万批次，反映固体废物污染的有 0.1 万批次，反映噪声污染的有 1.1 万批次，反映其他污染的有 0.5 万批次。来访处理率为 96.4%。

从来信来访数据可以看出，目前我国环境信访问题中，大气污染问题排在第一位，其次是噪声污染问题，水污染问题也比较突出。

各级人大、政协环保议案、提案数为 11 341 件，已办理人大、政协环保议案、提案数为 10 888 件。

表 19　环境信访工作情况

年度	来信总数（封）	水污染（件）	大气污染（件）	固体废物污染（件）	噪声与震动（件）	来访批次（批）	来访人次（次）
2001	369 712	47 536	144 880	6 762	154 780	80 575	95 033
2002	435 420	47 438	160 332	7 567	171 770	90 746	109 353
2003	525 988	60 815	194 148	11 698	201 143	85 028	120 246
2004	595 852	68 012	234 569	10 674	254 089	86 892	130 340
2005	608 245	66 660	234 908	10 890	255 638	88 237	142 360
2006	616 122	73 133	242 298	8 538	263 146	71 287	110 592
2007	123 357	23 788	45 986	3 762	40 638	43 909	77 399
2008	705 127	106 521	286 699	14 135	239 737	43 862	84 971
2009	696 134	100 497	260 168	15 010	242 521	42 170	73 798

1.10.2 环境法制

2009 年，全国受理环境行政处罚案件 7.9 万起，环境行政复议案件 661 起，环境行政诉讼案件 249 起，环境犯罪案件 5 起。当年做出环境行政处罚决定的案件 7.4 万起，做出环境行政复议决定的案件 465 起，做出判决的环境行政诉讼案件 249 起，做出判决的环境犯罪案件 3 起，分别占当年受理案件的 93.6%、70.3%、100.0%、60.0%。

1.10.3 机构建设

2009 年，全国环保系统机构总数共计 12 700 个。其中，国家级机构 44 个，省级机构 357 个，地市级环保机构 1 902 个，县级环保机构 8 548 个，乡镇环保机构 1 849 个。各级环保行政机构 3 175 个，各级环境监察机构 3 068 个，各级环境监测机构 2 535 个。

全国环保系统共有 18.9 万人。其中，环保机关人员 4.6 万人，占环保系统总人数的 24.1%；环境监察人员 6.1 万人，占环保系统总人数的 32.2%；环境监测人员 5.3 万人，占环保系统总人数的 28.0%。

表 20 环保机关、监察机构、监测站年末实有人员情况

年度	年末实有人数（人）	环保机关		监察机构		监测站	
		实有人数（人）	占本级环保人员总数的比例（%）	实有人数（人）	占本级环保人员总数的比例（%）	实有人数（人）	占本级环保人员总数的比例（%）
2001	142 766	39 175	27.4	37 934	26.6	43 629	30.6
2002	154 233	40 709	26.4	41 878	27.2	46 515	30.2
2003	156 542	40 598	25.9	44 250	28.3	45 813	29.3
2004	160 246	42 134	26.3	47 189	29.4	45 849	28.6
2005	166 774	44 024	26.4	50 040	30	46 984	28.2
2006	170 290	44 141	25.9	52 845	31.2	47 689	28.2
2007	176 988	43 626	24.6	57 427	32.4	49 335	27.9
2008	183 555	44 847	24.4	59 477	32.1	51 753	28.3
2009	188 991	45 626	24.1	60 896	32.2	52 944	28.0
国家级	2 417	306	12.7	294	12.2	135	5.6
省　级	11 919	2 233	18.7	976	8.2	3 096	26.0
地市级	41 763	8 508	20.4	9 070	21.7	15 371	36.8
县　级	126 478	34 579	27.3	50 556	40.0	34 342	27.2

1.10.4 环境科技

2009 年，全国各地共完成课题研究 2 091 项，课题研究总经费达 8.6 亿元，比上年增加 104.8%；131 项课题研究荣获省部级以上科学技术奖励。其中，有 10 项获得国家级奖励。

我国从事环境科技活动人数达 1.97 万人，其中科技人员 1.37 万人，占 69.5%。全年环境科研业务费支出 6.4 亿元。

1.10.5 自然生态保护

2009 年，全国各类自然保护区共计 2 541 个，比上年增加 3 个。自然保护区面积 14 774.7 万公顷，约占国土面积的 15.0%。国家级、省级、地市级、县级自然保护区个数分别占全国自然保护区总数的 12.6%、32.5%、16.4%、38.5%，其面积分别占自然保护区总面积的 62.7%、27.1%、3.2%、7.0%。

表 21 全国自然保护区数量 单位：个

年度	自然保护区数	国家级	省级	地市级	县级
2001	1 551	171	526	269	585
2002	1 757	188	609	304	656
2003	1 999	226	654	340	779
2004	2 194	226	733	396	839
2005	2 349	243	773	421	912
2006	2 395	265	793	422	915
2007	2 531	303	780	462	986
2008	2 538	303	806	432	997
2009	2 541	319	827	416	979

表 22 全国自然保护区面积 单位：万公顷

年度	自然保护区面积	国家级	省级	地市级	县级
2001	12 989.0	5 903.8	5 725.9	423.2	936.0
2002	13 294.5	6 042.1	5 907.3	463.1	882.0
2003	14 398.0	8 871.3	3 995.6	429.0	1 102.1
2004	14 822.6	8 871.3	4 290.2	488.3	1 172.8
2005	14 994.9	8 898.9	4 487.0	501.5	1 107.5
2006	15 153.5	9 169.7	4 441.8	522.4	1 019.6
2007	15 188.2	9 365.6	4 260.1	537.6	1 024.9
2008	14 894.3	9 120.3	4 240.2	497.1	1 036.8
2009	14 774.7	9 267.1	4 004.5	471.2	1 031.9

1.10.6 环境影响评价

2009 年，全国 24.90 万个项目开工建设，环评执行率 99.8%。审批环境影响评价的项目 32.12 万个，其中，编制环境影响报告书、填报环境影响报告表和填报环境影响登记表的分别占 6.4%、42.0%和 51.6%。申报环境影响评价项目的环保投资 18 626 亿元，占申请环境影响评价项目投资总额的 5.3%。

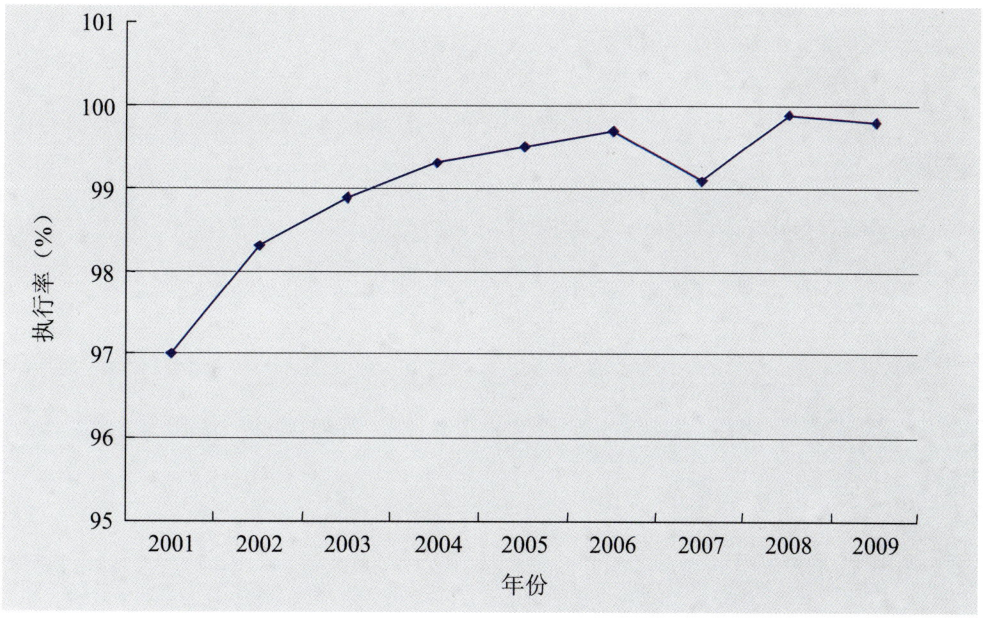

图 46　全国建设项目环境影响评价制度执行率

1.10.7 “三同时”管理

2009 年，全国建成投产项目 7.9 万个，申请环保验收项目 7.8 万个，验收申请率 97.9%，完成环保验收项目 9.7 万个，“三同时”执行率 92.9%。

执行“三同时”项目用于环保工程的实际投资为 1 570.7 亿元，占项目总投资的 3.2%，比上年下降了 3.2 个百分点。

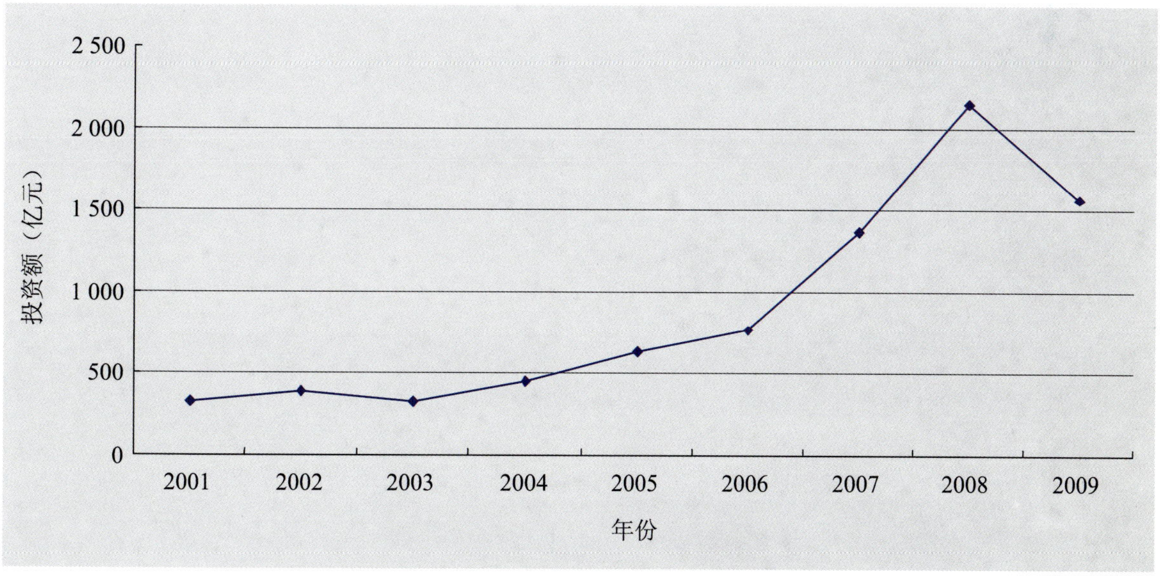

图 47　全国实际执行“三同时”建设项目环保投资情况

1.10.8 排污收费

2009 年，全国排污费开征单位 458 681 户，征收总额 173 亿元。排污费解缴入库单位 446 422 户，入库金额 164 亿元。其中，污水类解缴入库 227 693 户，入库金额 24 亿元；废气类解缴入库 200 097 户，入库金额 131 亿元；噪声类解缴入库 74 267 户，入库金额 10 亿元；危险废物解缴入库 2 541 户，入库金额 0.9 亿元。

表 23 排污费收入情况表

项目	户数（户）	金额（万元）
排污费解缴入库合计	446 422	1 642 245
污水类	227 693	243 560
废气类	200 097	1 310 557
噪声类	74 267	99 404
危险废物	2 541	8 994

1.10.9 环境宣教

2009 年，环境保护部门全面推进环境新闻宣传和环境教育，通过开展各类面向社会宣传教育活动，动员社会各界积极参与环境保护。

新闻宣传和环保教育工作继续加强。全国召开环境类新闻发布会 433 次。发布环境类新闻通稿 5.3 万篇。组织宣传活动 11 713 次。

截至 2009 年年底，创建绿色学校 11 622 所。创建绿色社区 6 917 个。

1.11 全国辐射环境质量

1.11.1 全国辐射环境质量概述

2009 年，全国辐射环境质量总体良好。环境电离辐射水平基本保持稳定，核设施、核技术利用项目周围环境电离辐射水平总体未见明显变化；环境电磁辐射水平总体情况较好，除个别大功率发射设施周围局部环境综合场强略超国家标准外，其他电磁辐射设施周围环境电磁辐射水平满足国家标准。

1.11.2 环境电离辐射水平

全国重点城市环境γ辐射剂量率，气溶胶、沉降物总α和总β活度浓度，空气中氚化水活度浓度为正常环境水平。长江、黄河、珠江、松花江、淮河、海河和辽河七大江河水系，西南和西北诸河、南水北调、浙闽区河流、重要湖泊和水库放射性核素活度浓度与历年监测结果相比未见明显变化，其中天然放射性核素活度浓度与1983—1990年全国环境天然放射性水平调查时的监测值处于同一水平。开展监测的集中式饮用水源地总α和总β活度浓度均低于《生活饮用水卫生标准》规定的限值。近岸海域海水人工放射性核素锶-90和铯-137活度浓度均在《海水水质标准》规定限值内。开展监测的土壤放射性核素活度浓度与历年监测结果相比未见明显变化，其中天然放射性核素活度浓度与1983—1990年全国环境天然放射性水平调查时的监测值处于同一水平。

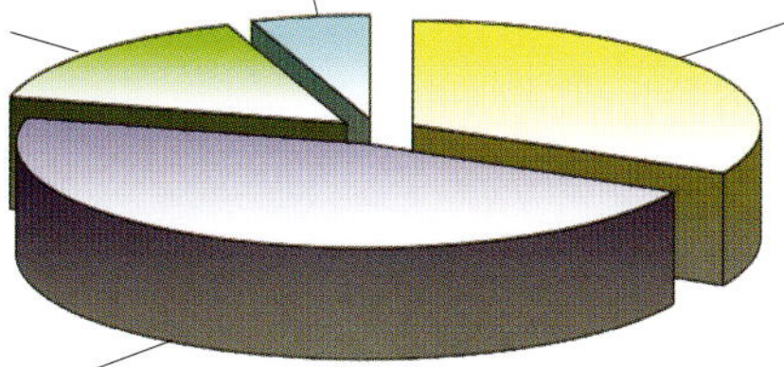

图 48　2009 年国家辐射环境监测网γ吸收剂量率分布（已扣除宇宙射线响应值）

1.11.3　核电厂周围环境电离辐射水平

浙江秦山核电基地、广东大亚湾/岭澳核电厂和江苏田湾核电厂安全运行，外围辐射环境连续监测系统所测的γ吸收剂量率（未扣除宇宙射线响应值）年均值分别为103.1纳戈/时、124.5纳戈/时、101.5纳戈/时，处于所在地区的天然本底范围内，未监测到超过国家标准剂量限值的核电厂排放事件。浙江秦山核电基地周围关键居民点空气、降水、地表水及部分生物样品中氚活度浓度，广东大亚湾/岭澳核电厂和江苏田湾核电厂排放口附近海域海水氚活度浓度与核电站运行前本底值相比有所升高，但其对公众产生的附加剂量远低于国家规定的限值。运行核电厂外围各种环境介质中除氚外其余放射性核素活度浓度未见明显变化。

1.11.4　其他反应堆及核燃料循环设施周围电离辐射水平

中国原子能科学研究院、清华大学核能与新能源技术研究院、山东省地质科学实验研究院、中国核动力研究设计院、陕西省西北核技术研究所等研究设施外围环境γ辐射剂量率，气溶胶、沉降物、地表水、土壤和生物样品中放射性核素活度浓度与历年监测结果相比未见明显变化；饮用地下水总α和总β活度浓度低于《生活饮用水卫生标准》规定的限值。包头核燃料元件厂、中核建中核燃料元件公司、陕西铀浓缩有限公司、中核四〇四有限公司、西北低中放废物处置场、兰州铀浓缩有限公司、北龙低中放废物处置场等核燃料循环设施外围环境γ辐射剂量率为正常环境水平，其余环境介质中也未监测到企业生产、加工、贮存、处理的放射性核素活度浓度异常升高。

1.11.5　铀矿冶及伴生放射性矿周围环境电离辐射

中核北方铀业有限公司本溪铀矿、中核浙江衢州铀业有限责任公司、中核抚州金安铀业有限公司、中核赣州金瑞铀业有限公司、衡阳新华化工冶金总公司、中核金原铀业有限责任公司桂林分公司、南宁新原核工业有限公司七〇一矿、贵州原核工业七六一矿、贵州原核工业二七六厂、新疆中核天山铀业有限公司等铀矿冶设施周围环境空气中氡活度浓度，气溶胶、沉降物总α和总β活度浓度，地下水和生物样品中放射性核素铀和镭-226活度浓度未见异常；但极少数铀矿冶设施因矿石运输沿途撒落，造成矿区边界和运矿公路周围个别监测点位γ辐射剂量率高于运行前水平；同时受历年排放的废水和尾矿坝渗漏水的影响，部分铀矿冶设施周围环境个别监测点位放射性核素铀和镭-226 活度浓度高于《铀矿冶辐射防护和环境保护规定》规定的限值。白云鄂博矿等部分伴生放射性矿的开采、冶炼、加工活动对企业周围局部环境产生了一定程度影响。

1.11.6　电磁辐射设施周围环境辐射水平

环境电磁辐射水平总体情况较好。开展监测的移动通信基站天线周围环境敏感点的电磁辐射水平低于《电磁辐射防护规定》中规定的公众照射导出限值；个别大型广播发射台周边环境敏感建筑物部分监测点位环境综合场强略超《电磁辐射防护规定》中规定的公众照射导出限值；开展监测的各输变电设施周围环境敏感点工频电场强度和工频磁感应强度均低于相关标准限值要求。

1.11.7　核安全与辐射环境管理主要措施

为适应我国核电快速发展的需要，加强有关核与辐射安全法规和标准的编制和修订工作，2009 年初，国家核安全局制定了《核与辐射安全法规标准编制与修订工作程序》和《核与辐射安全法规标准审查专家委员会组织办法》。4 月 30 日，由两院院士与相关领域著名专家组成的核与辐射安全法规标准审查委员会成立，委员会下设核安全、辐射安全、核安全设备和电磁辐射四个专业组。

加强核安全监督检查，严格执法。加强运行核电厂安全日常监督检查和运行经验反馈工作。加强在建核电厂和拟建核电厂项目监管与审评，严格执行审批制度，把好准入关。坚持积极稳妥、有序推进、均衡发展的原则推进新项目工作。加强辐射安全许可工作的规范化，对全国辐射安全许可证发放情况进行检查和督察，进一步规范辐射安全许可审批工作，完成国家核技术利用辐射安全监管系统的开发并在各省试用。规范核设备的行政审批工作，切实做到公开、透明。

为了切实推动《核安全与放射性污染防治规划》的落实，不断提高完成核与辐射安全监管任务的能力，编制并向国务院上报了《"十一五"末至"十二五"期间核与辐射安全监管能力建设总体方案》。在完成"核与辐射安全宏观战略研究"的基础上，启动了《核与辐射安全监管"十二五"规划》编制工作。

积极推进核与辐射安全监管能力建设。经过努力，中央财政主要污染物减排专项资金安排了总投资 2 亿元支持核安全监管技术支持系统项目，并于本年度下拨了第一批经费 4 500 万元，项目建设内容包括安全分析必要的软件购置、二代改进型压水堆核电厂验证模拟机购置、核安全监管配套数据库建设。

全面推进中央财政主要污染物减排专项资金核与辐射监测能力建设项目，31 个省区市环境保护厅（局）完成 66 个合同签订，建设项目有序开展。

加强核与辐射突发事件预警和应急监测系统建设，完成重要核设施共 21 个在线预警监测点和 4 个数据汇总中心的建设，初步形成重要核设施辐射环境预警监测网络。加强核与辐射事故情况下现场监测和核素分析能力，为部分地区核与辐射安全监督站和省辐射站配置了 4 辆现场应急监测车和 4 套车载移动实验室。

完成国家核技术利用辐射安全监管系统的开发并在各省试用。全国城市放射性废物库建设项目进展顺利，大部分省已经竣工或完成了主体工程。

完成了全国放射性污染源普查工作和白云鄂博伴生矿资源辐射环境调查工作。

简 要 说 明

1．本年报资料根据全国 32 个省、自治区、直辖市环境统计资料汇总整理而成，未包括香港、澳门特别行政区以及台湾省数据；凡以往发布的数据与本年报中的数据不符，以本年报为准。

2．本年报主要反映中国环境保护事业发展情况。主要内容包括水环境、大气环境、固体废物、生态环境、自然灾害和环境污染治理投资等内容。主要反映中国工业废水和生活污水的排放及治理情况，废气排放及处理情况，工业固体废物的产生、处理及综合利用情况及环境污染与破坏事故情况，环境污染治理投资等情况。

3．调查方法

1）工业企业污染排放及处理利用情况的调查方法为对重点调查工业企业单位逐个发表填报汇总，对非重点调查工业企业的排污情况实行整体估算。

重点调查单位是指筛选出的排污量占各地区排污总量 85%以上的工业企业单位。筛选重点调查单位的原则为：①筛选指标为国家实行总量控制的各项主要污染物排放量：废水、化学需氧量、氨氮、二氧化硫、烟尘、工业粉尘及工业固体废物产生量；②排放工业废水中有重金属类有害物质的工业企业以及有危险废物产生的工业企业全部为重点调查单位。

非重点调查单位数据的估算方法为将重点调查单位的排污总量作为估算的对比基数，采取“比率估算”方法，估算出非重点调查单位的排污量。重点调查数据与非重点估算数据相加，为工业污染总排放数据。

2）生产及生活中产生的污染物实施集中处理处置情况年报的调查方法为对各集中处理处置单位逐个发表填报汇总，包括危险废物集中处置厂和城市污水处理厂。

3）生活及其他污染情况年报的调查方法为依据相关基础数据和技术参数进行估算。

4）工业企业污染治理项目建设投资情况年报的调查方法为对有在建工业污染治理项目的工业企业逐个发表填报汇总。

5）医院污染排放及处理利用情况的年报的调查方法为对二级及以上的医院逐个发表填表汇总。

4．环境统计范围

1）工业企业污染排放及处理利用情况的年报综合范围为有污染物排放的工业企业。

2）工业企业污染治理项目投资情况的年报综合范围为在建的老工业污染源污染治理投资项目，不包括已纳入建设项目环境保护“三同时”管理的项目。

3）生产及生活中产生的污染物实施集中处理处置情况的年报综合范围为危险废物集中处置厂和城市污水处理厂。

4）生活及其他污染情况的年报综合范围为城镇的生活污水排放以及除工业生产以外的生活及其他活动所排放的废气中的污染物。

5）医院污染排放及处理利用情况的年报调查范围为辖区内二级及以上的医院。

5．流域汇总范围

从 2004 年起，本年报中流域汇总范围较往年有所扩大。其中，松花江流域包括松花江、黑龙江、乌苏里江流域及东北地区其他国际河流，珠江流域包括珠江和粤桂琼沿海诸河流域，海河流域包括海河、滦河和华北地区沿海诸河流域，辽河流域包括辽河、大凌河及辽东沿海诸河流域。

从 2006 年起，本年报中流域数据的汇总方法有所变化，按流域规划所含区县的数据汇总，不再沿用以前的按“排水去向”汇总数据的方法，汇总的区县数有所减少，湖泊汇总方式与流域相同。

主要环境统计指标解释附后。

2

各地区环境统计

GEDIQU HUANJING TONGJI

ANNUAL STATISTIC REPORT ON ENVIRONMENT IN CHINA

2009

各地区主要污染物排放情况（一）

Discharge of Key Pollutants by Region（1）

（2009）

年 份 地 区	Year Region	废水排放总量（亿吨） Total Volume of Waste Water Discharged （100 million t）	工业 Industrial	生活 Household	化学需氧量排放总量（万吨） Total Volume of COD Discharged （10 000 t）	工业 Industrial	生活 Household
	2005	524.5	243.1	281.4	1 414.2	554.7	859.5
	2006	536.8	240.2	296.6	1 428.2	542.3	885.9
	2007	556.8	246.6	310.2	1 381.8	511.1	870.8
	2008	571.7	241.7	330.0	1 320.7	457.6	863.1
	2009	**589.7**	**234.5**	**355.2**	**1 277.5**	**439.7**	**837.8**
北 京	Beijing	14.1	0.9	13.2	9.9	0.5	9.4
天 津	Tianjin	6.0	1.9	4.0	13.3	2.3	11.0
河 北	Hebei	24.5	11.0	13.5	57.0	23.0	34.0
山 西	Shanxi	10.6	4.0	6.6	34.4	14.2	20.2
内蒙古	Inner Mongolia	7.3	2.9	4.5	27.9	12.0	15.8
辽 宁	Liaoning	21.7	7.5	14.2	56.3	21.6	34.6
吉 林	Jilin	11.0	3.8	7.2	36.1	14.7	21.4
黑龙江	Heilongjiang	11.1	3.4	7.6	46.2	11.2	35.0
上 海	Shanghai	23.1	4.1	18.9	24.3	2.9	21.4
江 苏	Jiangsu	52.2	25.6	26.6	82.2	25.1	57.0
浙 江	Zhejiang	36.5	20.3	16.2	51.4	24.0	27.3
安 徽	Anhui	18.0	7.3	10.6	42.4	12.9	29.5
福 建	Fujian	24.6	14.3	10.3	37.6	7.5	30.0
江 西	Jiangxi	15.2	6.7	8.5	43.5	10.4	33.2
山 东	Shandong	38.7	18.3	20.4	64.7	26.1	38.6
河 南	Henan	33.4	14.0	19.4	62.6	29.8	32.9
湖 北	Hubei	26.6	9.1	17.4	57.6	14.4	43.2
湖 南	Hunan	26.0	9.6	16.4	84.8	21.6	63.3
广 东	Guangdong	68.7	18.9	49.9	91.1	21.7	69.4
广 西	Guangxi	30.6	16.2	14.4	97.6	51.9	45.7
海 南	Hainan	3.8	0.7	3.0	10.0	1.2	8.9
重 庆	Chongqing	14.7	6.6	8.1	24.0	10.0	14.0
四 川	Sichuan	26.3	10.6	15.7	74.8	24.5	50.3
贵 州	Guizhou	5.9	1.3	4.6	21.6	1.3	20.3
云 南	Yunnan	8.8	3.2	5.5	27.3	8.5	18.8
西 藏	Tibet	0.3	0.1	0.3	1.5	0.1	1.5
陕 西	Shaanxi	11.2	5.0	6.2	31.8	12.6	19.2
甘 肃	Gansu	4.9	1.6	3.3	16.8	4.9	11.9
青 海	Qinghai	2.2	0.8	1.4	7.6	3.9	3.7
宁 夏	Ningxia	4.1	2.2	2.0	12.5	9.7	2.8
新 疆	Xinjiang	7.7	2.4	5.3	28.7	15.1	13.5

各地区主要污染物排放情况（二）

Discharge of Key Pollutants by Region（2）

单位：万吨　　（2009）　　（10 000 t）

年份 地区	Year Region	氨氮排放总量 Total Volume of Ammonia Nitrogen Discharged	工业 Industrial	生活 Household	二氧化硫排放总量 Total Volume of Sulphur Dioxide Discharged	工业 Industrial	生活 Household
	2005	149.8	52.5	97.3	2 549.4	2 168.4	381.0
	2006	141.3	42.5	98.8	2 588.8	2 237.6	351.2
	2007	132.3	34.1	98.3	2 468.1	2 140.0	328.1
	2008	127.0	29.7	97.3	2 321.2	1 991.3	329.9
	2009	**122.6**	**27.3**	**95.3**	**2 214.4**	**1 865.9**	**348.5**
北　京	Beijing	1.3	0.0	1.3	11.9	6.0	5.9
天　津	Tianjin	1.2	0.3	0.9	23.7	17.3	6.4
河　北	Hebei	5.5	1.7	3.8	125.3	104.3	21.1
山　西	Shanxi	4.1	1.1	2.9	126.8	101.0	25.9
内蒙古	Inner Mongolia	3.4	0.5	2.9	139.9	120.4	19.5
辽　宁	Liaoning	6.2	1.0	5.3	105.1	91.9	13.3
吉　林	Jilin	2.9	0.3	2.6	36.3	30.0	6.3
黑龙江	Heilongjiang	4.8	0.7	4.1	49.0	41.9	7.1
上　海	Shanghai	3.0	0.2	2.8	37.9	23.9	14.0
江　苏	Jiangsu	6.5	1.4	5.2	107.4	101.2	6.2
浙　江	Zhejiang	4.1	1.5	2.6	70.1	67.7	2.4
安　徽	Anhui	4.7	1.4	3.2	53.8	48.7	5.2
福　建	Fujian	3.0	0.6	2.4	42.0	39.9	2.0
江　西	Jiangxi	3.4	0.7	2.7	56.4	49.0	7.4
山　东	Shandong	6.7	1.4	5.3	159.0	136.6	22.4
河　南	Henan	7.5	2.6	5.0	135.5	117.6	17.9
湖　北	Hubei	6.5	1.5	5.0	64.4	52.7	11.6
湖　南	Hunan	8.4	2.4	6.0	81.2	64.9	16.2
广　东	Guangdong	11.5	1.0	10.5	107.0	101.3	5.8
广　西	Guangxi	4.8	1.4	3.4	89.0	83.5	5.5
海　南	Hainan	0.8	0.1	0.8	2.2	2.1	0.1
重　庆	Chongqing	2.7	0.7	2.0	74.6	58.6	16.0
四　川	Sichuan	6.0	1.3	4.6	113.5	94.6	18.9
贵　州	Guizhou	1.7	0.1	1.6	117.5	62.4	55.2
云　南	Yunnan	1.9	0.3	1.6	49.9	41.8	8.1
西　藏	Tibet	0.1	0.0	0.1	0.2	0.2	0.0
陕　西	Shaanxi	3.2	0.7	2.5	80.4	74.2	6.3
甘　肃	Gansu	2.7	1.2	1.5	50.0	40.1	9.9
青　海	Qinghai	0.7	0.2	0.5	13.6	12.7	0.8
宁　夏	Ningxia	0.8	0.4	0.4	31.4	27.8	3.6
新　疆	Xinjiang	2.6	0.6	2.0	59.0	51.5	7.5

各地区主要污染物排放情况（三）

Discharge of Key Pollutants by Region（3）

单位：万吨　　（2009）　　（10 000 t）

年　份 地　区	Year Region	烟尘排放总量 Total Volume of Soot Discharged	工业 Industrial	生活 Household	工业粉尘排放量 Total Volume of Industrial Dust Discharged
	2005	1 182. 5	948. 9	233. 6	911. 2
	2006	1 088. 8	864. 5	224. 3	808. 4
	2007	986. 6	771. 1	215. 5	698. 7
	2008	901. 6	670. 7	230. 9	584. 9
	2009	**847. 7**	**604. 4**	**243. 3**	**523. 6**
北　京	Beijing	4. 4	1. 9	2. 5	1. 7
天　津	Tianjin	7. 1	5. 9	1. 3	0. 8
河　北	Hebei	51. 9	33. 0	18. 9	42. 7
山　西	Shanxi	64. 7	43. 8	20. 9	42. 8
内蒙古	Inner Mongolia	49. 4	32. 1	17. 3	16. 4
辽　宁	Liaoning	61. 3	40. 1	21. 1	22. 7
吉　林	Jilin	38. 4	27. 7	10. 7	6. 6
黑龙江	Heilongjiang	43. 3	31. 9	11. 4	10. 1
上　海	Shanghai	10. 2	3. 6	6. 5	0. 8
江　苏	Jiangsu	33. 0	30. 1	2. 9	16. 4
浙　江	Zhejiang	19. 0	18. 0	1. 0	16. 8
安　徽	Anhui	28. 0	23. 0	5. 0	28. 5
福　建	Fujian	11. 3	7. 1	4. 3	15. 7
江　西	Jiangxi	16. 4	13. 9	2. 5	26. 3
山　东	Shandong	41. 7	30. 2	11. 5	22. 1
河　南	Henan	59. 7	52. 1	7. 6	24. 9
湖　北	Hubei	21. 7	17. 9	3. 7	18. 3
湖　南	Hunan	34. 1	27. 6	6. 6	57. 5
广　东	Guangdong	30. 1	24. 8	5. 3	10. 5
广　西	Guangxi	25. 9	24. 7	1. 3	46. 7
海　南	Hainan	0. 9	0. 8	0. 2	0. 9
重　庆	Chongqing	19. 1	10. 9	8. 2	10. 8
四　川	Sichuan	28. 5	19. 6	8. 9	11. 4
贵　州	Guizhou	44. 0	11. 8	32. 2	9. 9
云　南	Yunnan	17. 8	12. 4	5. 5	10. 2
西　藏	Tibet	0. 2	0. 1	0. 2	0. 1
陕　西	Shaanxi	20. 2	15. 1	5. 2	14. 8
甘　肃	Gansu	16. 2	9. 2	7. 0	8. 4
青　海	Qinghai	7. 6	5. 4	2. 2	6. 9
宁　夏	Ningxia	9. 8	7. 9	1. 8	3. 6
新　疆	Xinjiang	31. 7	22. 0	9. 7	18. 5

各地区主要污染物排放情况（四）

Discharge of Key Pollutants by Region（4）

单位：万吨 （2009） （10 000 t）

年份 地区	Year Region	氮氧化物排放总量 Total Volume of Nitrogen Oxide Discharged	工业 Industrial	生活 Household	工业固体废物排放量 Total Volume of Industrial Solid Waste Discharged
	2005	—	—	—	1 654.7
	2006	1 523.8	1 136.0	387.8	1 302.1
	2007	1 643.4	1 261.3	382.0	1 196.7
	2008	1 624.3	1 250.3	374.0	781.8
	2009	**1 692.7**	**1 284.8**	**407.9**	**710.5**
北　京	Beijing	18.1	5.4	12.7	0.1
天　津	Tianjin	21.5	20.1	1.3	0.0
河　北	Hebei	99.6	83.8	15.8	30.5
山　西	Shanxi	108.5	74.3	34.2	141.6
内蒙古	Inner Mongolia	102.5	92.3	10.2	9.2
辽　宁	Liaoning	81.9	70.9	11.0	2.8
吉　林	Jilin	45.6	40.6	5.0	0.0
黑龙江	Heilongjiang	47.3	36.1	11.1	1.0
上　海	Shanghai	41.9	26.0	15.9	0.0
江　苏	Jiangsu	117.9	89.0	28.9	0.0
浙　江	Zhejiang	87.9	63.8	24.1	0.8
安　徽	Anhui	53.9	42.1	11.8	0.0
福　建	Fujian	33.0	21.5	11.5	2.4
江　西	Jiangxi	29.6	19.0	10.6	14.0
山　东	Shandong	138.2	110.6	27.7	0.0
河　南	Henan	119.3	97.0	22.3	1.3
湖　北	Hubei	50.2	37.7	12.4	5.1
湖　南	Hunan	36.3	27.1	9.1	18.6
广　东	Guangdong	128.6	81.5	47.1	16.0
广　西	Guangxi	29.9	18.5	11.5	12.1
海　南	Hainan	4.6	2.2	2.4	0.0
重　庆	Chongqing	23.5	16.3	7.1	149.9
四　川	Sichuan	59.2	47.8	11.5	6.1
贵　州	Guizhou	21.1	17.0	4.1	94.5
云　南	Yunnan	39.5	29.4	10.2	60.6
西　藏	Tibet	0.0	0.0	0.0	4.1
陕　西	Shaanxi	49.9	44.5	5.4	17.3
甘　肃	Gansu	25.5	19.6	5.9	12.3
青　海	Qinghai	9.1	6.2	2.9	1.4
宁　夏	Ningxia	17.7	13.4	4.3	3.7
新　疆	Xinjiang	50.9	31.1	19.8	105.2

各地区工业废水排放及处理情况（一）

Discharge and Treatment of Industrial Waste Water by Region（1）

单位：万吨 （2009） （10 000 t）

年份 地区	Year Region	工业废水排放量 Total Volume of Industrial Waste Water Discharged	工业废水排放达标量 Industrial Waste Water Meeting Discharge Standards	工业废水处理量 Industrial Waste Water Treated
	2005	2 431 121	2 217 093	—
	2006	2 401 946	2 178 461	4 427 385
	2007	2 466 493	2 260 719	4 894 413
	2008	2 416 511	2 233 986	5 334 970
	2009	**2 344 834**	**2 208 743**	**5 459 281**
北 京	Beijing	8 713	8 574	33 474
天 津	Tianjin	19 441	19 440	76 030
河 北	Hebei	110 058	108 166	805 854
山 西	Shanxi	39 720	32 694	240 891
内蒙古	Inner Mongolia	28 616	24 366	99 791
辽 宁	Liaoning	75 159	64 593	306 611
吉 林	Jilin	37 563	30 621	69 767
黑龙江	Heilongjiang	34 188	31 379	108 284
上 海	Shanghai	41 192	40 687	145 192
江 苏	Jiangsu	256 160	251 290	380 452
浙 江	Zhejiang	203 442	193 847	227 639
安 徽	Anhui	73 441	70 657	255 977
福 建	Fujian	142 747	141 032	233 973
江 西	Jiangxi	67 192	63 047	125 504
山 东	Shandong	182 673	180 030	329 837
河 南	Henan	140 325	134 850	219 125
湖 北	Hubei	91 324	87 594	281 996
湖 南	Hunan	96 396	88 059	271 660
广 东	Guangdong	188 844	174 377	253 849
广 西	Guangxi	161 596	153 458	308 727
海 南	Hainan	7 031	6 789	8 287
重 庆	Chongqing	65 684	61 925	60 793
四 川	Sichuan	105 910	101 029	217 742
贵 州	Guizhou	13 478	9 570	83 842
云 南	Yunnan	32 375	29 991	123 904
西 藏	Tibet	942	210	218
陕 西	Shaanxi	50 115	47 523	92 501
甘 肃	Gansu	16 364	13 266	34 180
青 海	Qinghai	8 404	4 692	11 015
宁 夏	Ningxia	21 542	18 835	25 046
新 疆	Xinjiang	24 201	16 152	27 120

各地区工业废水排放及处理情况（二）

Discharge and Treatment of Industrial Waste Water by Region（2）

（2009）

年 份 地 区	Year Region	废水治理设施数（套） Number of Facilities for Treatment of Waste Water（set）	废水治理设施治理能力（万吨/日） Capacity of Facilities for Treatment of Waste Water（10 000 t/d）	废水治理设施运行费用（万元） Annual Expenditure for Operation（10 000 yuan）	废水污染物在线监测仪器套数（套） On-line Apparatus for Waste Water Mornitoring（set）
	2005	69 231	16 349	2 766 907. 3	—
	2006	75 830	19 553	3 885 001. 7	7 749
	2007	78 210	22 076	4 280 384. 5	11 029
	2008	78 725	22 897	4 529 005. 8	13 159
	2009	**77 018**	**22 703**	**4 784 925. 0**	**14 738**
北 京	Beijing	524	168	65 702. 5	55
天 津	Tianjin	848	256	73 073. 1	262
河 北	Hebei	3 869	2 658	301 707. 1	756
山 西	Shanxi	2 548	703	185 601. 5	349
内蒙古	Inner Mongolia	889	419	58 606. 2	104
辽 宁	Liaoning	1 798	1 132	206 002. 4	241
吉 林	Jilin	638	282	46 767. 8	86
黑龙江	Heilongjiang	1 465	620	165 226. 4	152
上 海	Shanghai	1 730	479	264 295. 6	364
江 苏	Jiangsu	6 877	1 691	460 498. 0	1 941
浙 江	Zhejiang	8 202	1 182	403 322. 1	2 426
安 徽	Anhui	1 987	1 014	174 902. 9	490
福 建	Fujian	3 949	990	86 769. 1	454
江 西	Jiangxi	1 826	620	98 501. 4	134
山 东	Shandong	4 824	1 641	440 428. 9	1 203
河 南	Henan	3 210	960	167 704. 6	717
湖 北	Hubei	2 068	951	134 206. 6	462
湖 南	Hunan	3 195	1 154	117 552. 4	332
广 东	Guangdong	9 826	1 332	497 287. 7	2 186
广 西	Guangxi	2 539	1 496	115 739. 3	366
海 南	Hainan	267	50	32 538. 4	62
重 庆	Chongqing	1 638	172	54 792. 7	185
四 川	Sichuan	4 377	852	283 179. 2	685
贵 州	Guizhou	2 050	461	44 692. 0	103
云 南	Yunnan	2 088	596	87 883. 9	131
西 藏	Tibet	16	1	233. 8	1
陕 西	Shaanxi	1 728	329	92 386. 2	190
甘 肃	Gansu	657	122	39 746. 0	106
青 海	Qinghai	155	36	6 065. 0	21
宁 夏	Ningxia	353	97	25 508. 2	57
新 疆	Xinjiang	877	240	54 004. 0	117

各地区工业废水排放及处理情况（三）

Discharge and Treatment of Industrial Waste Water by Region（3）

单位：吨　　　　（2009）　　　　(t)

年份 地区	Year Region	工业废水中污染物排放量 Amount of Pollutants Discharged in the Industrial Waste Water					
		汞 Mercury	镉 Cadmium	六价铬 Hexavalent Chrome	铅 Lead	砷 Arsenic	挥发酚 Volatile Hydroxy-benzene
	2005	2.687	62.058	105.601	378.284	453.201	4 166.060
	2006	2.638	49.352	96.447	339.121	245.214	3 453.131
	2007	1.210	39.320	68.996	319.748	187.427	2 926.285
	2008	1.356	39.493	75.323	240.924	214.958	1 916.138
	2009	**1.387**	**32.317**	**55.424**	**182.214**	**197.299**	**1 044.639**
北　京	Beijing	0.000	0.000	0.025	0.014	0.002	0.171
天　津	Tianjin	0.000	0.000	0.092	0.010	0.008	0.659
河　北	Hebei	0.001	0.480	1.295	1.581	0.000	3.384
山　西	Shanxi	0.013	0.014	0.331	0.187	0.060	24.765
内蒙古	Inner Mongolia	0.000	0.017	0.265	1.277	0.101	2.730
辽　宁	Liaoning	0.048	0.005	0.302	0.520	0.552	13.474
吉　林	Jilin	0.000	0.004	0.508	0.060	0.103	227.028
黑龙江	Heilongjiang	0.000	0.017	0.225	0.040	0.002	483.985
上　海	Shanghai	0.000	0.016	0.535	0.091	0.003	4.017
江　苏	Jiangsu	0.020	0.053	7.142	2.684	0.886	35.187
浙　江	Zhejiang	0.010	0.117	8.235	1.162	0.282	2.080
安　徽	Anhui	0.002	0.176	0.251	1.340	2.441	12.057
福　建	Fujian	0.001	0.149	1.810	3.883	0.107	3.700
江　西	Jiangxi	0.087	3.746	2.343	9.510	10.786	22.556
山　东	Shandong	0.000	0.049	0.590	1.597	0.274	15.273
河　南	Henan	0.006	0.620	3.558	3.758	0.300	18.683
湖　北	Hubei	0.000	0.187	1.469	4.295	2.414	23.374
湖　南	Hunan	0.599	14.691	8.212	37.315	65.367	66.917
广　东	Guangdong	0.046	0.874	12.249	9.217	1.841	12.118
广　西	Guangxi	0.061	3.625	1.392	21.380	21.851	34.539
海　南	Hainan		0.002	0.002	0.037		0.000
重　庆	Chongqing	0.000	0.003	1.042	0.113	0.000	1.185
四　川	Sichuan	0.002	0.046	1.407	2.148	0.458	2.151
贵　州	Guizhou	0.003	0.031	0.203	0.280	2.651	0.258
云　南	Yunnan	0.017	0.620	0.078	10.271	3.233	2.876
西　藏	Tibet	0.000			0.021		
陕　西	Shaanxi	0.028	1.527	0.737	2.478	2.158	2.559
甘　肃	Gansu	0.336	4.209	0.573	37.997	80.562	5.153
青　海	Qinghai	0.015	0.855	0.042	27.333	0.441	0.276
宁　夏	Ningxia	0.000	0.029	0.010	0.029	0.061	7.900
新　疆	Xinjiang	0.091	0.155	0.501	1.585	0.357	15.587

各地区工业废水排放及处理情况（四）

Discharge and Treatment of Industrial Waste Water by Region（4）

（2009）

单位：吨 (t)

年 份 地 区	Year Region	工业废水中污染物排放量 Amount of Pollutants Discharged in the Industrial Waste Water			
		氰化物 Cyanide	化学需氧量 COD	石油类 Petroleum	氨氮 Ammonia Nitrogen
	2005	573.8	5 547 333.1	23 471.6	525 064.9
	2006	457.1	5 422 616.2	19 152.7	424 616.8
	2007	381.5	5 110 631.3	16 899.8	340 824.8
	2008	256.1	4 575 833.0	13 315.1	296 902.9
	2009	**250.3**	**4 396 780.5**	**9 513.5**	**273 544.4**
北 京	Beijing	0.1	4 898.1	57.4	452.8
天 津	Tianjin	0.2	23 469.4	77.6	2 915.5
河 北	Hebei	6.0	230 355.0	275.9	17 242.8
山 西	Shanxi	14.6	141 940.6	345.0	11 486.3
内蒙古	Inner Mongolia	1.2	120 060.6	81.2	4 651.9
辽 宁	Liaoning	4.9	216 260.1	861.3	9 610.9
吉 林	Jilin	7.7	147 167.5	753.1	2 620.4
黑龙江	Heilongjiang	2.1	111 891.4	487.9	6 756.3
上 海	Shanghai	5.6	29 030.6	191.6	1 982.8
江 苏	Jiangsu	10.3	251 252.7	879.0	13 765.3
浙 江	Zhejiang	37.4	240 451.9	170.0	15 171.4
安 徽	Anhui	8.9	128 805.8	202.2	14 430.0
福 建	Fujian	5.0	75 425.1	212.0	6 228.2
江 西	Jiangxi	5.5	103 536.5	399.0	7 294.5
山 东	Shandong	5.1	260 521.4	494.9	13 898.2
河 南	Henan	16.5	297 656.9	477.9	25 716.0
湖 北	Hubei	20.9	143 746.2	755.2	15 078.3
湖 南	Hunan	40.4	215 582.8	647.2	23 964.4
广 东	Guangdong	14.2	216 808.2	418.2	10 029.4
广 西	Guangxi	17.2	518 817.4	251.6	13 977.1
海 南	Hainan		11 552.8	1.4	556.9
重 庆	Chongqing	0.5	100 290.3	209.5	7 251.4
四 川	Sichuan	5.3	245 145.8	309.1	13 482.5
贵 州	Guizhou	2.5	12 988.2	36.6	932.7
云 南	Yunnan	7.1	85 312.2	108.1	3 212.5
西 藏	Tibet		736.9	0.0	5.4
陕 西	Shaanxi	3.4	126 372.5	187.8	7 202.3
甘 肃	Gansu	1.3	48 670.7	165.4	11 860.1
青 海	Qinghai		39 252.7	59.1	1 705.7
宁 夏	Ningxia	0.2	97 333.8	70.3	4 227.8
新 疆	Xinjiang	6.4	151 446.6	328.0	5 834.4

各地区工业废水排放及处理情况（五）

Discharge and Treatment of Industrial Waste Water by Region（5）

单位：君　　　　（2009）　　　　(t)

年份 地区	Year Region	工业废水中污染物去除量 Amount of Pollutants Removed from Industrial Waste Water					
		氰化物 Cyanide	化学需氧量 COD	新增设施去除的 Removed by New-added Facilities of Treatment	石油类 Petroleum	氨氮 Ammonia Nitrogen	挥发酚 Volatile Hydroxy - benzene
	2005	17 564	10 882 642	412 286	271 878	483 370	73 548
	2006	16 060	10 992 651	564 778	302 388	552 649	137 743
	2007	14 789	12 653 704	582 746	315 447	518 184	84 222
	2008	14 630	13 173 485	583 782	272 545	650 851	88 321
	2009	**13 803**	**13 212 648**	**416 590**	**371 075**	**640 999**	**84 754**
北　京	Beijing	48	39 986	0	2 509	5 870	599
天　津	Tianjin	1	49 230	330	1 470	1 237	77
河　北	Hebei	441	756 698	37 732	5 597	26 414	4 738
山　西	Shanxi	1 166	148 524	3 026	2 405	16 196	5 428
内蒙古	Inner Mongolia	208	361 626	1 274	775	7 317	3 127
辽　宁	Liaoning	76	267 254	14 955	8 498	31 232	4 280
吉　林	Jilin	22	189 916	914	1 891	4 412	1 481
黑龙江	Heilongjiang	175	333 702	22 998	162 777	27 142	5 557
上　海	Shanghai	110	222 965	379	7 135	6 738	899
江　苏	Jiangsu	202	1 222 236	13 693	26 654	51 743	3 914
浙　江	Zhejiang	1 307	1 421 375	10 258	20 079	67 694	414
安　徽	Anhui	6 782	392 010	3 528	29 844	74 549	28 807
福　建	Fujian	89	652 107	19 368	464	16 561	1 012
江　西	Jiangxi	227	175 603	7 104	5 839	9 961	2 127
山　东	Shandong	376	2 216 932	54 776	22 201	125 018	4 274
河　南	Henan	211	1 013 250	16 031	11 857	27 945	10 405
湖　北	Hubei	118	356 823	10 138	3 931	13 455	1 532
湖　南	Hunan	186	252 934	18 434	2 918	15 894	810
广　东	Guangdong	1 144	749 083	19 994	3 385	49 336	461
广　西	Guangxi	234	834 108	64 490	1 264	8 977	595
海　南	Hainan		51 850	78	154	732	0
重　庆	Chongqing	16	110 764	5 756	471	6 661	1 165
四　川	Sichuan	53	431 226	48 116	1 288	10 048	16
贵　州	Guizhou	456	54 400	718	172	1 239	145
云　南	Yunnan	28	307 774	20 857	30 632	19 146	1 021
西　藏	Tibet		41	0	0	2	
陕　西	Shaanxi	80	243 728	5 948	3 961	6 443	132
甘　肃	Gansu	2	39 365	1 969	1 507	2 602	103
青　海	Qinghai		7 839	355	154	352	
宁　夏	Ningxia	1	178 111	9 074	1 476	3 261	72
新　疆	Xinjiang	44	131 188	4 298	9 765	2 822	1 564

各地区工业废气排放及处理情况（一）

Discharge and Treatment of Industrial Waste Gas by Region（1）

（2009）

年份 地区 Year Region	煤炭消费量（万吨） Total Amount of Coal Consumed（10 000 t）	燃料煤 Coal Used as Fuel	原料煤 Coal Used as Material	燃料油消费量（万吨） Total Amount of Fuel Oil Consumed（10 000 t）	工业废气排放总量（标态）（亿米³） Total Volume of Industrial Waste Gas Emission（10^8 m^3）	燃料燃烧中排放的 From Process of Fuel Burning	生产工艺中排放的 From Process of Production
2005	204 423	143 627	60 796	3 447	268 988	155 238	113 749
2006	230 076	162 089	67 987	2 666	330 990	181 636	149 354
2007	266 457	187 815	78 642	3 207	388 169	209 922	178 247
2008	280 169	199 862	80 307	2 335	403 866	229 535	174 331
2009	**295 221**	**210 140**	**85 081**	**2 016**	**436 064**	**241 201**	**194 862**
北 京 Beijing	2 018	1 547	472	44	4 408	1 777	2 631
天 津 Tianjin	4 075	3 691	384	17	5 983	4 040	1 943
河 北 Hebei	21 780	14 364	7 416	36	50 779	24 836	25 943
山 西 Shanxi	32 427	12 315	20 112	12	23 693	13 066	10 627
内蒙古 Inner Mongolia	22 048	16 685	5 362	21	24 844	14 382	10 462
辽 宁 Liaoning	13 665	9 743	3 922	215	25 211	11 284	13 928
吉 林 Jilin	6 085	5 168	917	30	7 124	5 095	2 029
黑龙江 Heilongjiang	8 398	6 448	1 950	42	9 977	8 260	1 717
上 海 Shanghai	5 055	3 649	1 406	111	10 059	3 382	6 677
江 苏 Jiangsu	20 327	17 542	2 785	206	27 432	17 752	9 680
浙 江 Zhejiang	12 511	11 147	1 364	106	18 860	11 913	6 947
安 徽 Anhui	10 569	7 622	2 947	31	15 273	7 038	8 234
福 建 Fujian	5 842	4 819	1 023	87	10 497	6 580	3 917
江 西 Jiangxi	4 983	3 464	1 519	34	8 286	4 711	3 575
山 东 Shandong	25 723	18 811	6 911	100	35 127	19 539	15 587
河 南 Henan	18 926	14 413	4 513	40	22 186	12 773	9 412
湖 北 Hubei	7 026	4 113	2 913	14	12 523	5 958	6 565
湖 南 Hunan	6 172	4 197	1 975	23	10 973	4 373	6 599
广 东 Guangdong	13 549	12 033	1 515	755	22 682	14 033	8 649
广 西 Guangxi	5 151	3 418	1 732	15	13 184	7 588	5 596
海 南 Hainan	534	440	94	4	1 353	1 023	330
重 庆 Chongqing	3 258	2 539	719	5	12 587	6 659	5 928
四 川 Sichuan	7 784	5 350	2 434	10	13 410	7 436	5 974
贵 州 Guizhou	8 143	5 555	2 587	15	7 786	4 763	3 023
云 南 Yunnan	7 147	4 317	2 830	10	9 484	4 758	4 726
西 藏 Tibet	23	23		0	15	14	2
陕 西 Shaanxi	8 288	6 008	2 280	7	11 032	6 822	4 210
甘 肃 Gansu	3 874	3 221	654	12	6 314	3 375	2 939
青 海 Qinghai	1 019	683	336	1	3 308	757	2 551
宁 夏 Ningxia	3 700	3 034	665	2	4 701	2 556	2 144
新 疆 Xinjiang	5 122	3 780	1 342	9	6 975	4 658	2 317

各地区工业废气排放及处理情况（二）

Discharge and Treatment of Industrial Waste Gas by Region（2）

单位：万吨　　（2009）　　(t)

年份 地区	Year Region	工业二氧化硫排放量 Volume of Industrial Sulphur Dioxide Emission	燃料燃烧中排放的 From Process of Fuel Burning	生产工艺中排放的 From Process of Production	工业二氧化硫去除量 Volume of Industrial Sulphur Dioxide Removed	燃料燃烧中去除的 Removed in Process of Fuel Burning	生产工艺中去除的 Removed in Process of Production
	2005	21 684 245	18 430 775	3 253 470	10 904 393	4 149 311	6 755 083
	2006	22 376 204	18 930 863	3 445 341	14 390 241	6 536 083	7 854 007
	2007	21 399 805	18 000 463	3 349 982	19 426 461	10 373 063	9 053 397
	2008	19 913 702	16 789 095	3 109 565	22 863 896	12 960 273	9 903 603
	2009	**18 659 424**	**15 487 953**	**3 171 471**	**28 898 607**	**17 388 954**	**11 509 653**
北京	Beijing	59 922	58 021	1 900	112 829	104 663	8 166
天津	Tianjin	172 980	163 539	9 440	256 518	252 276	4 242
河北	Hebei	1 042 679	831 768	210 911	1 237 738	1 123 794	113 944
山西	Shanxi	1 009 586	775 622	233 964	1 434 220	1 251 819	182 401
内蒙古	Inner Mongolia	1 204 018	1 054 410	149 608	1 646 488	1 253 457	393 031
辽宁	Liaoning	918 837	736 284	182 554	1 022 465	367 670	654 795
吉林	Jilin	300 200	260 090	40 111	127 772	89 189	38 583
黑龙江	Heilongjiang	418 905	382 827	36 078	73 851	55 618	18 234
上海	Shanghai	239 348	232 619	6 729	384 624	182 551	202 073
江苏	Jiangsu	1 011 824	910 049	101 775	1 855 515	1 414 562	440 953
浙江	Zhejiang	677 003	633 572	43 430	1 305 637	909 005	396 631
安徽	Anhui	486 864	393 010	93 854	1 618 524	477 002	1 141 523
福建	Fujian	399 192	348 635	50 557	354 546	340 339	14 206
江西	Jiangxi	490 200	377 366	112 834	1 429 504	242 411	1 187 093
山东	Shandong	1 366 150	1 199 758	166 392	2 733 287	1 932 338	800 948
河南	Henan	1 175 969	1 005 019	170 949	1 414 180	707 313	706 867
湖北	Hubei	527 431	392 792	134 639	884 647	362 629	522 018
湖南	Hunan	649 426	414 786	234 639	847 628	432 564	415 064
广东	Guangdong	1 012 579	896 438	116 141	1 873 613	1 153 547	720 066
广西	Guangxi	835 296	664 393	170 903	877 619	554 974	322 646
海南	Hainan	21 433	17 435	3 998	60 167	55 457	4 710
重庆	Chongqing	586 117	501 158	84 959	780 181	701 083	79 098
四川	Sichuan	946 424	750 751	195 673	838 008	597 301	240 707
贵州	Guizhou	623 743	543 922	79 822	1 317 844	1 299 830	18 015
云南	Yunnan	417 821	312 079	105 742	1 417 256	450 073	967 183
西藏	Tibet	1 660	1 660	0	0	0	
陕西	Shaanxi	741 873	650 479	91 394	744 663	471 679	272 984
甘肃	Gansu	400 926	255 458	145 468	1 913 386	290 755	1 622 630
青海	Qinghai	127 275	78 990	48 285	13 485	13 458	27
宁夏	Ningxia	278 346	266 127	12 219	292 846	284 178	8 668
新疆	Xinjiang	515 398	378 895	136 503	29 567	17 421	12 146

各地区工业废气排放及处理情况（三）

Discharge and Treatment of Industrial Waste Gas by Region（3）

单位：吨　　　　（2009）　　　　(t)

年份 地区	Year Region	工业烟尘去除量 Volume of Industrial Soot Removed	工业烟尘排放量 Volume of Industrial Soot Emission	工业粉尘去除量 Volume of Industrial Dust Removed	工业粉尘排放量 Volume of Industrial Dust Emission	工业氮氧化物去除量 Volume of Industrial Nitrogen Oxide Removed	工业氮氧化物排放量 Volume of Industrial Nitrogen Oxide Emission
	2005	205 870 817	9 489 033	64 538 505	9 111 883	—	—
	2006	235 645 611	8 644 934	72 799 462	8 084 446	941 567	11 362 582
	2007	251 663 943	7 711 389	76 695 820	6 987 435	1 146 856	12 613 314
	2008	305 428 242	6 707 464	84 712 248	5 849 478	718 772	12 503 135
	2009	**328 481 458**	**6 043 631**	**87 226 480**	**5 236 472**	**676 427**	**12 847 753**
北　京	Beijing	1 816 769	19 077	802 926	17 321	30 587	53 751
天　津	Tianjin	4 203 247	58 687	651 466	7 946	40 237	201 406
河　北	Hebei	23 556 025	329 819	5 610 159	426 988	41 247	837 762
山　西	Shanxi	21 371 766	438 231	3 191 671	427 787	151 062	743 235
内蒙古	Inner Mongolia	24 582 115	320 529	2 344 022	164 127	2 567	922 682
辽　宁	Liaoning	18 655 020	401 467	6 364 849	226 904	16 608	709 017
吉　林	Jilin	8 688 767	277 354	3 748 244	65 683	0	406 199
黑龙江	Heilongjiang	10 587 338	318 894	798 425	101 457	12 965	361 253
上　海	Shanghai	5 135 132	36 450	957 492	8 320	16 882	259 980
江　苏	Jiangsu	22 793 896	301 469	3 230 757	163 712	66 363	889 627
浙　江	Zhejiang	12 343 290	179 713	8 697 438	168 340	21 268	637 901
安　徽	Anhui	13 636 303	229 626	3 444 275	284 745	55 863	421 272
福　建	Fujian	6 064 278	70 729	2 491 881	156 605	16 759	214 620
江　西	Jiangxi	7 418 316	139 387	5 673 613	263 214	1 367	190 194
山　东	Shandong	33 397 758	301 968	5 545 505	220 608	2 344	1 105 588
河　南	Henan	26 859 205	520 516	5 726 931	249 145	2 150	970 215
湖　北	Hubei	7 889 678	179 358	4 082 557	183 085	12 270	377 325
湖　南	Hunan	6 602 156	275 541	3 234 869	575 165	25 921	271 369
广　东	Guangdong	9 883 322	248 159	4 640 814	105 190	51 799	814 515
广　西	Guangxi	3 725 948	246 501	3 236 072	466 798	19 846	184 570
海　南	Hainan	558 606	7 589	126 230	9 005	367	22 280
重　庆	Chongqing	4 390 483	108 674	590 009	107 749	6 180	163 470
四　川	Sichuan	9 462 579	195 700	1 793 794	113 583	20 410	477 615
贵　州	Guizhou	13 968 565	117 806	1 774 281	98 720	35 679	170 215
云　南	Yunnan	11 052 548	123 535	3 704 933	101 843	0	293 504
西　藏	Tibet	832	720	130	1 179		240
陕　西	Shaanxi	7 798 737	150 865	2 213 653	147 901	13 249	445 004
甘　肃	Gansu	3 047 105	91 618	893 509	83 668	8 839	195 660
青　海	Qinghai	1 077 915	54 410	636 960	68 757	2	62 042
宁　夏	Ningxia	4 660 391	79 472	455 816	36 256	0	133 983
新　疆	Xinjiang	3 253 367	219 768	563 198	184 673	3 597	311 260

各地区工业废气排放及处理情况（四）

Discharge and Treatment of Industrial Waste Gas by Region（4）

（2009）

年份 地区	Year Region	废气治理设施数（套） Facilities for Treatment of Waste Gas（set）	脱硫设施数 Desulfurization Facilities	废气治理设施处理能力（标态）（万米³/时） Capacity of Facilities for Treatment of Waste Gas（$10^4m^3/h$）	脱硫设施脱硫能力（吨/时） Capacity of Desulfurization Facilities（t/h）
	2005	145 043	22 648	—	12 907
	2006	154 557	24 530	801 085	16 116
	2007	162 325	24 867	769 863	24 410
	2008	174 164	27 281	1 663 969	23 992
	2009	**176 489**	**26 995**	**906 574**	**25 389**
北京	Beijing	2 603	1 095	8 017	143
天津	Tianjin	3 157	1 631	11 327	2 855
河北	Hebei	11 845	2 600	74 440	2 109
山西	Shanxi	9 200	3 241	39 705	416
内蒙古	Inner Mongolia	4 956	574	42 654	459
辽宁	Liaoning	10 067	1 745	49 237	407
吉林	Jilin	3 037	150	11 091	79
黑龙江	Heilongjiang	4 313	193	45 735	2 837
上海	Shanghai	3 986	709	17 834	181
江苏	Jiangsu	11 508	1 635	56 583	1 598
浙江	Zhejiang	14 526	2 064	67 761	2 153
安徽	Anhui	4 733	372	23 876	297
福建	Fujian	6 931	506	20 973	430
江西	Jiangxi	3 953	312	20 422	257
山东	Shandong	11 727	2 576	80 351	1 547
河南	Henan	8 740	1 005	52 840	949
湖北	Hubei	5 211	333	22 680	171
湖南	Hunan	5 117	655	44 756	456
广东	Guangdong	13 011	1 960	45 055	914
广西	Guangxi	6 006	544	24 430	332
海南	Hainan	397	19	8 025	298
重庆	Chongqing	3 309	328	9 902	635
四川	Sichuan	6 927	508	29 606	3 208
贵州	Guizhou	2 441	524	15 827	248
云南	Yunnan	5 432	440	18 013	570
西藏	Tibet	51		105	
陕西	Shaanxi	4 035	555	22 910	1 326
甘肃	Gansu	2 716	580	11 732	219
青海	Qinghai	752	7	4 461	2
宁夏	Ningxia	1 503	111	8 549	256
新疆	Xinjiang	4 299	23	17 677	34

各地区工业废气排放及处理情况（五）

Discharge and Treatment of Industrial Waste Gas by Region（5）

（2009）

年份 地区	Year Region	废气治理设施运行费用（万元） Annul Expenditure for Operation （10 000 yuan）	脱硫设施运行费用（万元） Annul Expenditure for Operation （10 000 yuan）	废气污染物在线监测仪器套数（套） On-line Appartus for Waste Gas Mornitoring （set）
	2005	2 670 764. 6	—	—
	2006	4 643 681. 2	1 323 719. 7	3 028
	2007	5 549 659. 8	1 946 889. 6	4 713
	2008	7 733 885. 7	2 815 906. 0	7 357
	2009	**8 736 718. 5**	**3 550 653. 1**	**9 108**
北　京	Beijing	90 121. 7	45 353. 8	207
天　津	Tianjin	168 240. 0	92 213. 9	129
河　北	Hebei	761 182. 9	250 723. 8	680
山　西	Shanxi	426 266. 4	234 883. 8	748
内蒙古	Inner Mongolia	345 405. 9	164 444. 1	342
辽　宁	Liaoning	373 334. 6	118 836. 1	334
吉　林	Jilin	67 932. 1	22 499. 8	107
黑龙江	Heilongjiang	85 043. 7	23 405. 1	156
上　海	Shanghai	220 887. 0	70 000. 0	258
江　苏	Jiangsu	745 887. 2	300 186. 2	781
浙　江	Zhejiang	744 020. 2	218 412. 8	609
安　徽	Anhui	205 780. 4	109 047. 5	276
福　建	Fujian	186 136. 1	90 936. 4	209
江　西	Jiangxi	169 379. 7	68 133. 8	119
山　东	Shandong	803 980. 7	377 785. 0	844
河　南	Henan	452 076. 7	230 641. 5	575
湖　北	Hubei	256 218. 9	95 005. 5	218
湖　南	Hunan	177 521. 8	79 463. 2	205
广　东	Guangdong	788 822. 5	281 798. 7	654
广　西	Guangxi	162 983. 9	41 806. 9	207
海　南	Hainan	23 789. 9	16 252. 5	48
重　庆	Chongqing	149 234. 1	76 838. 5	119
四　川	Sichuan	436 389. 8	105 185. 2	183
贵　州	Guizhou	207 203. 4	146 006. 4	199
云　南	Yunnan	223 197. 0	78 469. 2	218
西　藏	Tibet	1 711. 5		
陕　西	Shaanxi	137 610. 7	71 426. 0	208
甘　肃	Gansu	123 535. 3	68 281. 6	140
青　海	Qinghai	38 280. 6	4 221. 0	63
宁　夏	Ningxia	86 643. 7	51 890. 0	66
新　疆	Xinjiang	77 900. 1	16 504. 8	206

各地区工业固体废物产生及处置利用情况（一）

Generation and Utilization of Industrial Solid Wastes by Region（1-1）

单位：万吨　　（2009）　　（10 000 t）

年份 地区	Year Region	工业固体废物产生量 Industrial Solid Wastes Generated	危险废物 Hazardous Wastes	冶炼废渣 Smelting Residue	粉煤灰 Coalburning Powder	炉渣 Slag
	2005	134 449	1 162	18 199	23 377	13 722
	2006	151 541	1 084	20 893	26 602	15 603
	2007	175 632	1 079	23 720	32 672	17 797
	2008	190 127	1 357	24 909	35 096	18 512
	2009	**203 943**	**1 430**	**28 209**	**36 179**	**19 818**
北　京	Beijing	1 242	11	233	174	112
天　津	Tianjin	1 516	8	370	398	414
河　北	Hebei	21 976	28	5 445	2 234	1 570
山　西	Shanxi	14 743	7	1 759	2 794	1 167
内蒙古	Inner Mongolia	12 108	50	890	2 724	993
辽　宁	Liaoning	17 221	91	2 198	1 388	1 144
吉　林	Jilin	3 941	58	280	1 060	569
黑龙江	Heilongjiang	5 275	17	207	1 358	634
上　海	Shanghai	2 255	48	857	473	144
江　苏	Jiangsu	8 028	126	1 598	2 534	1 485
浙　江	Zhejiang	3 910	60	278	1 346	1 040
安　徽	Anhui	8 471	12	1 029	1 780	557
福　建	Fujian	6 349	8	309	556	415
江　西	Jiangxi	8 898	6	598	753	436
山　东	Shandong	14 138	221	2 319	3 422	1 964
河　南	Henan	10 786	18	1 907	2 697	1 307
湖　北	Hubei	5 561	91	968	869	685
湖　南	Hunan	5 093	54	1 140	943	405
广　东	Guangdong	4 741	99	488	1 385	880
广　西	Guangxi	5 693	12	853	609	332
海　南	Hainan	201	0	0	52	28
重　庆	Chongqing	2 552	15	184	594	296
四　川	Sichuan	8 597	83	926	1 068	1 037
贵　州	Guizhou	7 317	53	488	1 539	441
云　南	Yunnan	8 673	50	1 350	963	556
西　藏	Tibet	11			0	0
陕　西	Shaanxi	5 547	13	343	997	366
甘　肃	Gansu	3 150	21	579	437	201
青　海	Qinghai	1 348	83	140	101	116
宁　夏	Ningxia	1 398	0	74	516	267
新　疆	Xinjiang	3 206	85	397	411	260

各地区工业固体废物产生及处置利用情况（一）（续表）

Generation and Utilization of Industrial Solid Wastes by Region（1-2）

单位：万吨　　（2009）　　（10 000 t）

年份 地区	Year Region	工业固体废物产生量 Industrial Solid Wastes Generated				
		煤矸石 Coal Stone	尾矿 Gangue	放射性废物 Radioactive Wastes	脱硫石膏 Gypsum for Desulfurization	其他 Others
	2005	16 158	38 519	19.6	—	13 383
	2006	17 693	42 738	10.4	872.8	16 559
	2007	17 339	51 252	18.5	2 055.1	18 316
	2008	20 232	52 113	21.4	3 336.0	22 144
	2009	**22 094**	**55 563**	**21.6**	**4 370.6**	**36 258**
北　京	Beijing	67	442	0.0	26.0	177
天　津	Tianjin	0	0	0.0	52.8	273
河　北	Hebei	1 136	6 385	0.0	360.5	4 818
山　西	Shanxi	6 074	1 174	0.0	306.7	1 461
内蒙古	Inner Mongolia	1 716	3 946	2.2	257.5	1 529
辽　宁	Liaoning	583	8 119	0.0	70.2	3 628
吉　林	Jilin	128	1 488	0.0	16.3	342
黑龙江	Heilongjiang	2 128	485	0.0	11.1	435
上　海	Shanghai	1	0	0.0	60.2	672
江　苏	Jiangsu	255	289	0.1	274.3	1 467
浙　江	Zhejiang	15	230	0.0	199.5	742
安　徽	Anhui	2 367	1 796	0.0	126.1	804
福　建	Fujian	215	4 157	0.0	75.4	614
江　西	Jiangxi	250	5 790	1.0	77.7	986
山　东	Shandong	1 441	2 048	0.1	370.7	2 352
河　南	Henan	790	2 462	0.0	286.9	1 318
湖　北	Hubei	36	1 143	0.0	192.4	1 577
湖　南	Hunan	283	1 352	0.9	105.8	809
广　东	Guangdong	8	456	17.1	130.5	1 277
广　西	Guangxi	23	1 700	0.0	101.0	2 063
海　南	Hainan	0	27	0.0	18.4	76
重　庆	Chongqing	601	53	0.0	188.9	620
四　川	Sichuan	470	3 188	0.1	163.1	1 662
贵　州	Guizhou	1 450	1 370	0.0	403.3	1 573
云　南	Yunnan	251	2 626	0.0	83.4	2 794
西　藏	Tibet		7	0.0		4
陕　西	Shaanxi	1 030	1 658	0.1	147.8	992
甘　肃	Gansu	155	1 417	0.0	72.2	268
青　海	Qinghai	71	720	0.0	4.8	112
宁　夏	Ningxia	237	3	0.0	100.1	201
新　疆	Xinjiang	312	1 033	0.0	87.0	621

各地区工业固体废物产生及处置利用情况（二）

Generation and Utilization of Industrial Solid Wastes by Region（2-1）

单位：万吨　　（2009）　　（10 000 t）

年份 地区	Year Region	工业固体废物综合利用量 Industrial Solid Wastes Utilized	危险废物 Hazardous Wastes	冶炼废渣 Smelting Residue	粉煤灰 Coalburning Powder
	2005	76 993	496	16 243	16 916
	2006	92 601	566	18 588	20 245
	2007	110 311	650	19 514	23 850
	2008	123 482	819	22 900	25 634
	2009	**138 186**	**831**	**26 257**	**28 306**
北　京	Beijing	910	5	233	174
天　津	Tianjin	1 498	3	370	398
河　北	Hebei	15 693	16	5 389	1 677
山　西	Shanxi	8 956	6	1 635	1 470
内蒙古	Inner Mongolia	6 368	37	691	1 625
辽　宁	Liaoning	8 241	39	2 192	827
吉　林	Jilin	2 539	37	276	631
黑龙江	Heilongjiang	3 810	6	203	925
上　海	Shanghai	2 172	31	858	460
江　苏	Jiangsu	7 862	93	1 598	2 608
浙　江	Zhejiang	3 586	28	277	1 314
安　徽	Anhui	7 227	8	997	1 689
福　建	Fujian	5 426	4	304	547
江　西	Jiangxi	3 703	6	593	694
山　东	Shandong	13 826	167	2 278	3 189
河　南	Henan	8 064	15	1 866	2 460
湖　北	Hubei	4 210	80	1 010	820
湖　南	Hunan	4 010	47	941	783
广　东	Guangdong	4 322	60	482	1 267
广　西	Guangxi	3 857	10	662	635
海　南	Hainan	168	0	0	52
重　庆	Chongqing	2 077	9	102	443
四　川	Sichuan	4 952	34	895	787
贵　州	Guizhou	3 351	22	354	524
云　南	Yunnan	4 265	6	1 095	441
西　藏	Tibet	0			0
陕　西	Shaanxi	2 998	8	287	778
甘　肃	Gansu	1 073	4	175	353
青　海	Qinghai	508	11	131	87
宁　夏	Ningxia	988	0	37	334
新　疆	Xinjiang	1 527	39	326	313

各地区工业固体废物产生及处置利用情况（二）（续表）

Generation and Utilization of Industrial Solid Wastes by Region（2-2）

单位：万吨 （2009） （10 000 t）

年份 地区	Year Region	工业固体废物综合利用量 Industrial Solid Wastes Utilized				
		炉渣 Slag	煤矸石 Coal Stone	尾矿 Gangue	脱硫石膏 Gypsum for Desulfurization	其他 Others
	2005	12 137	10 911	7 951	—	9 599
	2006	14 084	12 161	8 416	594	11 640
	2007	16 138	12 133	11 637	1 628	14 219
	2008	16 646	15 021	12 353	2 624	17 027
	2009	**17 899**	**17 628**	**15 270**	**3 657**	**28 338**
北　京	Beijing	111	103	83	26	175
天　津	Tianjin	423	0	0	53	251
河　北	Hebei	1 551	1 095	1 432	353	4 180
山　西	Shanxi	838	3 387	229	205	1 186
内蒙古	Inner Mongolia	779	1 438	584	194	1 020
辽　宁	Liaoning	1 042	516	849	70	2 706
吉　林	Jilin	498	111	588	12	386
黑龙江	Heilongjiang	511	1 678	153	11	323
上　海	Shanghai	146	1	0	55	621
江　苏	Jiangsu	1 480	271	151	279	1 382
浙　江	Zhejiang	954	15	165	197	636
安　徽	Anhui	541	2 320	830	126	716
福　建	Fujian	386	127	3 419	75	564
江　西	Jiangxi	407	234	916	75	778
山　东	Shandong	1 938	1 851	1 675	349	2 379
河　南	Henan	1 288	882	235	282	1 036
湖　北	Hubei	654	33	370	100	1 143
湖　南	Hunan	388	249	727	99	776
广　东	Guangdong	856	8	302	133	1 214
广　西	Guangxi	315	15	230	106	1 884
海　南	Hainan	27	0	15	18	56
重　庆	Chongqing	294	488	44	154	543
四　川	Sichuan	862	432	321	147	1 474
贵　州	Guizhou	208	889	477	143	734
云　南	Yunnan	413	199	830	56	1 225
西　藏	Tibet	0		0		0
陕　西	Shaanxi	353	827	185	142	418
甘　肃	Gansu	162	41	141	57	140
青　海	Qinghai	91	21	141	5	21
宁　夏	Ningxia	180	199	3	53	182
新　疆	Xinjiang	202	197	176	83	191

各地区工业固体废物产生及处置利用情况（三）

Generation and Utilization of Industrial Solid Wastes by Region（3）

单位：万吨　　　　（2009）　　　　（10 000 t）

年份 地区	Year Region	工业固体废物贮存量 Stock of Industrial Solid Wastes	危险废物贮存量 Hazardous Wastes	工业固体废物处置量 Industrial Solid Wastes Disposed	危险废物处置量 Hazardous Wastes	工业固体废物排放量（吨） Industrial Solid Wastes Discharged（t）	危险废物排放量 Hazardous Wastes
	2005	27 876	337.27	31 259	339.00	16 546 848	5 966.96
	2006	22 398	266.81	42 883	289.34	13 020 916	199 663.10
	2007	24 119	153.94	41 350	345.64	11 967 191	735.53
	2008	21 883	196.19	48 291	389.33	7 817 522	717.84
	2009	**20 929**	**218.91**	**47 488**	**428.00**	**7 104 521**	**1.5**
北京	Beijing	44	0.01	755	5.69	881	0
天津	Tianjin	0	0.00	26	5.23	0	0
河北	Hebei	1 168	0.01	5 260	11.39	304 551	0
山西	Shanxi	719	0.00	5 099	0.89	1 415 688	0
内蒙古	Inner Mongolia	1 236	0.32	4 513	12.74	92 171	0
辽宁	Liaoning	1 981	0.24	7 261	52.13	27 510	1.5
吉林	Jilin	1 325	0.01	89	21.04	0	0
黑龙江	Heilongjiang	994	0.00	513	11.29	9 763	0
上海	Shanghai	13	0.04	86	17.02	42	0
江苏	Jiangsu	168	0.20	102	33.47	0	0
浙江	Zhejiang	75	1.21	256	37.63	7 824	0
安徽	Anhui	544	0.01	923	6.94	15	0
福建	Fujian	56	0.03	874	4.07	24 334	0
江西	Jiangxi	786	0.04	4 416	0.40	139 938	0
山东	Shandong	238	0.03	524	54.05	144	0
河南	Henan	283	0.15	2 691	3.97	13 104	0
湖北	Hubei	251	10.00	1 164	4.81	51 170	0
湖南	Hunan	822	2.59	380	5.45	185 972	0
广东	Guangdong	138	0.03	313	39.54	159 839	0
广西	Guangxi	461	0.58	1 434	2.36	120 979	0
海南	Hainan	12	0.04	21	0.17	0	0
重庆	Chongqing	262	0.18	127	5.36	1 498 598	0
四川	Sichuan	1 076	5.46	2 845	43.98	61 159	0
贵州	Guizhou	1 792	35.38	2 109	18.77	944 884	0
云南	Yunnan	2 002	43.51	2 615	0.45	606 462	0
西藏	Tibet	7		0		41 243	
陕西	Shaanxi	1 099	4.02	1 445	4.87	172 657	0
甘肃	Gansu	937	1.82	1 217	16.37	123 102	0
青海	Qinghai	850	74.75	1	0.00	13 904	0
宁夏	Ningxia	170	0.00	251	0.11	36 588	0
新疆	Xinjiang	1 421	38.25	176	7.80	1 051 998	0

各地区汇总工业企业概况（一）

Summarization of Industrial Enterprises Investigated by Region（1）

（2009）

年份 Year 地区 Region	汇总工业企业数（个）Number of Industrial Enterprises Investigated（unit）	工业总产值（现价）（万元）Gross Industrial Output Value（current rate）（10 000 yuan）	企业专职环保人员数（人）Number of Professional Environmental-protection Employee（person）	工业炉窑数（台）Number of Industrial Furnaces（unit）	烟尘排放达标的 Furnaces with Soot Discharged Meeting Standard	二氧化硫排放达标的 Furnaces with Sulphur Dioxide Discharged Meeting Standard
2005	70 612	1 120 864 276. 0	188 051	81 117	60 525	53 545
2006	76 185	1 426 002 200. 0	268 473	82 814	64 599	57 450
2007	106 457	1 833 178 647. 4	311 624	82 576	64 188	58 564
2008	110 373	2 202 623 978. 2	312 665	85 468	70 296	64 939
2009	**110 905**	**2 293 049 566. 3**	**282 648**	**80 831**	**68 163**	**63 442**
北　京 Beijing	815	45 182 142. 5	1 864	391	391	391
天　津 Tianjin	5 765	113 688 287. 8	16 153	4 384	3 780	3 369
河　北 Hebei	1 883	66 779 566. 3	3 521	741	741	731
山　西 Shanxi	3 737	70 831 997. 8	13 607	4 465	4 283	4 008
内蒙古 Inner Mongolia	2 215	38 483 781. 9	5 195	2 540	2 241	2 210
辽　宁 Liaoning	4 949	125 453 595. 4	12 322	5 483	4 619	4 236
吉　林 Jilin	991	47 007 337. 7	3 209	550	455	483
黑龙江 Heilongjiang	1 611	65 135 083. 5	4 971	3 535	3 474	3 393
上　海 Shanghai	1 766	114 816 469. 0	4 936	1 335	1 267	1 256
江　苏 Jiangsu	8 111	254 421 336. 2	26 242	3 706	3 569	3 358
浙　江 Zhejiang	11 019	154 161 582. 2	23 463	3 649	3 334	2 842
安　徽 Anhui	3 198	63 955 819. 0	6 310	1 855	1 657	1 306
福　建 Fujian	6 118	67 162 724. 7	12 061	2 265	2 173	2 140
江　西 Jiangxi	2 986	33 443 720. 8	4 984	1 859	1 234	1 055
山　东 Shandong	6 586	269 080 091. 7	23 527	4 131	4 021	3 918
河　南 Henan	4 395	83 933 381. 4	13 094	4 995	4 572	3 997
湖　北 Hubei	2 552	64 462 308. 6	5 634	2 258	2 112	1 878
湖　南 Hunan	3 877	50 306 511. 4	6 459	2 950	2 338	2 303
广　东 Guangdong	11 946	227 514 420. 1	31 170	4 247	3 331	2 973
广　西 Guangxi	4 653	38 712 879. 2	6 462	3 450	2 985	2 773
海　南 Hainan	362	8 474 087. 1	896	192	156	119
重　庆 Chongqing	2 905	33 218 987. 3	4 166	1 897	1 628	1 430
四　川 Sichuan	5 561	68 952 378. 2	16 501	4 739	4 032	3 843
贵　州 Guizhou	3 397	24 328 202. 9	8 828	3 874	2 265	2 202
云　南 Yunnan	2 043	39 217 690. 2	4 733	2 171	1 895	1 885
西　藏 Tibet	33	217 167. 4	77	25	25	
陕　西 Shaanxi	2 654	52 670 300. 2	8 376	1 993	1 385	1 152
甘　肃 Gansu	1 366	23 078 726. 6	5 403	2 252	1 595	1 818
青　海 Qinghai	562	6 850 032. 3	892	682	168	140
宁　夏 Ningxia	632	10 581 452. 4	2 160	2 459	1 761	1 562
新　疆 Xinjiang	2 217	30 927 504. 5	5 432	1 758	676	671

各地区汇总工业企业概况（二）

Summarization of Industrial Enterprises Investigated by Region（2）

（2009）

年 份 地 区	Year Region	工业锅炉数（台）Number of Industrial Boilers（unit）	烟尘排放达标的 Boilers with Soot Discharged Meeting Standard	二氧化硫排放达标的 Boilers with Sulphur Dioxide Discharged Meeting Standard	工业锅炉蒸吨数（蒸吨）Capacity of Industrial Boilers（steam. t）	烟尘排放达标的 Boilers with Soot Discharged Meeting Standard	二氧化硫排放达标的 Boilers with Sulphur Dioxide Discharged Meeting Standard
	2005	85 324	76 328	65 220	1 702 889	1 593 056	1 443 641
	2006	80 355	73 497	64 628	1 666 515	1 617 654	1 522 552
	2007	108 492	78 793	69 267	1 814 625	1 729 757	1 651 240
	2008	88 139	80 040	71 734	2 060 614	1 995 158	1 905 868
	2009	**86 389**	**80 439**	**73 385**	**2 207 530**	**2 135 129**	**2 066 964**
北 京	Beijing	1 714	1 705	1 681	39 932	39 888	39 583
天 津	Tianjin	4 668	4 416	3 852	89 974	89 345	86 773
河 北	Hebei	2 268	2 263	2 261	56 579	56 575	56 575
山 西	Shanxi	3 952	3 800	3 601	101 467	100 998	100 222
内蒙古	Inner Mongolia	3 445	2 977	2 823	186 468	180 055	177 114
辽 宁	Liaoning	6 993	6 213	5 025	145 322	135 491	123 500
吉 林	Jilin	2 346	2 151	1 952	55 908	52 029	49 295
黑龙江	Heilongjiang	4 387	4 054	3 554	71 760	68 839	63 084
上 海	Shanghai	1 903	1 864	1 821	49 033	48 846	48 599
江 苏	Jiangsu	5 675	5 609	5 414	194 722	192 868	192 439
浙 江	Zhejiang	6 803	6 576	6 028	111 319	110 640	109 489
安 徽	Anhui	2 013	1 904	1 615	96 708	70 312	69 313
福 建	Fujian	2 688	2 588	2 534	61 388	60 864	60 461
江 西	Jiangxi	1 649	1 343	1 032	34 553	33 429	32 309
山 东	Shandong	6 422	6 385	6 161	209 728	209 534	207 921
河 南	Henan	3 874	3 772	3 243	128 655	127 648	116 239
湖 北	Hubei	1 897	1 805	1 700	56 271	55 922	55 355
湖 南	Hunan	1 915	1 672	1 526	50 767	50 227	49 522
广 东	Guangdong	6 635	6 159	5 745	133 750	130 223	128 644
广 西	Guangxi	1 656	1 559	1 270	34 615	34 304	29 792
海 南	Hainan	173	164	108	9 298	9 290	8 620
重 庆	Chongqing	1 221	1 098	969	21 692	21 177	20 290
四 川	Sichuan	2 983	2 704	2 503	46 665	45 006	42 742
贵 州	Guizhou	896	585	562	31 386	30 765	28 192
云 南	Yunnan	999	929	887	30 160	29 960	29 127
西 藏	Tibet	11	11		31	31	
陕 西	Shaanxi	2 183	2 065	1 833	50 699	50 126	45 912
甘 肃	Gansu	1 413	1 218	1 197	27 581	26 832	26 207
青 海	Qinghai	278	199	170	7 977	6 484	6 473
宁 夏	Ningxia	632	569	507	23 407	23 189	21 874
新 疆	Xinjiang	2 697	2 082	1 811	49 718	44 234	41 301

各地区汇总工业企业概况（三）

Summarization of Industrial Enterprises Investigated by Region（3）

（2009）

年份 地区 Year Region	工业用水总量（万吨）Quantity of Water Used by Industry（10 000 t）	新鲜水量 Fresh Water	重复用水量 Recycled Water	污水排放口数（个）Number of Waste Water Outlets（unit）	直接排海的污水排放口数 Direct Discharge into Sea	"三废"综合利用产品产值（万元）Output Value of Products Made from "Three Waste"（10 000 yuan）
2005	31 992 327	7 965 406	24 026 774	64 583	1 141	7 555 064. 3
2006	34 653 012	7 059 207	27 593 815	67 074	1 156	10 267 926. 0
2007	37 837 725	6 819 681	31 018 041	75 736	1 660	13 512 691. 9
2008	37 295 361	6 037 238	31 258 117	77 580	1 696	16 213 662. 0
2009	**38 739 629**	**5 825 629**	**32 914 000**	**78 542**	**1 396**	**16 082 440. 4**
北京 Beijing	478 214	18 901	459 313	600	0	71 679. 6
天津 Tianjin	3 756 388	215 347	3 541 041	2 969	36	936 389. 8
河北 Hebei	966 911	56 289	910 622	1 515	4	187 882. 1
山西 Shanxi	2 080 366	101 226	1 979 140	1 232	0	342 720. 7
内蒙古 Inner Mongolia	1 240 251	79 268	1 160 983	1 053	0	217 935. 7
辽宁 Liaoning	2 096 864	165 776	1 931 088	3 082	102	443 699. 2
吉林 Jilin	805 482	93 316	712 166	854	0	308 741. 1
黑龙江 Heilongjiang	886 405	110 003	776 402	1 224	0	247 210. 0
上海 Shanghai	1 303 044	298 371	1 004 673	1 748	15	161 409. 4
江苏 Jiangsu	3 374 658	545 714	2 828 944	7 138	24	2 014 355. 9
浙江 Zhejiang	2 027 363	799 692	1 227 671	9 829	669	2 513 210. 4
安徽 Anhui	1 273 993	145 216	1 128 777	2 002	0	509 654. 3
福建 Fujian	873 202	344 552	528 650	4 920	122	492 685. 9
江西 Jiangxi	580 853	148 916	431 937	2 309	0	470 276. 6
山东 Shandong	3 479 960	294 114	3 185 846	4 619	164	1 725 360. 8
河南 Henan	2 596 843	238 790	2 358 053	3 171	0	693 260. 7
湖北 Hubei	1 296 339	202 324	1 094 015	2 322	0	699 427. 9
湖南 Hunan	911 806	146 290	765 516	3 592	0	695 003. 8
广东 Guangdong	1 798 727	721 321	1 077 406	9 826	216	509 826. 8
广西 Guangxi	1 065 508	355 077	710 431	2 454	28	432 197. 0
海南 Hainan	166 506	17 388	149 118	205	15	24 439. 8
重庆 Chongqing	674 241	234 427	439 814	2 265	0	274 132. 6
四川 Sichuan	1 088 337	152 830	935 507	3 848	0	612 685. 5
贵州 Guizhou	801 328	38 317	763 011	1 426	0	165 524. 0
云南 Yunnan	798 600	68 201	730 399	881	0	604 415. 0
西藏 Tibet	1 162	942	220	11		238. 7
陕西 Shaanxi	583 328	82 175	501 153	1 543	0	222 059. 0
甘肃 Gansu	489 141	35 843	453 298	667	0	260 170. 0
青海 Qinghai	86 578	18 670	67 908	119		26 311. 1
宁夏 Ningxia	485 076	39 320	445 756	286	0	66 672. 0
新疆 Xinjiang	672 155	57 009	615 146	832	1	152 865. 0

各地区工业污染治理项目建设情况（一）

Treatment Projects for Industrial Pollution by Region（1）

单位：个 （2009） （unit）

年 份 地 区	Year Region	汇总工业企业数 Number of Industrial Enterprises Collected	本年施工项目总数 Numer of Projects under Construction	治理废水 Treatment of Waste Water	治理废气 Treatment of Waste Gas	治理固体废物 Treatment of Solid Wastes	治理噪声 Treatment of Noise Pollution	治理其他 Treatment of Other Pollution
	2005	9 871	13 330	5 545	5 472	820	415	928
	2006	9 605	13 101	5 717	5 272	750	298	1 064
	2007	10 233	13 664	5 898	5 570	668	272	1 232
	2008	9 292	12 434	5 101	5 354	625	223	1 128
	2009	**6 929**	**9 122**	**3 864**	**3 863**	**386**	**179**	**830**
北 京	Beijing	49	60	10	44	1	1	4
天 津	Tianjin	179	190	48	108	7	6	21
河 北	Hebei	204	238	108	117	0	4	9
山 西	Shanxi	453	750	211	414	46	11	68
内蒙古	Inner Mongolia	174	256	65	141	11	3	36
辽 宁	Liaoning	141	162	69	68	8	2	15
吉 林	Jilin	86	111	43	54	6	3	5
黑龙江	Heilongjiang	90	131	52	67	1	0	11
上 海	Shanghai	193	262	80	150	5	10	17
江 苏	Jiangsu	519	651	379	189	19	11	53
浙 江	Zhejiang	664	728	388	266	14	3	57
安 徽	Anhui	200	229	57	152	1	4	15
福 建	Fujian	403	520	251	174	25	12	58
江 西	Jiangxi	99	133	75	48	4	1	5
山 东	Shandong	548	697	340	275	48	12	22
河 南	Henan	301	369	148	148	18	14	41
湖 北	Hubei	225	318	126	132	11	11	38
湖 南	Hunan	258	324	159	103	26	15	21
广 东	Guangdong	627	955	410	306	38	10	191
广 西	Guangxi	186	253	143	80	14	0	16
海 南	Hainan	20	16	9	5	0	0	2
重 庆	Chongqing	114	147	63	66	4	9	5
四 川	Sichuan	301	339	183	117	13	10	16
贵 州	Guizhou	133	219	73	112	15	5	14
云 南	Yunnan	252	398	128	211	22	10	27
西 藏	Tibet							
陕 西	Shaanxi	179	232	99	80	9	7	37
甘 肃	Gansu	120	171	65	76	19	2	9
青 海	Qinghai	15	28	6	21	0	1	0
宁 夏	Ningxia	69	93	23	64	1	0	5
新 疆	Xinjiang	127	142	53	75	0	2	12

各地区工业污染治理项目建设情况（二）

Treatment Projects for Industrial Pollution by Region（2）

单位：个　　（2009）　　（unit）

年份 地区	Year Region	本年竣工项目数 Number of Projects Completed	治理废水 Treatment of Waste Water	治理废气 Treatment of Waste Gas	治理固体废物 Treatment of Solid Wastes	治理噪声 Treatment of Noise Pollution	治理其他 Treatment of Other Pollution
	2005	11 158	4 710	4 613	708	353	731
	2006	11 822	5 047	4 843	679	274	979
	2007	12 199	5 169	5 038	582	253	1 157
	2008	11 184	4 477	4 887	556	215	1 049
	2009	**8 235**	**3 415**	**3 540**	**338**	**167**	**775**
北　京	Beijing	56	10	41	0	1	4
天　津	Tianjin	174	41	101	7	5	20
河　北	Hebei	226	103	111	0	4	8
山　西	Shanxi	707	190	400	43	9	65
内蒙古	Inner Mongolia	247	63	137	10	3	34
辽　宁	Liaoning	132	60	52	7	2	11
吉　林	Jilin	95	32	50	5	3	5
黑龙江	Heilongjiang	117	46	60	0	0	11
上　海	Shanghai	237	69	138	5	10	15
江　苏	Jiangsu	600	351	173	19	10	47
浙　江	Zhejiang	654	348	242	12	3	49
安　徽	Anhui	212	52	141	1	4	14
福　建	Fujian	435	204	146	16	12	57
江　西	Jiangxi	110	64	40	4	0	2
山　东	Shandong	644	309	256	47	11	21
河　南	Henan	329	134	131	12	13	39
湖　北	Hubei	273	108	111	10	9	35
湖　南	Hunan	286	142	90	20	15	19
广　东	Guangdong	883	361	295	34	10	183
广　西	Guangxi	223	124	71	12	0	16
海　南	Hainan	14	7	5	0	0	2
重　庆	Chongqing	117	50	53	3	7	4
四　川	Sichuan	307	162	109	12	10	14
贵　州	Guizhou	197	63	104	11	5	14
云　南	Yunnan	381	122	203	22	10	24
西　藏	Tibet						
陕　西	Shaanxi	186	74	64	7	6	35
甘　肃	Gansu	154	54	70	18	2	10
青　海	Qinghai	28	6	21	0	1	0
宁　夏	Ningxia	84	20	58	1	0	5
新　疆	Xinjiang	127	46	67	0	2	12

各地区工业污染治理项目建设情况（三）

Treatment Projects for Industrial Pollution by Region（3）

单位：万元　　（2009）　　（10 000 yuan）

年　份 地　区	Year Region	污染治理项目本年完成投资合计 Investment Completed in the Treatment of Industrial Pollution This Year	治理废水 Treatment of Waste Water	治理废气 Treatment of Waste Gas	治　理 固体废物 Treatment of Solid Wastes	治理噪声 Treatment of Noise Pollution	治理其他 Treatment of Other Pollution
	2005	4 581 908. 7	1 337 146. 9	2 129 571. 3	274 181. 3	30 613. 3	810 395. 9
	2006	4 839 485. 1	1 511 164. 5	2 332 697. 1	182 630. 5	30 145. 1	782 847. 9
	2007	5 523 909. 4	1 960 721. 8	2 752 642. 2	182 531. 9	18 278. 6	606 837. 9
	2008	5 426 403. 8	1 945 977. 4	2 656 986. 8	196 850. 6	28 382. 9	598 206. 1
	2009	**4 424 521. 9**	**1 494 606. 0**	**2 324 616. 0**	**218 535. 7**	**14 100. 0**	**372 664. 2**
北　京	Beijing	34 421. 3	1 205. 4	25 718. 2	0. 0	12. 4	7 485. 3
天　津	Tianjin	180 054. 0	40 866. 6	75 920. 9	545. 8	398. 8	62 321. 9
河　北	Hebei	132 272. 0	35 816. 8	91 106. 1	0. 0	1 398. 7	3 950. 4
山　西	Shanxi	386 710. 9	103 324. 3	235 573. 5	19 686. 9	1 742. 0	26 384. 2
内蒙古	Inner Mongolia	178 258. 1	33 154. 6	123 758. 5	10 193. 6	120. 0	11 031. 4
辽　宁	Liaoning	196 562. 2	36 811. 0	157 287. 4	1 519. 3	99. 2	845. 3
吉　林	Jilin	79 254. 5	26 959. 2	48 408. 9	435. 2	18. 3	3 432. 9
黑龙江	Heilongjiang	99 317. 8	45 332. 7	50 109. 3	755. 0	0. 0	3 120. 8
上　海	Shanghai	68 356. 9	9 702. 9	40 745. 7	11 178. 0	1 598. 3	5 132. 0
江　苏	Jiangsu	270 554. 0	145 428. 0	104 852. 9	3 363. 1	379. 1	16 530. 9
浙　江	Zhejiang	193 573. 8	57 671. 6	108 609. 3	16 756. 2	58. 0	10 478. 7
安　徽	Anhui	108 282. 1	19 569. 5	65 879. 8	80. 0	471. 0	22 281. 8
福　建	Fujian	128 691. 8	51 297. 5	61 467. 8	9 433. 0	1 059. 8	5 433. 7
江　西	Jiangxi	39 539. 5	17 427. 4	15 339. 1	3 780. 6	3. 0	2 989. 4
山　东	Shandong	515 831. 6	237 316. 2	197 083. 6	28 790. 7	1 045. 3	51 595. 8
河　南	Henan	154 242. 0	66 224. 4	61 146. 8	5 686. 9	1 105. 2	20 078. 7
湖　北	Hubei	281 332. 3	54 001. 6	213 918. 3	5 969. 7	674. 8	6 767. 9
湖　南	Hunan	133 806. 3	66 314. 7	58 965. 1	5 375. 1	404. 7	2 746. 7
广　东	Guangdong	227 464. 3	84 464. 6	65 649. 4	11 197. 3	302. 5	65 850. 5
广　西	Guangxi	117 118. 4	75 922. 1	28 285. 7	7 089. 6	0. 0	5 821. 0
海　南	Hainan	3 562. 5	3 215. 6	142. 3	0. 0	0. 0	204. 6
重　庆	Chongqing	69 061. 6	28 813. 2	37 521. 7	590. 4	675. 6	1 460. 7
四　川	Sichuan	96 190. 6	52 685. 7	31 900. 0	6 839. 7	201. 5	4 563. 7
贵　州	Guizhou	89 474. 6	6 925. 8	38 746. 9	35 266. 7	212. 7	8 322. 5
云　南	Yunnan	94 880. 1	14 807. 5	63 768. 6	13 398. 9	424. 3	2 480. 8
西　藏	Tibet						
陕　西	Shaanxi	205 999. 0	75 180. 8	106 440. 0	6 675. 5	1 003. 8	16 698. 9
甘　肃	Gansu	123 301. 9	56 648. 5	51 172. 8	13 313. 5	511. 0	1 656. 1
青　海	Qinghai	29 438. 8	3 885. 2	25 543. 6	0. 0	10. 0	0. 0
宁　夏	Ningxia	43 471. 8	12 890. 5	30 197. 8	15. 0	0. 0	368. 5
新　疆	Xinjiang	143 497. 2	30 742. 1	109 356. 0	600. 0	170. 0	2 629. 1

各地区工业污染治理项目建设情况（四）

Treatment Projects for Industrial Pollution by Region（4）

单位：万元　　（2009）　　（10 000 yuan）

年 份 Year 地 区 Region	污染治理项目本年投资来源 Source of Current Investment in the Treatment of Industrial Pollution				
	合 计 Total	排污费补助 Subsidy of Pollution emission Expenditure	政府其他补助 Other Funds	企业自筹 Self-financing	国内贷款 Domestic Loans
2005	4 581 908.7	206 000.5	77 765.8	4 298 142.4	389 917.7
2006	4 839 485.1	142 810.8	155 157.4	4 541 517.0	301 030.0
2007	5 523 909.4	107 990.8	156 563.7	5 259 355.3	382 803.0
2008	5 426 403.8	88 172.1	136 126.5	5 200 689.3	306 685.2
2009	**4 424 743.9**	**70 015.3**	**140 988.0**	**4 213 739.9**	**472 564.2**
北 京 Beijing	34 501.3	0.0	11 836.3	22 665.0	0.0
天 津 Tianjin	180 054.0	723.8	6 102.5	173 227.6	0.0
河 北 Hebei	132 272.0	4 196.2	3 250.0	124 825.8	15 763.7
山 西 Shanxi	386 710.9	7 524.6	11 132.7	368 053.6	5 673.0
内蒙古 Inner Mongolia	178 258.1	556.0	1 460.8	176 241.3	20 500.0
辽 宁 Liaoning	196 562.2	6 551.3	6 073.5	183 937.4	42 403.0
吉 林 Jilin	79 254.5	1 180.0	2 524.5	75 550.0	13 765.0
黑龙江 Heilongjiang	99 317.8	983.7	3 703.6	94 630.5	28 546.9
上 海 Shanghai	68 356.9	47.5	1 006.2	67 303.2	1 075.0
江 苏 Jiangsu	270 554.0	6 229.5	4 653.2	259 671.2	21 177.7
浙 江 Zhejiang	193 573.8	2 568.7	28 238.8	162 766.3	19 219.5
安 徽 Anhui	108 282.1	3 236.0	634.0	104 412.1	9 000.0
福 建 Fujian	128 691.8	265.0	2 552.5	125 874.3	12 961.0
江 西 Jiangxi	39 539.5	608.0	1 047.0	37 888.5	8 550.0
山 东 Shandong	515 831.6	3 966.0	15 498.0	496 367.6	25 730.9
河 南 Henan	154 242.0	1 247.0	2 511.2	150 483.8	2 490.0
湖 北 Hubei	281 474.3	4 092.0	5 602.0	271 780.3	111 457.6
湖 南 Hunan	133 806.3	6 950.5	2 668.8	124 187.0	3 732.0
广 东 Guangdong	227 464.3	265.8	3 214.3	223 984.1	2 543.5
广 西 Guangxi	117 118.4	569.8	828.6	115 720.0	8 709.0
海 南 Hainan	3 562.5		45.0	3 517.5	
重 庆 Chongqing	69 061.6	3 555.0	3 724.1	61 782.5	1 925.0
四 川 Sichuan	96 190.6	2 226.1	3 795.7	90 168.8	9 175.3
贵 州 Guizhou	89 474.6	740.0	1 589.5	87 145.1	7 501.0
云 南 Yunnan	94 880.1	991.0	1 561.5	92 327.6	41 263.7
西 藏 Tibet					
陕 西 Shaanxi	205 999.0	4 035.6	4 086.8	197 876.2	24 077.2
甘 肃 Gansu	123 301.9	3 956.2	7 262.0	112 083.7	10 313.0
青 海 Qinghai	29 438.8	120.0	1 676.6	27 642.2	13 000.0
宁 夏 Ningxia	43 471.8	15.0	500.0	42 956.8	843.0
新 疆 Xinjiang	143 497.2	2 615.0	2 208.3	138 673.9	11 168.2

各地区工业污染治理项目建设情况（五）

Treatment Projects for Industrial Pollution by Region（5）

（2009）

年 份 地 区	Year Region	本年竣工项目新增设计处理能力 Capacity for Treament of Industrial Pollution New-added		
		治理废水（吨/日） Treatment of Waste Water (t/d)	治理废气（标态）（万米^3/时） Treatment of Waste Gas ($10^4m^3/h$)	治理固体废物（吨/日） Treatment of Solid Wastes (t/d)
	2005	25 602 344	25 573	2 769 710
	2006	13 490 365	94 949	15 960 737
	2007	28 214 561	87 519	906 026
	2008	17 924 808	36 996	1 747 620
	2009	**21 782 264**	**29 467**	**2 180 759**
北 京	Beijing	3 912	29	50
天 津	Tianjin	59 551	379	1 966
河 北	Hebei	336 809	1 124	0
山 西	Shanxi	295 143	2 324	24 178
内蒙古	Inner Mongolia	422 439	1 581	2 328
辽 宁	Liaoning	95 941	2 156	10 100
吉 林	Jilin	207 396	890	70 000
黑龙江	Heilongjiang	172 236	675	3 000
上 海	Shanghai	52 786	770	0
江 苏	Jiangsu	5 829 879	1 211	3 442
浙 江	Zhejiang	203 334	349	551
安 徽	Anhui	56 515	2 214	0
福 建	Fujian	457 395	308	22 713
江 西	Jiangxi	175 650	867	500
山 东	Shandong	965 265	2 091	12 071
河 南	Henan	3 305 283	522	8 503
湖 北	Hubei	2 334 177	932	60 290
湖 南	Hunan	698 652	1 019	745 957
广 东	Guangdong	1 042 444	1 482	602
广 西	Guangxi	1 564 471	976	1 824
海 南	Hainan	4 680	2	0
重 庆	Chongqing	257 544	482	0
四 川	Sichuan	307 714	721	1 154 255
贵 州	Guizhou	972 185	562	15 000
云 南	Yunnan	48 507	1 370	15 900
西 藏	Tibet			
陕 西	Shaanxi	1 335 557	1 604	15 625
甘 肃	Gansu	263 135	792	11 704
青 海	Qinghai	41 820	321	0
宁 夏	Ningxia	51 580	466	0
新 疆	Xinjiang	220 264	1 246	200

各地区工业企业“三废”治理效率（一）
Effeciency of Industrial Pollution Treatment by Region（1）

单位：% （2009） （%）

年 份 地 区	Year Region	二氧化硫排放达标率 Ratio of Industrial Sulphur Dioxide Meeting Discharge Standards	烟尘排放达标率 Ratio of Industrial Soot Meeting Discharge Standards	工业粉尘排放达标率 Ratio of Industrial Dust Meeting Discharge Standards	工业氮氧化物排放达标率 Ratio of Industrial Nirogen Oxcide Meeting Discharge Standards
	2005	79.4	82.9	75.1	—
	2006	81.9	87.0	82.9	79.6
	2007	86.3	88.2	88.1	77.5
	2008	88.8	89.6	89.3	85.3
	2009	**91.0**	**90.3**	**89.9**	**88.7**
北 京	Beijing	98.9	98.9	100.0	95.8
天 津	Tianjin	97.8	98.8	98.3	86.5
河 北	Hebei	99.7	100.0	100.0	100.0
山 西	Shanxi	97.0	94.3	88.0	88.6
内蒙古	Inner Mongolia	89.6	81.7	91.4	87.8
辽 宁	Liaoning	90.4	89.2	89.6	82.6
吉 林	Jilin	89.0	84.7	71.0	80.3
黑龙江	Heilongjiang	95.1	90.2	83.7	86.8
上 海	Shanghai	97.4	99.0	98.9	99.2
江 苏	Jiangsu	96.1	98.9	98.4	98.1
浙 江	Zhejiang	95.6	97.8	97.7	97.8
安 徽	Anhui	96.3	97.1	95.6	78.2
福 建	Fujian	97.1	98.2	95.5	92.9
江 西	Jiangxi	93.7	94.5	95.2	90.7
山 东	Shandong	98.4	99.3	97.7	88.2
河 南	Henan	94.6	96.4	93.6	89.6
湖 北	Hubei	96.8	95.3	96.2	97.4
湖 南	Hunan	90.2	90.1	85.5	91.6
广 东	Guangdong	84.5	90.2	90.9	91.5
广 西	Guangxi	85.1	95.9	98.5	89.6
海 南	Hainan	95.2	88.4	97.5	94.0
重 庆	Chongqing	81.8	84.4	80.5	89.5
四 川	Sichuan	92.6	93.2	95.2	92.7
贵 州	Guizhou	73.6	59.9	56.7	90.5
云 南	Yunnan	96.0	90.6	83.3	93.9
西 藏	Tibet		5.1	3.9	45.0
陕 西	Shaanxi	89.6	97.6	97.1	70.0
甘 肃	Gansu	78.6	69.1	89.0	87.8
青 海	Qinghai	67.4	35.8	52.4	47.2
宁 夏	Ningxia	82.8	89.9	96.3	73.3
新 疆	Xinjiang	67.3	52.4	47.6	79.1

各地区工业企业“三废”治理效率（二）

Effeciency of Industrial Pollution Treatment by Region（2）

单位：%　　　　（2009）　　　　（%）

年份 地区	Year Region	工业废水排放达标率 Ratio of Industrial Waste Water Meeting Discharge Standards	工业用水重复利用率 Ratio of Recycled Water Used in Industry	工业固体废物	
				综合利用率 Ratio of Industrial Solid Wastes Utilized	处置率 Ratio of Industrial Solid Wastes Disposed
	2005	91.2	75.1	57.5	23.2
	2006	90.7	79.6	60.2	27.4
	2007	91.7	82.0	62.1	23.4
	2008	92.4	83.8	64.3	25.2
	2009	**94.2**	**85.0**	**67.0**	**23.2**
北京	Beijing	98.4	96.1	68.9	46.3
天津	Tianjin	98.3	94.3	70.9	23.9
河北	Hebei	100.0	94.2	98.3	1.7
山西	Shanxi	82.3	95.1	60.1	34.6
内蒙古	Inner Mongolia	85.2	93.6	52.6	37.3
辽宁	Liaoning	85.9	92.1	47.2	42.2
吉林	Jilin	81.5	88.4	64.3	2.2
黑龙江	Heilongjiang	91.8	87.6	71.7	9.7
上海	Shanghai	98.8	77.1	95.7	3.8
江苏	Jiangsu	98.1	83.8	96.8	1.3
浙江	Zhejiang	95.3	60.6	91.6	6.5
安徽	Anhui	96.2	88.6	83.1	10.9
福建	Fujian	98.8	60.5	85.4	13.8
江西	Jiangxi	93.8	74.4	41.6	49.6
山东	Shandong	98.6	91.6	94.8	3.7
河南	Henan	96.1	90.8	73.7	24.7
湖北	Hubei	95.9	84.4	74.8	20.9
湖南	Hunan	91.4	84.0	76.7	7.5
广东	Guangdong	92.3	59.9	90.3	6.6
广西	Guangxi	95.0	66.7	67.3	25.1
海南	Hainan	96.6	89.6	83.6	10.6
重庆	Chongqing	94.3	65.2	79.8	5.0
四川	Sichuan	95.4	86.0	57.5	33.1
贵州	Guizhou	71.0	95.2	45.6	28.8
云南	Yunnan	92.6	91.5	48.9	29.7
西藏	Tibet	22.3	19.0	1.8	
陕西	Shaanxi	96.7	85.9	54.0	26.0
甘肃	Gansu	81.1	92.7	33.4	38.4
青海	Qinghai	55.8	78.4	37.3	0.1
宁夏	Ningxia	87.4	91.9	70.6	17.9
新疆	Xinjiang	66.7	91.5	47.3	5.5

各地区危险废物集中处置情况（一）

Centralized Treatment of Hazardous Wastes by Region（1）

（2009）

年份 地区	Year Region	危险废物集中处置厂数（座）Number of Plants for Centralized Treatment of Hazardous Wastes (unit)	危险废物处置能力（吨/日）Capacity of Plants for Centralized Treatment of Hazardous Wastes（t/d）	焚烧处置能力 Treatment by Burning	填埋处理能力 Treatment by Landfilling
	2005	189	5 211	3 290	1 167
	2006	248	18 052	3 144	13 314
	2007	322	19 986	8 663	1 692
	2008	518	19 362	13 909	1 701
	2009	**558**	**15 947**	**11 443**	**2 537**
北　京	Beijing	7	365	194	10
天　津	Tianjin	13	344	84	85
河　北	Hebei	14	152	148	1
山　西	Shanxi	11	85	84	1
内蒙古	Inner Mongolia	12	42	38	5
辽　宁	Liaoning	55	786	291	495
吉　林	Jilin	6	217	60	157
黑龙江	Heilongjiang	11	170	161	8
上　海	Shanghai	47	991	810	181
江　苏	Jiangsu	75	2 060	1 857	203
浙　江	Zhejiang	62	2 061	1 459	189
安　徽	Anhui	13	1 695	1 689	5
福　建	Fujian	8	148	65	83
江　西	Jiangxi	22	31	24	7
山　东	Shandong	18	413	348	65
河　南	Henan	9	63	49	5
湖　北	Hubei	8	507	506	1
湖　南	Hunan	7	29	29	0
广　东	Guangdong	85	4 122	2 166	750
广　西	Guangxi	15	334	333	0
海　南	Hainan	3	72	32	40
重　庆	Chongqing	6	125	123	2
四　川	Sichuan	15	50	43	7
贵　州	Guizhou	4	57	57	
云　南	Yunnan	3	14	13	1
陕　西	Shaanxi	14	279	63	216
甘　肃	Gansu	2	680	680	0
青　海	Qinghai	3	8	8	0
宁　夏	Ningxia	1	3	3	
新　疆	Xinjiang	9	47	26	21

各地区危险废物集中处置情况（二）

Centralized Treatment of Hazardous Wastes by Region（2）

（2009）

年 份 地 区	Year Region	危险废物处置量（吨） Volume of Hazardous Wastes Disposed（t）	焚烧量 Volume of Hazardous Wastes Burned	填埋量 Volume of Hazardous Wastes Landfilled	危险废物综合利用量（吨） Volume of Hazardous Wastes Utilized（t）	本年运行费用（万元） Annual Expenditure for Operation（10 000 yuan）
	2005	521 978	316 524	198 839	214 316	71 496. 0
	2006	885 908	507 979	352 856	337 338	110 234. 2
	2007	1 142 897	781 817	290 192	909 933	172 466. 4
	2008	1 300 129	989 154	165 548	1 228 529	324 558. 9
	2009	**1 975 046**	**1 555 481**	**337 933**	**1 550 895**	**321 344. 7**
北 京	Beijing	58 021	57 861	160	13 322	12 225. 0
天 津	Tianjin	43 010	16 988	25 482	145 379	22 487. 6
河 北	Hebei	9 186	8 286	0	266	1 434. 5
山 西	Shanxi	11 895	11 829	66	0	1 199. 7
内蒙古	Inner Mongolia	4 278	3 736	541		983. 7
辽 宁	Liaoning	100 779	34 039	66 740	338 065	24 533. 0
吉 林	Jilin	15 441	12 996	2 445		2 303. 0
黑龙江	Heilongjiang	8 047	6 948	1 098	2 239	2 384. 7
上 海	Shanghai	159 812	130 195	29 617	94 246	46 484. 1
江 苏	Jiangsu	267 163	232 535	34 627	206 378	36 135. 0
浙 江	Zhejiang	243 873	218 680	7 488	109 144	27 703. 8
安 徽	Anhui	29 098	28 573	525	9 861	4 569. 6
福 建	Fujian	21 716	14 150	7 566	1 218	5 033. 1
江 西	Jiangxi	4 284	4 284	0	26 012	4 510. 5
山 东	Shandong	54 202	46 812	7 390	2 474	9 984. 8
河 南	Henan	8 363	5 214	1 927	391	2 662. 5
湖 北	Hubei	104 861	104 811	50	82 800	17 439. 4
湖 南	Hunan	5 526	5 526	0	161	2 197. 5
广 东	Guangdong	452 817	292 267	99 285	461 796	81 699. 5
广 西	Guangxi	17 099	17 081	18	8 623	2 223. 2
海 南	Hainan	23 935	10 635	13 300	2 500	727. 0
重 庆	Chongqing	7 020	7 008	12	3 500	2 400. 3
四 川	Sichuan	11 583	10 369	1 214	45	1 540. 5
贵 州	Guizhou	7 392	7 392	0	0	960. 0
云 南	Yunnan	1 915	1 910	6		350. 0
陕 西	Shaanxi	45 953	12 394	33 559	34 670	4 041. 7
甘 肃	Gansu	247 050	247 050	0	0	558. 0
青 海	Qinghai	1 703	1 703	0	45	272. 0
宁 夏	Ningxia	584	584			154. 0
新 疆	Xinjiang	8 443	3 627	4 816	7 761	2 147. 0

各地区城市污水处理情况（一）

Urban Waste Water Treatment by Region（1）

（2009）

年 份 地 区	Year Region	城市污水处理厂数（座） Urban Waste Water Treatment Plants（unit）	污水处理厂设计处理能力（万吨/日） Treatment Capacity（10 000 t/d）	工业区废污水集中处理装置数（座） Industrilal Park Waste Water Treatment Plants（unit）	集中处理装置处理能力（吨/日） Treatment Capacity（t/d）	本年运行费用（万元） Annul Expenditure for Operation（10 000 yuan）
	2005	764	5 220	46	742 445	736 514. 5
	2006	939	6 370	74	1 627 310	1 016 240. 3
	2007	1 258	7 579	120	2 414 000	1 295 906. 7
	2008	1 692	9 079	119	2 108 367	1 785 350. 9
	2009	**2 192**	**10 477**	**195**	**3 659 098**	**2 193 741. 2**
北 京	Beijing	59	371	6	92 000	89 132. 1
天 津	Tianjin	29	196	11	140 800	49 365. 6
河 北	Hebei	143	611	3	55 000	101 942. 5
山 西	Shanxi	84	204	0	0	38 450. 2
内蒙古	Inner Mongolia	49	171	7	101 000	33 815. 5
辽 宁	Liaoning	46	394	2	103 200	69 590. 8
吉 林	Jilin	24	191	0	0	29 680. 9
黑龙江	Heilongjiang	19	122	1	2 000	26 266. 3
上 海	Shanghai	47	665	2	7 400	128 898. 3
江 苏	Jiangsu	304	960	69	1 106 900	242 144. 9
浙 江	Zhejiang	119	744	32	714 000	245 778. 4
安 徽	Anhui	66	318	1	100 000	49 060. 3
福 建	Fujian	59	286	13	355 800	59 323. 8
江 西	Jiangxi	32	186	2	85 000	26 268. 0
山 东	Shandong	182	878	22	199 498	197 863. 4
河 南	Henan	137	631	3	115 000	104 017. 2
湖 北	Hubei	72	405	3	50 000	71 406. 5
湖 南	Hunan	83	359	0	0	41 235. 4
广 东	Guangdong	235	1 263	8	312 000	264 067. 1
广 西	Guangxi	23	162	2	7 000	42 440. 5
海 南	Hainan	11	46	0	0	6 518. 6
重 庆	Chongqing	76	226	4	51 500	77 737. 7
四 川	Sichuan	106	321	3	55 000	72 390. 5
贵 州	Guizhou	35	92	1	6 000	11 393. 0
云 南	Yunnan	42	145	0	0	36 955. 1
陕 西	Shaanxi	32	155	0	0	25 606. 3
甘 肃	Gansu	25	125	0	0	17 891. 9
青 海	Qinghai	4	18	0	0	4 225. 2
宁 夏	Ningxia	14	63	0	0	10 044. 4
新 疆	Xinjiang	35	168	0	0	20 230. 8

各地区城市污水处理情况（二）
Urban Waste Water Treatment by Region（2）

（2009）

年份 地区	Year Region	污水处理量（万吨）Quantity of Waste Water Treated (10 000 t)	处理生活污水量 Household Waste Water Treated	污水再生利用量（万吨）Waste Water Recycled (10 000 t)	化学需氧量去除量（吨）Quantity of COD Removed (t)
	2005	1 287 059	1 084 444	55 174	3 745 933
	2006	1 631 339	1 304 230	75 062	4 830 318
	2007	1 903 890	1 524 408	80 244	5 620 200
	2008	2 373 468	1 893 619	113 503	6 491 598
	2009	**2 812 731**	**2 248 605**	**137 430**	**7 596 131**
北　京	Beijing	108 545	104 672	22 561	418 203
天　津	Tianjin	51 815	32 891	1 026	198 495
河　北	Hebei	136 270	98 906	12 110	444 806
山　西	Shanxi	48 095	43 820	9 594	144 092
内蒙古	Inner Mongolia	37 965	30 043	5 360	136 536
辽　宁	Liaoning	107 976	97 727	9 877	272 277
吉　林	Jilin	46 660	35 228	0	129 592
黑龙江	Heilongjiang	34 488	32 942	230	89 969
上　海	Shanghai	171 609	141 331	2 519	398 077
江　苏	Jiangsu	276 386	193 805	5 485	757 294
浙　江	Zhejiang	226 301	128 337	7 002	1 154 649
安　徽	Anhui	88 151	70 934	5 913	161 761
福　建	Fujian	76 923	62 125	488	237 537
江　西	Jiangxi	46 747	46 484	9	59 941
山　东	Shandong	227 018	166 624	9 130	730 367
河　南	Henan	157 783	139 946	10 226	416 749
湖　北	Hubei	107 744	101 629	471	148 336
湖　南	Hunan	62 296	60 532	888	111 745
广　东	Guangdong	421 315	305 241	2 028	637 363
广　西	Guangxi	40 962	39 207	542	60 951
海　南	Hainan	13 969	11 843	379	27 148
重　庆	Chongqing	65 485	64 096	954	174 363
四　川	Sichuan	93 919	89 410	3 542	200 135
贵　州	Guizhou	20 412	15 453	1 284	35 964
云　南	Yunnan	40 341	39 528	15 794	84 702
陕　西	Shaanxi	36 710	36 138	1 312	140 884
甘　肃	Gansu	18 055	17 092	2 179	54 699
青　海	Qinghai	5 467	5 467		14 063
宁　夏	Ningxia	15 174	13 295	617	50 719
新　疆	Xinjiang	28 150	23 859	5 910	104 717

各地区城市污水处理情况（三）
Urban Waste Water Treatment by Region（3）

单位：吨 （2009） (t)

年份 地区	Year Region	氨氮去除量 Quantity of Ammonia Nitrogen Removed	总磷去除量 Quantity of TP Removed	污泥产生量 Quantity of Sludge Generated	污泥排放量 Quantity of Sludge Removed
	2005	214 482	46 972	11 130 226	85 605
	2006	288 951	48 807	11 038 162	304 155
	2007	347 945	52 338	15 174 266	964 356
	2008	419 332	67 467	14 524 944	217 434
	2009	**518 774**	**94 114**	**16 549 011**	**69 804**
北　京	Beijing	22 685	4 937	1 039 382	0
天　津	Tianjin	13 772	2 422	218 909	0
河　北	Hebei	34 021	4 437	1 302 817	3 503
山　西	Shanxi	11 214	1 734	270 559	7 561
内蒙古	Inner Mongolia	8 627	1 543	167 633	0
辽　宁	Liaoning	21 656	2 273	651 170	602
吉　林	Jilin	8 269	1 360	166 240	0
黑龙江	Heilongjiang	9 768	12 133	279 180	4 939
上　海	Shanghai	18 069	5 096	1 050 165	0
江　苏	Jiangsu	55 065	7 833	2 102 598	15
浙　江	Zhejiang	44 084	8 996	1 933 065	8 433
安　徽	Anhui	15 127	1 645	418 128	0
福　建	Fujian	13 708	1 578	378 297	819
江　西	Jiangxi	3 874	588	123 134	0
山　东	Shandong	59 429	8 559	1 108 019	0
河　南	Henan	37 665	3 775	964 043	1 711
湖　北	Hubei	10 801	2 197	418 119	17 606
湖　南	Hunan	7 973	1 236	153 067	2 181
广　东	Guangdong	49 232	9 675	1 834 127	103
广　西	Guangxi	6 212	1 150	96 807	0
海　南	Hainan	1 093	588	24 128	0
重　庆	Chongqing	14 789	2 554	405 544	0
四　川	Sichuan	21 751	2 558	344 669	238
贵　州	Guizhou	2 145	332	55 416	771
云　南	Yunnan	6 584	1 468	241 658	151
陕　西	Shaanxi	10 362	1 362	439 482	19 800
甘　肃	Gansu	3 743	828	87 012	150
青　海	Qinghai	545	61	64 096	
宁　夏	Ningxia	3 567	592	82 721	0
新　疆	Xinjiang	2 944	608	128 826	1 221

各地区生活及其他污染情况（一）
Discharge of Household Pollutants by Region（1）

（2009）

年份 Year 地区 Region	城镇生活污水排放量（万吨） Amount of Household Waste Water Discharged（10 000 t）	城镇生活污水中化学需氧量排放量（吨） Amount of Household COD Discharged（t）	城镇生活污水中氨氮排放量（吨） Amount of Household Ammonia Nitrogen Discharged（t）	城镇生活污水处理率（%） Ratio of Household Waste Water Treated（%）
2005	2 813 968	8 594 387	972 743	37.4
2006	2 966 340	8 859 086	988 656	43.8
2007	3 102 001	8 707 531	982 601	49.1
2008	3 300 290	8 631 216	972 836	57.4
2009	**3 552 261**	**8 378 613**	**952 552**	**63.3**
北　京 Beijing	132 100	93 948	12 577	79.2
天　津 Tianjin	40 206	109 531	9 065	81.8
河　北 Hebei	134 931	339 736	37 875	73.3
山　西 Shanxi	66 155	202 474	29 249	66.2
内蒙古 Inner Mongolia	44 539	158 450	29 210	67.5
辽　宁 Liaoning	141 996	346 369	52 879	68.8
吉　林 Jilin	72 151	213 633	25 993	48.8
黑龙江 Heilongjiang	76 320	350 081	40 782	43.2
上　海 Shanghai	189 326	214 391	27 811	74.7
江　苏 Jiangsu	266 169	570 436	51 566	72.8
浙　江 Zhejiang	161 575	273 350	25 815	79.4
安　徽 Anhui	106 260	295 300	32 366	66.8
福　建 Fujian	103 266	300 281	23 852	60.2
江　西 Jiangxi	85 129	331 671	26 779	54.6
山　东 Shandong	204 058	386 479	53 407	81.7
河　南 Henan	193 656	328 561	49 525	72.3
湖　北 Hubei	174 433	431 953	49 528	58.3
湖　南 Hunan	163 883	632 778	60 020	36.9
广　东 Guangdong	498 585	694 424	105 115	61.2
广　西 Guangxi	143 911	457 480	34 066	27.2
海　南 Hainan	30 486	88 724	7 574	38.9
重　庆 Chongqing	81 385	139 507	19 527	78.8
四　川 Sichuan	156 799	502 541	46 024	57.0
贵　州 Guizhou	45 682	202 975	16 163	33.8
云　南 Yunnan	55 215	187 771	15 811	71.6
西　藏 Tibet	2 514	14 663	1 466	0.0
陕　西 Shaanxi	62 082	191 698	24 700	58.2
甘　肃 Gansu	32 907	119 427	14 822	51.9
青　海 Qinghai	13 767	36 880	5 402	39.7
宁　夏 Ningxia	19 794	27 844	3 883	67.2
新　疆 Xinjiang	52 983	135 259	19 701	45.0

各地区生活及其他污染情况（二）

Discharge of Household Pollutants by Region（2）

（2009）

年份 地区	Year Region	生活及其他煤炭消费量（万吨） Amount of Household Coal Consumed（10 000 t）	生活及其他二氧化硫排放量（吨） Amount of Household Sulphur Dioxide Emission（t）	生活及其他烟尘排放量（吨） Amount of Household Soot Emission（t）	生活及其他氮氧化物排放量（吨） Amount of Household Nitrogen Oxcide Emission（t）	公路交通氮氧化物排放量（吨） Amount of Road Traffic Nitrogen Oxcide Emission（t）
	2005	21 741	3 808 817	2 335 820	—	—
	2006	20 376	3 511 888	2 226 552	3 877 733	2 843 207
	2007	18 920	3 281 084	2 154 937	3 820 482	2 767 297
	2008	19 328	3 298 598	2 308 793	3 739 633	2 821 862
	2009	**19 466**	**3 484 594**	**2 432 899**	**4 078 877**	**3 170 497**
北　京	Beijing	412	58 872	25 295	127 486	102 000
天　津	Tianjin	195	63 720	12 636	13 245	5 981
河　北	Hebei	1 356	210 784	188 817	158 049	79 751
山　西	Shanxi	2 225	258 842	208 596	342 104	287 143
内蒙古	Inner Mongolia	1 353	194 785	173 219	102 115	62 050
辽　宁	Liaoning	942	132 582	211 218	109 762	57 935
吉　林	Jilin	794	62 805	106 936	49 944	29 627
黑龙江	Heilongjiang	1 056	71 478	113 648	111 478	58 476
上　海	Shanghai	265	139 560	65 358	158 645	155 491
江　苏	Jiangsu	482	62 331	28 644	288 978	254 943
浙　江	Zhejiang	175	24 327	9 849	240 810	223 915
安　徽	Anhui	400	51 560	50 396	117 699	86 960
福　建	Fujian	122	20 464	42 604	115 443	79 609
江　西	Jiangxi	341	74 022	24 988	105 577	83 798
山　东	Shandong	1 407	224 151	115 221	276 621	196 765
河　南	Henan	1 338	179 032	76 493	222 852	188 023
湖　北	Hubei	490	116 331	37 302	124 275	103 449
湖　南	Hunan	609	162 076	65 518	91 339	60 685
广　东	Guangdong	286	57 909	53 206	471 114	436 678
广　西	Guangxi	195	55 199	12 974	114 696	94 701
海　南	Hainan	10	598	1 521	24 104	22 938
重　庆	Chongqing	341	159 975	81 900	71 159	49 775
四　川	Sichuan	690	188 875	89 272	114 514	87 569
贵　州	Guizhou	1 336	551 751	322 018	41 060	9 107
云　南	Yunnan	488	81 486	54 720	101 822	80 841
西　藏	Tibet	7	340	1 674	118	
陕　西	Shaanxi	504	62 535	51 528	54 474	32 341
甘　肃	Gansu	491	99 380	70 188	59 409	40 899
青　海	Qinghai	104	8 423	21 826	29 298	20 107
宁　夏	Ningxia	275	35 899	18 460	42 970	23 792
新　疆	Xinjiang	780	74 502	96 874	197 717	155 148

各地区环境污染治理投资情况

Investment in the Treatment of Environmental Pollution by Region

(2009)

年 份 地 区	Year Region	环境污染治理投资总额（亿元） Total Investment in Treatment of Environmental Pollution (100 million yuan)	城市环境基础设施建设投资 Investment in Urban Environment Infrastructure Facilities	工业污染源治理投资 Investment in Treatment of Industrial Pollution Sources	建设项目“三同时”环保投资 Investments in Environment Components for New Construction Projects	环境污染治理投资总额占GDP比重（%） Percentage of Treatment Investment of Environmental Pollution in GDP
	2005	2 388.0	1 289.7	458.2	640.1	1.31
	2006	2 566.0	1 314.9	483.9	767.2	1.22
	2007	3 387.6	1 467.8	552.4	1 367.4	1.36
	2008	4 490.3	1 801.0	542.6	2 146.7	1.49
	2009	**4 525.2**	**2 512.0**	**442.5**	**1 570.7**	**1.35**
国家级	State Level	378.3	0	0	378.3	
北 京	Beijing	208.7	180.2	3.4	25.0	1.76
天 津	Tianjin	103.7	56.1	18.0	29.6	1.38
河 北	Hebei	248.6	159.0	13.2	76.4	1.46
山 西	Shanxi	157.8	63.8	38.7	55.4	2.14
内蒙古	Inner Mongolia	155.2	113.0	17.8	24.4	1.60
辽 宁	Liaoning	204.9	152.9	19.7	32.3	1.36
吉 林	Jilin	66.1	42.4	7.9	15.7	0.92
黑龙江	Heilongjiang	107.8	84.1	9.9	13.8	1.30
上 海	Shanghai	160.1	63.9	6.8	89.3	1.07
江 苏	Jiangsu	369.9	232.8	27.1	110.0	1.09
浙 江	Zhejiang	198.0	99.1	19.4	79.6	0.87
安 徽	Anhui	139.2	93.3	10.8	35.1	1.38
福 建	Fujian	87.2	31.5	12.9	42.9	0.73
江 西	Jiangxi	70.4	48.5	4.0	18.0	0.93
山 东	Shandong	459.5	296.0	51.6	111.9	1.36
河 南	Henan	121.3	57.9	15.4	48.0	0.63
湖 北	Hubei	150.6	70.6	28.1	51.9	1.17
湖 南	Hunan	146.4	90.3	13.4	42.7	1.13
广 东	Guangdong	240.1	183.3	22.7	34.1	0.61
广 西	Guangxi	132.3	85.0	11.7	35.5	1.72
海 南	Hainan	19.7	15.2	0.4	4.1	1.20
重 庆	Chongqing	109.6	62.1	6.9	40.6	1.68
四 川	Sichuan	103.5	51.5	9.6	42.4	0.73
贵 州	Guizhou	21.2	5.1	8.9	7.1	0.54
云 南	Yunnan	79.6	33.5	9.5	36.6	1.29
西 藏	Tibet	2.7	2.7	0.0	0.0	0.61
陕 西	Shaanxi	119.1	61.0	20.6	37.4	1.45
甘 肃	Gansu	44.4	18.6	12.3	13.5	1.31
青 海	Qinghai	12.3	3.7	2.9	5.6	1.14
宁 夏	Ningxia	28.7	10.0	4.3	14.4	2.15
新 疆	Xinjiang	78.2	44.8	14.3	19.1	1.83

各地区城市环境基础设施建设投资情况

Investment in Urban Environment Infrastructure by Region

单位：亿元 （2009） （100 million yuan）

年份 地区	Year Region	投资总额 Total Investment	燃气 Gas Supply	集中供热 Gerneral Heating	排水 Sewerage Projects	园林绿化 Gardening & Greening	市容环境卫生 Sanitation
	2005	1 289.70	142.37	220.19	368.03	411.32	147.79
	2006	1 314.92	155.05	223.59	331.52	429.01	175.75
	2007	1 467.81	160.37	230.03	410.01	525.56	141.84
	2008	1 801.03	163.54	269.68	495.96	649.82	222.03
	2009	**2 511.97**	**182.17**	**368.67**	**729.80**	**914.86**	**316.47**
北京	Beijing	180.20	10.55	40.39	24.88	44.43	59.94
天津	Tianjin	56.05	10.79	5.19	19.57	18.07	2.44
河北	Hebei	158.98	12.28	25.29	34.26	72.61	14.54
山西	Shanxi	63.77	1.68	24.29	18.98	14.64	4.20
内蒙古	Inner Mongolia	112.97	4.46	37.05	13.48	49.25	8.73
辽宁	Liaoning	152.91	3.72	87.61	26.61	29.90	5.06
吉林	Jilin	42.43	2.03	14.63	12.10	7.76	5.91
黑龙江	Heilongjiang	84.09	3.07	34.09	19.84	19.18	7.92
上海	Shanghai	63.91	19.08		28.77	7.78	8.28
江苏	Jiangsu	232.79	16.78	2.73	57.69	139.40	16.19
浙江	Zhejiang	99.07	9.86	0.75	43.94	34.30	10.22
安徽	Anhui	93.32	7.22	2.73	25.01	52.83	5.52
福建	Fujian	31.49	3.45		12.35	6.94	8.75
江西	Jiangxi	48.49	3.59		13.24	29.67	1.98
山东	Shandong	296.00	21.44	60.35	76.05	125.20	12.96
河南	Henan	57.91	7.36	8.04	21.08	17.43	4.01
湖北	Hubei	70.58	6.50		29.16	21.23	13.70
湖南	Hunan	90.34	5.21		42.72	32.92	9.48
广东	Guangdong	183.32	5.77		76.34	9.90	91.30
广西	Guangxi	85.00	3.08		36.17	41.04	4.71
海南	Hainan	15.24	0.48		11.52	2.38	0.85
重庆	Chongqing	62.09	7.36		11.45	42.08	1.19
四川	Sichuan	51.55	2.66		18.36	27.59	2.94
贵州	Guizhou	5.15	0.51		3.36	0.60	0.67
云南	Yunnan	33.50	1.40		16.36	7.04	8.70
西藏	Tibet	2.71				2.62	0.09
陕西	Shaanxi	61.05	3.08	5.43	15.98	33.72	2.83
甘肃	Gansu	18.56	2.34	8.88	4.19	2.76	0.39
青海	Qinghai	3.70	0.02	0.68	1.60	1.23	0.17
宁夏	Ningxia	10.03	0.56	1.42	3.14	4.26	0.64
新疆	Xinjiang	44.80	5.84	9.12	11.57	16.09	2.17

3

重点城市环境统计

ZHONGDIAN CHENGSHI HUANJING TONGJI

ANNUAL STATISTIC REPORT ON ENVIRONMENT IN CHINA

2009

重点城市工业废水排放及处理情况（一）

（2009）

城　市 名　称	工业废水 排放量 （万吨）	直接 排入海的	工业废水 排放达标量 （万吨）	废水治理 设施数（套）	废水治理设施 治理能力 （吨/日）	废水治理设施 运行费用 （万元）
总　　计	**1 275 732**	**51 571**	**1 230 730**	**44 269**	**136 143 604.4**	**3 167 864.2**
北　　京	8 713	0	8 574	524	1 682 222.1	65 702.5
天　　津	19 441	584	19 440	848	2 555 794.3	73 073.1
石 家 庄	19 045	0	18 992	589	2 477 704.1	46 852.5
唐　　山	20 216	571	19 805	817	16 412 042.9	113 020.7
秦 皇 岛	5 130	501	5 114	212	571 960.3	9 851.9
邯　　郸	7 734	0	7 691	284	1 315 804.5	34 756.6
保　　定	13 448	1	13 000	528	908 793.4	15 849.7
太　　原	2 483	0	2 417	238	1 048 568.8	41 219.8
大　　同	4 794	0	4 700	173	1 133 477.6	11 523.8
阳　　泉	668	0	539	88	189 580.6	7 170.9
长　　治	3 683	0	3 647	350	732 135.9	14 678.5
临　　汾	3 815	0	3 738	167	1 062 100.0	20 211.1
呼和浩特	2 374		2 373	54	100 299.5	9 061.4
包　　头	4 417	0	4 340	134	2 144 159.0	20 320.0
赤　　峰	2 612	0	2 510	112	303 670.5	5 027.6
沈　　阳	6 259	0	5 722	356	2 148 172.4	24 178.2
大　　连	27 820	23 123	26 503	299	281 927.2	10 865.9
鞍　　山	5 034	0	4 784	141	3 514 658.4	50 340.9
抚　　顺	3 846	0	3 321	106	655 378.6	14 681.9
本　　溪	5 654	0	4 432	90	2 763 869.0	23 927.2
锦　　州	3 580	78	3 215	104	219 433.3	22 677.5
长　　春	5 489	0	5 133	104	182 571.0	5 708.0
吉　　林	15 037		14 771	112	827 568.2	26 715.0
哈 尔 滨	3 539	0	3 446	153	259 640.5	20 847.1
齐齐哈尔	4 968	0	4 713	104	501 808.0	3 002.7
大　　庆	8 597	0	8 205	265	2 409 360.1	70 763.8
牡 丹 江	2 778		2 757	427	145 995.9	26 041.2
上　　海	41 192	2 536	40 687	1 730	4 794 200.3	264 295.6
南　　京	36 339	0	33 698	677	3 575 785.5	85 539.5
无　　锡	41 637	0	41 264	958	2 934 203.1	66 587.9
徐　　州	6 981	0	6 883	276	1 460 715.8	14 676.6
常　　州	35 942	0	35 942	776	1 061 983.1	47 916.3
苏　　州	57 464	160	57 409	1 409	3 463 146.1	114 667.3
南　　通	15 943	0	15 928	785	705 954.5	29 513.8
连 云 港	3 244	343	3 184	165	591 613.0	10 361.9
扬　　州	8 957	0	8 807	315	312 350.5	17 008.7
杭　　州	79 959	1 451	76 925	1 221	5 082 282.9	90 202.8

重点城市工业废水排放及处理情况（一）（续表）

（2009）

城市名称	工业废水排放量（万吨）	直接排入海的	工业废水排放达标量（万吨）	废水治理设施数（套）	废水治理设施治理能力（吨/日）	废水治理设施运行费用（万元）
宁波	17 736	7 757	15 423	921	1 068 047.4	69 541.8
温州	7 900	411	6 784	1 182	789 151.7	29 441.6
嘉兴	17 488	476	17 218	776	1 233 023.8	52 605.4
湖州	10 518	0	10 017	509	482 935.3	20 829.3
绍兴	29 862	5	29 351	850	1 300 859.0	72 227.6
台州	5 125	342	4 628	1 123	357 994.5	18 762.7
合肥	2 036	0	1 961	166	814 418.0	9 570.4
芜湖	4 723	0	4 687	145	253 074.0	7 755.8
马鞍山	8 060	0	7 846	107	2 932 474.3	54 240.9
福州	4 288	378	3 860	382	689 832.8	12 994.5
厦门	3 776	155	3 755	309	242 523.3	9 551.0
泉州	26 283	1 773	26 240	1 602	1 343 686.1	19 467.7
南昌	10 238	0	9 554	207	498 083.3	12 303.4
九江	6 457	0	6 130	141	296 511.1	15 191.4
济南	5 014	0	4 954	264	768 425.5	25 822.3
青岛	10 402	1 799	10 390	532	848 891.5	32 853.1
淄博	19 608	0	19 608	592	1 208 832.3	63 136.1
枣庄	13 504		13 462	184	752 268.0	16 377.9
烟台	7 600	2 172	7 600	451	728 685.7	20 257.2
潍坊	17 343	0	17 167	478	2 628 786.5	48 297.2
济宁	13 798	0	13 362	321	1 415 351.7	36 310.2
泰安	4 338		4 267	244	1 560 417.6	9 102.5
威海	2 252	576	2 252	182	159 913.0	5 263.8
日照	8 826	2 948	8 826	115	269 100.0	8 545.8
郑州	11 240	0	11 155	377	706 527.0	19 533.0
开封	5 503	0	5 107	68	107 986.0	5 828.0
洛阳	5 741	0	5 685	342	689 760.0	15 916.6
平顶山	6 331	0	6 127	181	664 412.0	13 365.6
安阳	12 595	0	12 153	294	1 203 845.2	13 038.4
焦作	19 125	0	18 591	288	1 298 146.0	18 290.2
武汉	22 532	0	22 334	248	2 885 279.1	27 054.3
宜昌	12 265	0	12 165	385	1 723 979.4	18 791.2
荆州	5 398	0	5 058	97	208 559.5	5 913.1
长沙	3 726	0	3 354	260	152 626.1	5 283.0
株洲	8 180	0	7 722	544	645 832.8	10 652.8
湘潭	10 480	0	9 659	216	1 893 594.0	15 718.1
岳阳	11 707	0	10 775	213	417 284.0	14 260.4
常德	13 091	0	12 742	176	535 096.0	6 875.4

重点城市工业废水排放及处理情况（一）（续表）

（2009）

城　市 名　称	工业废水 排放量 （万吨）	直接 排入海的	工业废水 排放达标量 （万吨）	废水治理 设施数（套）	废水治理设施 治理能力 （吨/日）	废水治理设施 运行费用 （万元）
张家界	664	0	647	15	11 015.0	148.5
广　州	26 023	2 316	25 116	996	2 545 682.8	61 140.0
韶　关	8 669	0	6 951	293	1 405 875.7	47 368.1
深　圳	8 073	606	7 776	1 480	516 515.4	69 399.5
珠　海	5 891	98	5 774	360	246 622.0	15 630.3
汕　头	4 972	95	4 491	326	504 217.5	11 036.4
佛　山	25 643	0	23 977	953	1 487 734.3	47 059.8
湛　江	5 272	197	4 471	270	472 370.2	22 623.6
中　山	12 629	41	12 396	403	695 993.0	30 460.0
南　宁	12 347	0	11 291	384	1 835 449.7	17 523.6
柳　州	25 593	0	24 055	310	6 778 305.0	40 303.8
桂　林	4 044	0	3 970	266	435 316.1	4 103.9
北　海	1 211	77	1 115	48	108 698.0	2 626.5
海　口	475		475	33	53 145.0	1 439.9
三　亚	25	0	25	7	3 061.0	876.6
重　庆	65 684	0	61 925	1 638	1 718 401.4	54 792.7
成　都	24 554	0	24 487	1 512	1 540 630.4	32 644.1
攀枝花	1 771	0	1 714	126	883 213.5	30 826.3
泸　州	6 558		6 213	165	226 269.8	5 478.3
绵　阳	9 781	0	9 735	233	388 752.0	6 233.3
宜　宾	11 143	0	11 069	240	557 807.0	115 013.4
贵　阳	2 356	0	2 292	298	698 349.4	8 335.3
遵　义	2 030	0	1 740	208	149 674.5	4 762.8
昆　明	4 256	0	4 249	538	1 412 357.7	20 781.8
曲　靖	3 097	0	2 998	326	1 099 331.7	14 624.5
拉　萨	986		210	13	7 551.0	158.2
西　安	14 203	0	13 281	383	454 768.7	13 360.2
铜　川	411		409	41	37 743.5	1 250.8
宝　鸡	11 683	0	11 645	208	740 163.0	6 266.0
咸　阳	6 939	0	6 939	193	296 171.7	8 483.9
延　安	1 075		1 056	126	124 468.0	25 307.1
兰　州	2 945	0	2 905	78	373 646.6	15 379.2
金　昌	1 851	0	1 516	82	109 343.0	4 112.7
西　宁	4 387		3 828	127	327 385.1	2 771.7
银　川	4 987	0	4 946	128	225 616.2	6 317.6
石嘴山	2 210		1 808	94	313 689.6	4 176.1
乌鲁木齐	5 968		5 251	107	910 646.8	7 879.8
克拉玛依	1 406	0	1 404	98	140 478.7	17 358.3

重点城市工业废水排放及处理情况（二）

（2009）

单位：吨

城市名称	工业废水中污染物排放量					
	汞	镉	六价铬	铅	砷	挥发酚
总　计	**0.703**	**4.938**	**31.278**	**31.148**	**20.644**	**206.402**
北　京			0.025	0.014	0.002	0.171
天　津	…		0.092	0.010	0.008	0.659
石家庄			0.318	…		0.198
唐　山			0.208	0.063		0.483
秦皇岛			0.016			
邯　郸			0.005	1.242		0.485
保　定			0.147	0.145		0.020
太　原	0.004	0.011	0.224	0.129	0.050	4.683
大　同	0.010	0.001	0.056	0.053	0.009	4.458
阳　泉						
长　治			0.031			4.053
临　汾			0.001			3.285
呼和浩特			…	…		0.095
包　头			0.245	1.231		0.586
赤　峰	0.000	0.015	0.019	0.033	0.073	0.121
沈　阳	0.048	0.004	0.082	0.481	0.338	0.360
大　连			0.055			9.253
鞍　山						0.336
抚　顺			0.023	…		0.521
本　溪						1.182
锦　州			0.027			0.148
长　春			0.013			0.496
吉　林		0.004	0.436			32.163
哈尔滨		0.017	0.004			32.345
齐齐哈尔			0.200			1.748
大　庆						2.123
牡丹江					…	0.384
上　海	…	0.016	0.535	0.091	0.003	4.017
南　京	0.001	0.047	0.915	1.165	0.021	5.452
无　锡			0.173	0.001		0.061
徐　州	0.003			…		0.230
常　州			2.511	0.001		2.482
苏　州	0.014		2.140	1.148	0.060	2.645
南　通		0.007	0.442	0.001		4.224
连云港						0.195
扬　州	0.002		0.208	0.265		1.028
杭　州			0.360	0.105	0.007	0.119

重点城市工业废水排放及处理情况（二）（续表）

（2009）　　单位：吨

城市名称	工业废水中污染物排放量					
	汞	镉	六价铬	铅	砷	挥发酚
宁波	…		2.013	…	0.001	0.089
温州			4.206	0.096		0.002
嘉兴			0.027	0.065		0.154
湖州			0.077			0.008
绍兴	…		0.228	0.033	0.004	0.243
台州		…	0.401	0.058	0.000	
合肥			0.004			0.290
芜湖	0.002		0.026	0.104	0.023	0.788
马鞍山					0.101	3.515
福州			0.065	0.049	…	0.018
厦门		0.006	0.249	0.014	0.011	0.001
泉州	0.001		1.043	0.102		0.173
南昌		0.005	0.459	0.001		0.611
九江		0.301	0.317	0.964	0.439	7.738
济南			0.127		0.076	1.119
青岛		0.032	0.184	0.063		0.108
淄博			…	0.020		2.679
枣庄						0.578
烟台		0.017	0.033	1.498	0.074	0.098
潍坊			0.007			2.332
济宁			0.006			2.798
泰安			0.017	0.010	0.098	0.161
威海			0.127			0.000
日照			0.012			0.300
郑州		0.009	0.020	0.015	0.006	
开封				0.080	0.030	0.008
洛阳			0.048		0.019	0.057
平顶山			0.023			1.072
安阳			0.211	0.054		2.814
焦作			3.100			12.990
武汉		0.004	0.259	0.036	0.057	6.862
宜昌		…	0.007			1.273
荆州			0.118		0.041	1.702
长沙		0.154	0.295	0.093	0.374	0.139
株洲	0.072	1.488	0.044	1.709	7.511	1.307
湘潭	0.391	0.790	2.030	3.910	0.930	1.659
岳阳			0.045	0.117		2.004
常德			0.062	0.045	2.520	5.177

重点城市工业废水排放及处理情况（二）（续表）

（2009）

单位：吨

城市名称	工业废水中污染物排放量					
	汞	镉	六价铬	铅	砷	挥发酚
张家界						
广州	0.001	0.027	0.241	0.118	0.016	0.589
韶关	0.005	0.500	0.289	3.949	1.209	1.788
深圳	0.001	0.002	0.233	0.081	0.000	0.154
珠海		0.011	0.223	0.089	…	0.342
汕头			0.015	0.030		0.003
佛山		0.088	0.567	0.598	0.128	2.959
湛江	0.020		0.001		0.100	0.005
中山		0.003	0.225	0.138	…	0.879
南宁		…	0.344	0.001	0.001	0.346
柳州	0.002	0.088	0.060	0.892	0.071	0.186
桂林		0.005	0.070	0.376	…	0.075
北海						0.006
海口		0.002	0.002	0.037		
三亚						
重庆		0.003	1.042	0.113		1.185
成都		0.002	0.727	1.026	0.086	0.046
攀枝花			0.005	0.299	0.153	0.114
泸州			0.004			0.775
绵阳		0.005	0.249			0.068
宜宾						0.023
贵阳		0.001	0.034	0.074		0.016
遵义	0.001		0.054		2.469	0.011
昆明	0.016	0.074	0.008	4.434	1.036	0.344
曲靖		0.061	0.006	0.056	0.080	0.266
拉萨				0.021		
西安		0.005	0.276	0.001		0.338
铜川						
宝鸡	…	0.538	0.148	0.987	1.649	0.097
咸阳		0.003	0.209	0.124	0.008	0.073
延安	0.002	0.226	0.052	0.458	0.077	0.348
兰州		0.087	0.113	0.139	0.195	0.214
金昌	0.020	0.097	0.150	0.196	0.158	0.208
西宁			0.042			0.044
银川		0.029	…	0.018	0.025	0.592
石嘴山						
乌鲁木齐	0.088	0.154	0.488	1.585	0.299	10.846
克拉玛依						1.788

重点城市工业废水排放及处理情况（三）

（2009）

单位：吨

城市名称	工业废水中污染物排放量			
	氰化物	化学需氧量	石油类	氨氮
总计	**124.2**	**1 909 112.6**	**5 943.2**	**127 691.0**
北京	0.1	4 898.1	57.4	452.8
天津	0.2	23 469.4	77.6	2 915.5
石家庄	1.4	49 738.4	17.5	4 068.5
唐山	0.4	51 235.1	62.5	1 588.6
秦皇岛	0.1	8 403.4	9.7	332.9
邯郸	1.1	10 924.2	58.1	701.6
保定	…	19 790.1	1.0	1 113.5
太原	0.8	4 920.0	24.2	353.8
大同	0.1	26 910.1	34.5	3 559.2
阳泉		650.0	2.7	52.4
长治	0.8	10 642.4	18.4	844.3
临汾	1.8	8 140.0	147.7	617.1
呼和浩特	…	2 474.1	4.0	236.3
包头	1.0	3 758.3	25.7	869.2
赤峰		5 371.4	1.2	67.9
沈阳	0.2	7 947.0	295.1	1 086.4
大连	0.3	11 327.7	232.4	789.4
鞍山	1.8	5 711.4	24.5	315.9
抚顺	0.4	3 786.6	52.4	362.3
本溪	0.5	15 102.0	31.0	192.1
锦州	…	37 204.6	59.4	158.1
长春	0.5	25 947.0	204.1	468.5
吉林	3.3	31 192.1	261.0	529.6
哈尔滨	…	13 865.1	30.1	510.9
齐齐哈尔		11 357.6	170.2	1 421.2
大庆	0.7	9 841.8	141.8	843.6
牡丹江	0.7	16 837.9	8.2	908.9
上海	5.6	29 030.6	191.6	1 982.8
南京	3.4	26 702.5	302.3	1 099.0
无锡	0.1	32 524.3	94.8	1 807.4
徐州	0.7	13 069.6	20.2	400.9
常州	0.9	26 653.8	62.2	1 264.1
苏州	2.3	54 621.8	85.6	2 536.6
南通	0.7	21 944.7	61.6	2 155.2
连云港	0.1	3 463.0	0.6	382.6
扬州	0.3	16 390.6	19.9	738.3
杭州	0.1	86 449.3	20.7	2 364.4

重点城市工业废水排放及处理情况（三）（续表）

（2009）

单位：吨

城市名称	工业废水中污染物排放量			
	氰化物	化学需氧量	石油类	氨氮
宁波	1.9	19 664.5	25.3	1 140.9
温州	29.7	22 711.2	7.6	1 188.2
嘉兴	0.1	17 627.6	0.2	2 413.1
湖州	…	8 091.5	0.3	607.1
绍兴	0.1	37 894.7	9.9	3 771.8
台州	0.3	8 180.8	10.4	505.4
合肥	…	1 380.7	4.8	80.1
芜湖		12 530.2	2.2	98.1
马鞍山	1.4	5 466.7	76.1	147.5
福州	…	3 980.1	14.9	550.3
厦门	0.3	2 277.6	3.3	309.1
泉州	0.2	25 423.4	30.5	1 704.9
南昌	1.5	21 000.0	81.6	1 085.5
九江	0.1	5 825.1	55.3	538.5
济南	1.2	7 004.6	24.7	319.9
青岛	0.2	11 307.6	27.6	613.9
淄博	0.2	24 911.7	124.8	1 912.0
枣庄		13 652.5	36.4	994.9
烟台	0.1	12 434.4	9.2	597.8
潍坊	0.2	18 284.8	28.6	1 435.4
济宁	0.2	11 501.3	3.1	417.2
泰安	1.2	5 222.0	20.0	209.0
威海	…	3 014.3	0.0	117.6
日照	…	12 217.2	5.2	724.7
郑州	…	9 353.7	23.9	233.1
开封	…	8 947.1	4.5	2 479.5
洛阳	0.1	3 858.1	37.1	413.1
平顶山	0.8	8 820.9	30.0	701.9
安阳	4.2	41 569.5	218.7	717.4
焦作	5.4	37 373.1	60.6	3 789.8
武汉	10.7	21 808.1	409.3	1 225.9
宜昌	1.2	11 220.0	25.0	2 090.2
荆州	0.1	20 423.8	58.7	1 084.7
长沙	0.1	4 920.9	24.3	228.7
株洲	1.8	13 672.7	124.1	2 478.3
湘潭	2.7	20 286.2	120.7	2 501.2
岳阳	2.4	30 516.5	106.2	4 927.3
常德	…	34 679.3	12.1	1 509.3

重点城市工业废水排放及处理情况（三）（续表）

（2009）

单位：吨

城市名称	工业废水中污染物排放量			
	氰化物	化学需氧量	石油类	氨氮
张家界		1 072.6	5.1	128.0
广州	1.2	23 425.3	48.9	935.8
韶关	2.5	7 853.2	12.8	463.5
深圳	0.7	4 205.3	5.2	323.8
珠海	…	6 537.1	33.4	435.9
汕头	…	5 163.4	2.0	211.2
佛山	0.7	22 355.4	56.5	1 174.9
湛江	0.4	12 027.2	13.7	483.2
中山	2.0	11 236.6	21.6	872.0
南宁	…	71 981.7	7.0	1 341.5
柳州	8.0	48 803.9	135.6	3 080.0
桂林	…	6 183.6	2.0	184.0
北海		12 901.4	0.1	681.4
海口		328.6	0.9	8.7
三亚		14.9		1.8
重庆	0.5	100 290.3	209.5	7 251.4
成都	0.1	41 504.0	41.3	5 755.5
攀枝花	…	5 656.8	1.5	24.5
泸州		15 069.5	17.0	537.6
绵阳		8 007.1	117.6	550.8
宜宾		38 812.2	2.9	920.1
贵阳	0.1	1 791.0	1.9	97.0
遵义	…	2 502.0	8.1	166.0
昆明	0.8	3 276.3	31.5	209.8
曲靖	1.8	5 073.2	26.5	1 015.7
拉萨		489.9	0.0	2.7
西安	0.1	40 823.5	60.8	2 230.2
铜川		539.4	16.3	6.4
宝鸡	…	21 857.7	16.9	823.9
咸阳	…	19 187.6	16.1	620.2
延安	0.1	3 909.7	26.5	73.3
兰州	0.1	1 834.6	40.2	134.9
金昌	0.1	5 259.1	31.6	6 467.6
西宁		15 990.1	48.4	970.8
银川	…	12 552.6	16.1	1 227.7
石嘴山		9 312.1		563.2
乌鲁木齐	6.4	8 667.5	46.1	1 668.5
克拉玛依		1 265.7	52.6	92.3

重点城市工业废水排放及处理情况（四）

（2009）

单位：吨

城市名称	工业废水中污染物去除量				
	氰化物	化学需氧量	石油类	氨氮	挥发酚
总　计	**11 945.7**	**7 008 079.1**	**298 982.0**	**349 962.3**	**74 291.9**
北　京	47.8	39 985.8	2 509.2	5 869.8	599.0
天　津	1.3	49 230.1	1 469.9	1 236.5	76.7
石家庄	69.8	256 111.5	653.2	10 833.1	78.0
唐　山	27.0	98 429.3	4 058.0	1 336.3	1 659.3
秦皇岛	…	53 058.0	58.2	5.3	
邯　郸	171.9	25 850.8	24.0	1 364.8	2 232.7
保　定	…	59 847.8	3.7	1 333.1	
太　原	59.5	22 491.0	206.2	1 155.3	936.2
大　同	3.9	12 356.6	256.2	416.8	98.9
阳　泉		162.8	16.5	0.1	
长　治	95.1	9 153.0	102.1	386.2	117.0
临　汾	985.8	33 686.0	1 143.2	10 019.9	2 775.1
呼和浩特	…	23 056.1	69.7	670.7	20.0
包　头	196.5	24 357.0	535.5	5 749.3	2 971.3
赤　峰		6 283.9	12.6	11.3	
沈　阳	3.1	49 385.6	32.8	405.6	3.1
大　连		20 536.5	505.5	20 060.3	
鞍　山	31.0	31 716.3	82.6	638.8	1 138.0
抚　顺	4.6	7 977.4	807.0	108.4	87.1
本　溪	23.9	10 725.8	12.6	32.5	851.9
锦　州	0.3	31 271.2	753.4	3 201.8	1 800.2
长　春	9.5	23 614.5	355.3	450.9	329.8
吉　林	5.1	53 586.6	1 027.7	1 109.4	237.9
哈尔滨	0.1	83 479.2	431.9	19 129.8	2 611.4
齐齐哈尔		32 242.5	111.2	763.9	593.5
大　庆	131.1	78 920.7	162 051.2	4 368.0	759.1
牡丹江	0.3	10 204.3	17.8	373.9	78.1
上　海	109.9	222 964.6	7 134.8	6 737.8	898.8
南　京	117.5	84 713.7	22 095.1	10 735.3	3 346.5
无　锡	0.2	142 128.8	3 193.3	5 676.5	130.1
徐　州	17.8	109 819.8	37.3	2 206.0	43.4
常　州	4.1	119 171.8	146.6	4 615.0	7.8
苏　州	47.2	432 706.7	245.5	12 170.3	162.3
南　通	0.5	85 420.9	126.1	2 566.5	4.0
连云港		32 432.6	1.1	762.1	1.5
扬　州	3.6	50 012.4	463.8	450.9	65.8
杭　州	7.2	462 440.5	69.8	1 838.2	232.3

重点城市工业废水排放及处理情况（四）（续表）

（2009）

单位：吨

城市名称	工业废水中污染物去除量				
	氰化物	化学需氧量	石油类	氨氮	挥发酚
宁　波	175.8	198 730.1	19 756.6	49 456.9	170.0
温　州	744.9	67 545.3	26.9	2 839.2	…
嘉　兴		167 275.3	0.2	3 997.0	9.1
湖　州	1.4	72 259.2	1.2	2 496.6	…
绍　兴	…	277 959.6	9.4	2 411.1	2.2
台　州	9.9	55 639.8	70.7	793.0	
合　肥	0.7	11 405.7	757.1	406.2	101.4
芜　湖	27.0	12 162.9	30.0	72.9	120.0
马鞍山	6 655.1	58 292.8	27 670.2	1 940.2	28 035.2
福　州	…	46 169.8	60.1	764.0	…
厦　门	…	55 852.3	0.4	1 662.6	
泉　州	10.8	162 909.0	181.4	3 853.7	962.7
南　昌	79.1	58 348.6	655.6	560.5	0.2
九　江	0.8	15 288.4	1 349.2	383.6	324.9
济　南	83.1	26 393.7	1 779.9	3 243.1	1 092.3
青　岛	2.8	64 335.6	399.1	5 214.5	45.5
淄　博	3.9	145 751.8	723.2	7 834.5	1 494.9
枣　庄		75 639.0	35.5	3 717.4	
烟　台	245.9	65 776.9	42.9	1 656.7	0.2
潍　坊	1.5	174 217.4	460.6	5 322.8	11.5
济　宁	12.2	161 568.0	64.1	28 526.2	371.7
泰　安	0.5	35 807.8	29.3	604.2	23.2
威　海	6.1	6 024.7	3.2	249.9	
日　照		136 215.3	50.6	8 323.3	0.4
郑　州		28 894.6	15.9	517.0	
开　封		23 014.8	1.8	5 822.4	…
洛　阳	0.2	1 798.4	10 439.1	122.2	59.0
平顶山	23.0	24 887.0	202.0	1 790.1	414.6
安　阳	106.6	46 323.8	914.6	1 934.7	9 660.7
焦　作		104 878.2	0.1	2 334.6	
武　汉	14.6	131 195.6	606.2	1 798.3	1 234.0
宜　昌	15.0	45 674.9	13.1	2 404.1	82.3
荆　州	0.0	28 929.6	3.8	916.8	0.0
长　沙	0.0	8 249.1	9.1	128.1	0.2
株　洲	37.9	16 423.8	357.3	4 463.2	1.1
湘　潭	14.3	9 765.0	60.7	687.7	455.2
岳　阳	2.0	40 301.5	2 076.5	1 937.5	258.9
常　德		37 636.5	31.9	356.2	0.1

重点城市工业废水排放及处理情况（四）（续表）

（2009）

单位：吨

城市名称	工业废水中污染物去除量				
	氰化物	化学需氧量	石油类	氨氮	挥发酚
张家界		58.5	…	1.4	
广州	29.5	94 327.6	656.5	14 700.1	125.7
韶关	0.9	6 435.4	90.8	74.2	183.8
深圳	517.8	32 078.4	61.6	623.8	0.2
珠海	5.2	69 060.8	121.9	1 238.1	1.4
汕头	0.4	21 076.0	0.4	53.9	…
佛山	89.2	133 779.2	605.7	3 773.0	23.3
湛江	…	48 474.3	24.7	390.1	…
中山	19.5	40 793.7	66.6	1 267.5	10.6
南宁	0.2	173 941.4	5.7	5 363.2	2.5
柳州	230.7	18 209.0	898.6	374.2	544.1
桂林	0.1	21 001.2	13.6	206.3	0.7
北海		65 664.4	97.5	517.5	28.0
海口		4 661.3	14.7	12.4	
三亚		145.2		3.2	
重庆	15.7	110 764.4	471.1	6 660.6	1 165.4
成都	52.4	73 401.3	182.8	2 056.8	3.2
攀枝花		1 984.5	302.0	164.8	
泸州		12 472.4	0.8	397.2	0.9
绵阳		26 719.7	217.1	580.8	1.1
宜宾		85 502.6	330.7	1 165.2	
贵阳	456.3	13 835.5	146.2	158.4	144.9
遵义	…	29 279.9	16.2	586.4	
昆明	18.4	21 373.9	382.9	741.8	645.7
曲靖	2.2	12 993.6	17.8	650.9	41.0
拉萨		36.9	0.2	0.9	
西安	1.7	117 253.8	47.7	1 194.9	2.2
铜川		299.2	2.8	11.4	
宝鸡	…	17 684.3	39.0	955.5	0.5
咸阳	0.1	13 183.5	174.4	318.5	21.8
延安	9.5	7 517.2	2 666.1	345.7	81.6
兰州	0.2	6 666.2	680.5	198.4	53.7
金昌		1 441.3	46.8	401.4	
西宁		3 717.2	15.9	283.1	
银川	0.9	92 516.4	1 426.4	2 512.9	69.9
石嘴山		9 578.9		566.0	
乌鲁木齐	44.0	15 581.7	7 018.3	1 032.3	1 255.4
克拉玛依		15 494.7	2 427.9	45.9	6.0

重点城市工业废气排放及处理情况（一）

（2009）

城市名称	燃料煤消费量（万吨）	原料煤消费量（万吨）	燃料油消费量（万吨）	工业废气排放总量（标态）（亿米³）	燃料燃烧废气排放	生产过程废气排放
总　计	**115 018**	**43 910**	**1 352.83**	**249 586**	**130 280**	**119 306**
北　京	1 547	472	43.69	4 408	1 777	2 631
天　津	3 691	384	17.09	5 983	4 040	1 943
石家庄	2 647	528	2.29	4 553	2 627	1 926
唐　山	3 244	3 640	1.75	19 633	6 836	12 797
秦皇岛	800	76	22.37	2 323	826	1 498
邯　郸	2 242	1 331	1.44	6 371	1 827	4 544
保　定	868	289	0.25	1 684	842	842
太　原	1 270	2 374	1.15	3 605	1 379	2 226
大　同	1 926	84	0.32	3 056	2 612	443
阳　泉	1 219	55	1.18	1 157	1 029	128
长　治	1 582	2 814	0.54	3 219	1 651	1 568
临　汾	422	3 816	0.25	1 333	497	836
呼和浩特	2 101	67	0.27	1 928	1 711	217
包　头	1 915	1 129	2.27	5 437	2 080	3 357
赤　峰	1 402	44	0.48	1 267	951	316
沈　阳	1 252	57	32.08	1 315	1 144	171
大　连	1 434	126	33.44	2 246	1 286	961
鞍　山	527	1 264	6.12	4 525	1 545	2 980
抚　顺	1 066	147	15.94	1 843	1 090	753
本　溪	251	1 320	0.03	3 329	837	2 491
锦　州	920	9	18.01	1 002	833	169
长　春	1 095	132	0.42	1 241	970	271
吉　林	1 089	72	24.06	2 338	1 582	756
哈尔滨	1 155	156	3.36	1 185	887	299
齐齐哈尔	948	197	1.18	932	721	211
大　庆	931	0	35.09	1 267	1 111	156
牡丹江	627	72	0.11	597	556	41
上　海	3 649	1 406	110.63	10 059	3 382	6 677
南　京	1 464	871	39.46	4 734	2 161	2 573
无　锡	2 590	193	5.81	3 728	2 485	1 243
徐　州	1 820	476	46.98	3 079	1 805	1 274
常　州	995	47	1.76	1 158	942	216
苏　州	4 338	715	58.34	6 637	4 390	2 248
南　通	1 048	31	5.63	1 445	942	503
连云港	415	13	0.48	370	319	51
扬　州	1 304	4	18.45	1 093	1 045	48
杭　州	1 223	222	10.50	3 652	2 239	1 414

重点城市工业废气排放及处理情况（一）（续表）

（2009）

城市名称	燃料煤消费量（万吨）	原料煤消费量（万吨）	燃料油消费量（万吨）	工业废气排放总量（标态）（亿米^3）	燃料燃烧废气排放	生产过程废气排放
宁　波	3 304	99	32.95	4 622	3 189	1 434
温　州	781	5	10.40	899	774	125
嘉　兴	1 434	50	5.22	1 897	1 340	558
湖　州	682	234	14.39	1 591	777	814
绍　兴	977	74	17.36	1 493	891	602
台　州	1 353	2	3.06	1 280	1 135	145
合　肥	467	105	0.21	600	368	232
芜　湖	444	411	0.72	1 487	451	1 036
马鞍山	659	897	16.55	3 734	664	3 070
福　州	1 342	74	13.87	1 810	1 549	262
厦　门	498	0	14.25	667	423	244
泉　州	696	156	39.30	2 124	1 648	476
南　昌	103	190	1.88	660	245	415
九　江	497	145	3.90	1 502	811	691
济　南	949	583	4.28	2 955	992	1 963
青　岛	1 246	189	9.52	2 636	1 551	1 085
淄　博	1 939	566	11.20	3 091	2 185	906
枣　庄	873	893	4.97	2 402	941	1 462
烟　台	1 335	153	1.04	1 935	1 151	784
潍　坊	1 390	619	1.28	2 618	1 399	1 219
济　宁	2 924	611	1.54	2 844	2 386	459
泰　安	556	433	0.61	1 426	742	684
威　海	352	3	9.30	445	383	62
日　照	671	310	2.34	3 140	742	2 397
郑　州	1 898	96	5.79	2 579	1 727	852
开　封	368	50	0.44	313	259	54
洛　阳	2 374	147	5.84	2 594	1 549	1 045
平顶山	1 293	715	2.99	1 965	1 129	836
安　阳	516	1 691	0.25	2 531	527	2 004
焦　作	1 091	181	1.64	1 914	925	989
武　汉	854	1 181	9.37	4 300	2 020	2 280
宜　昌	248	451	0.72	1 639	509	1 130
荆　州	136	30	0.38	249	131	118
长　沙	309	143	2.24	532	254	278
株　洲	328	92	6.91	632	358	273
湘　潭	361	495	0.08	2 132	403	1 728
岳　阳	471	63	5.22	571	464	107
常　德	404	158	0.68	929	409	520

重点城市工业废气排放及处理情况（一）（续表）

（2009）

城市名称	燃料煤消费量（万吨）	原料煤消费量（万吨）	燃料油消费量（万吨）	工业废气排放总量（标态）（亿米 ^{3}）	燃料燃烧废气排放	生产过程废气排放
张家界	25	11	0.01	124	39	85
广州	2 064	46	43.32	2 539	1 662	878
韶关	484	292	1.65	1 377	455	923
深圳	438	0	150.25	1 741	1 255	486
珠海	662	25	26.38	1 474	790	684
汕头	556	30	1.59	492	457	35
佛山	1 063	36	172.90	1 592	1 262	330
湛江	355	45	6.71	574	435	139
中山	181	0	59.58	431	304	127
南宁	268	99	7.74	885	636	250
柳州	377	773	0.59	2 161	708	1 453
桂林	223	81	0.13	580	338	242
北海	152	10	0.42	210	168	42
海口	0		0.14	13	9	5
三亚	0	2	0.16	37	31	5
重庆	2 539	719	4.53	12 587	6 659	5 928
成都	714	155	1.42	1 998	1 050	947
攀枝花	450	743	4.99	1 965	474	1 491
泸州	377	54	0.83	937	780	157
绵阳	350	106	0.05	668	207	461
宜宾	321	67	0.09	500	363	137
贵阳	500	248	12.53	1 540	391	1 148
遵义	634	71	0.27	926	600	327
昆明	830	541	6.13	2 310	832	1 478
曲靖	1 744	1 455	1.18	2 970	2 099	871
拉萨	13	3	0.06	7	7	0
西安	703	29	1.82	737	428	310
铜川	296	68	0.01	1 013	226	787
宝鸡	706	257	0.17	2 882	2 289	594
咸阳	555	28	1.16	1 217	640	577
延安	132	1	2.84	96	69	28
兰州	908	176	1.47	2 070	665	1 406
金昌	247	62	6.81	429	206	223
西宁	417	140	0.15	1 809	456	1 352
银川	369	84	0.48	581	362	219
石嘴山	1 003	327	0.64	1 472	867	606
乌鲁木齐	990	207	4.55	1 505	1 156	349
克拉玛依	224	0	3.19	666	554	112

重点城市工业废气排放及处理情况（二）

（2009）

单位：吨

城市名称	工业二氧化硫去除量	燃料燃烧过程中去除的	生产工艺过程中去除的	工业二氧化硫排放量	燃料燃烧过程中排放的	生产工艺过程中排放的
总计	**15 222 184**	**9 874 607**	**5 347 576**	**9 325 089**	**7 793 883**	**1 531 206**
北京	112 829	104 663	8 166	59 922	58 021	1 900
天津	256 518	252 276	4 242	172 980	163 539	9 440
石家庄	277 484	267 029	10 455	143 675	125 518	18 157
唐山	265 980	222 397	43 583	243 702	171 235	72 467
秦皇岛	48 148	47 194	955	45 161	39 454	5 707
邯郸	258 834	243 771	15 063	160 121	96 237	63 884
保定	51 019	50 312	707	58 420	54 138	4 282
太原	173 708	144 716	28 992	90 487	65 502	24 984
大同	152 958	152 076	883	107 845	104 221	3 624
阳泉	137 301	133 150	4 151	100 147	99 270	877
长治	161 158	134 096	27 062	104 331	69 629	34 702
临汾	60 609	33 366	27 242	67 078	12 939	54 139
呼和浩特	179 785	179 785	0	74 041	73 045	996
包头	254 511	163 687	90 824	158 260	92 918	65 342
赤峰	386 172	101 800	284 372	185 212	183 008	2 204
沈阳	44 132	43 835	297	82 362	80 586	1 776
大连	248 088	67 862	180 226	83 765	73 432	10 333
鞍山	26 896	20 662	6 235	91 613	54 697	36 916
抚顺	27 934	27 055	880	73 639	64 927	8 712
本溪	41 278	14 830	26 448	95 600	62 079	33 521
锦州	23 815	22 822	994	76 543	73 147	3 396
长春	14 817	13 503	1 314	54 693	47 548	7 145
吉林	51 834	15 237	36 597	51 961	44 538	7 423
哈尔滨	27 486	17 182	10 303	51 879	49 760	2 119
齐齐哈尔	14 375	14 375	0	48 755	46 955	1 800
大庆	5 597	1 311	4 286	59 814	58 886	928
牡丹江	4 195	3 969	226	40 597	39 834	763
上海	384 624	182 551	202 073	239 348	232 619	6 729
南京	494 692	97 115	397 577	134 277	98 244	36 032
无锡	180 809	174 508	6 301	114 109	108 036	6 073
徐州	171 207	160 522	10 685	86 519	82 042	4 476
常州	53 924	53 859	65	62 255	61 669	586
苏州	468 777	464 357	4 420	224 736	188 654	36 083
南通	93 941	93 045	896	66 166	65 517	649
连云港	28 014	27 940	74	27 237	26 646	591
扬州	95 991	95 990	1	82 960	82 176	784
杭州	80 713	76 213	4 500	92 926	83 697	9 229

重点城市工业废气排放及处理情况（二）（续表）

（2009）

单位：吨

城市名称	工业二氧化硫去除量	燃料燃烧过程中去除的	生产工艺过程中去除的	工业二氧化硫排放量	燃料燃烧过程中排放的	生产工艺过程中排放的
宁　波	711 462	358 911	352 551	128 709	124 628	4 081
温　州	65 221	63 492	1 729	53 337	52 627	710
嘉　兴	104 628	103 447	1 182	102 805	101 165	1 641
湖　州	71 386	71 386	0	58 695	46 711	11 984
绍　兴	41 934	39 162	2 772	57 880	54 903	2 977
台　州	107 777	107 562	215	66 827	66 508	319
合　肥	17 620	17 392	228	30 453	24 710	5 743
芜　湖	27 949	15 883	12 067	41 203	27 283	13 920
马鞍山	48 836	34 026	14 810	51 569	23 119	28 450
福　州	91 877	91 877	0	90 277	84 505	5 772
厦　门	42 915	42 915	0	45 471	45 435	36
泉　州	48 126	46 480	1 646	50 990	47 413	3 577
南　昌	11 548	9 671	1 877	22 514	13 293	9 221
九　江	59 900	18 771	41 129	72 570	69 136	3 434
济　南	141 691	136 912	4 779	65 944	49 564	16 380
青　岛	165 098	157 138	7 960	83 412	73 350	10 062
淄　博	341 489	202 124	139 365	164 752	143 890	20 862
枣　庄	91 977	84 191	7 786	71 374	55 910	15 464
烟　台	152 071	89 220	62 852	87 294	76 423	10 871
潍　坊	209 794	181 385	28 408	106 033	92 559	13 474
济　宁	223 949	213 908	10 041	109 853	105 611	4 242
泰　安	131 393	125 965	5 427	65 151	54 867	10 284
威　海	749	550	199	48 285	48 226	59
日　照	85 846	79 667	6 179	50 951	28 323	22 628
郑　州	59 191	57 862	1 329	112 167	101 473	10 694
开　封	2 877	1 758	1 120	27 421	27 274	146
洛　阳	168 092	151 875	16 217	211 027	208 685	2 342
平顶山	66 914	50 896	16 018	121 755	88 496	33 258
安　阳	53 767	16 441	37 326	98 336	46 738	51 598
焦　作	72 438	53 773	18 665	67 955	49 557	18 398
武　汉	107 380	77 635	29 746	114 579	95 784	18 796
宜　昌	53 867	34 055	19 812	34 870	27 127	7 743
荆　州	9 144	5 494	3 649	31 653	25 078	6 575
长　沙	38 484	37 367	1 117	52 052	28 332	23 721
株　洲	358 306	63 297	295 009	65 197	33 871	31 325
湘　潭	68 478	58 740	9 738	67 638	22 384	45 254
岳　阳	41 682	24 999	16 683	62 699	57 257	5 442
常　德	29 746	29 746	0	63 613	55 843	7 770

重点城市工业废气排放及处理情况（二）（续表）

（2009）

单位：吨

城市名称	工业二氧化硫去除量	燃料燃烧过程中去除的	生产工艺过程中去除的	工业二氧化硫排放量	燃料燃烧过程中排放的	生产工艺过程中排放的
张家界	15 632	14 468	1 164	6 654	4 884	1 771
广州	896 167	470 648	425 519	91 722	87 820	3 902
韶关	63 423	58 516	4 906	57 083	47 378	9 705
深圳	48 931	48 822	109	32 147	32 138	9
珠海	82 380	82 380	0	33 850	26 138	7 712
汕头	31 490	31 490	0	22 889	22 889	0
佛山	57 581	51 301	6 280	114 682	101 765	12 917
湛江	35 781	34 267	1 514	43 284	41 147	2 137
中山	4 934	315	4 619	47 150	41 841	5 309
南宁	20 127	19 990	137	58 487	55 039	3 447
柳州	159 285	70 242	89 044	68 851	39 231	29 621
桂林	44 938	44 555	383	46 741	39 187	7 554
北海	10 868	10 868		30 151	26 410	3 741
海口	0	0		103	103	0
三亚	0	0		123	26	96
重庆	780 181	701 083	79 098	586 117	501 158	84 959
成都	153 731	72 505	81 226	93 045	82 079	10 967
攀枝花	20 275	16 089	4 185	105 224	34 807	70 417
泸州	16 642	16 303	339	83 844	81 968	1 876
绵阳	25 889	19 974	5 915	43 758	38 450	5 307
宜宾	151 200	149 725	1 475	81 934	73 236	8 698
贵阳	187 718	180 406	7 313	84 488	75 103	9 384
遵义	163 522	162 967	555	48 671	40 888	7 783
昆明	593 326	85 630	507 696	88 337	57 930	30 407
曲靖	347 362	148 422	198 940	105 095	92 587	12 508
拉萨				1 201	1 201	0
西安	48 743	48 447	296	82 864	82 031	833
铜川	51 892	51 821	71	14 749	13 175	1 574
宝鸡	55 499	22 316	33 183	62 564	53 259	9 305
咸阳	5 475	1 671	3 804	96 173	93 900	2 273
延安	2 997	1 916	1 081	12 125	11 095	1 030
兰州	207 025	206 924	101	70 687	56 358	14 329
金昌	1 273 590	12 740	1 260 850	84 871	36 766	48 105
西宁	13 402	13 375	27	70 403	44 709	25 694
银川	40 134	35 673	4 461	20 403	19 298	1 106
石嘴山	101 079	100 079	1 001	113 425	110 647	2 778
乌鲁木齐	20 206	12 642	7 564	107 971	95 262	12 709
克拉玛依	5 000	1 000	4 000	42 777	19 557	23 220

重点城市工业废气排放及处理情况（三）

（2009）

单位：吨

城市名称	氮氧化物去除量	氮氧化物排放量	工业烟尘去除量	工业烟尘排放量	工业粉尘去除量	工业粉尘排放量
总计	**443 973**	**7 002 610**	**182 683 796**	**2 797 883**	**45 682 741**	**2 236 946**
北京	30 587	53 751	1 816 769	19 077	802 926	17 321
天津	40 237	201 406	4 203 247	58 687	651 466	7 946
石家庄	4 033	111 837	3 982 450	31 343	151 841	15 447
唐山	11 606	264 167	7 819 038	105 689	3 045 499	182 303
秦皇岛	6 941	30 896	1 259 737	10 471	266 448	27 232
邯郸	1 055	117 320	2 831 128	35 344	836 368	51 528
保定	2 464	38 134	900 495	12 125	94 772	13 643
太原	14 467	67 495	3 092 713	38 607	873 954	30 461
大同	27 804	154 699	3 211 960	69 060	105 409	48 122
阳泉	25 540	33 253	1 760 950	15 766	22 775	8 192
长治	0	77 939	3 805 289	50 104	586 662	108 509
临汾	25 311	26 041	634 594	62 482	779 018	84 161
呼和浩特	0	84 561	4 193 630	12 731	71 687	1 309
包头	570	122 549	3 134 538	27 288	983 866	52 850
赤峰	0	78 254	2 467 806	10 660	144 661	2 296
沈阳	490	95 058	1 644 314	52 941	5 469	4 847
大连	262	98 491	3 026 825	23 220	199 431	3 832
鞍山	0	75 616	2 160 738	40 975	2 182 245	29 879
抚顺	496	62 222	1 780 316	27 895	595 520	21 115
本溪	3	51 905	1 525 276	25 162	1 559 494	38 066
锦州	6 150	80 645	1 976 446	47 977	52 030	11 392
长春	0	61 049	1 591 062	68 922	849 075	25 355
吉林	0	112 172	3 313 376	49 567	968 690	4 543
哈尔滨	8 870	50 401	1 717 867	51 205	62 673	17 388
齐齐哈尔	339	44 463	999 161	24 859	123 208	3 839
大庆	0	60 794	1 768 581	30 035	11 510	2 039
牡丹江	67	47 426	1 031 418	41 548	109 780	26 754
上海	16 882	259 980	5 135 132	36 450	957 492	8 320
南京	17 127	90 583	2 435 626	31 168	779 644	41 675
无锡	0	166 942	3 395 540	40 890	709 963	44 097
徐州	11 431	72 214	3 038 242	24 021	479 063	9 184
常州	174	46 480	1 309 736	24 917	21 676	11 299
苏州	24 438	252 839	4 823 517	48 052	257 692	20 601
南通	4 991	57 721	1 034 059	38 858	24 866	8 584
连云港	0	16 999	686 393	6 931	3 941	902
扬州	211	58 247	1 671 562	10 693	18 146	2 573
杭州	3 208	92 370	1 210 748	35 418	935 501	18 349

重点城市工业废气排放及处理情况（三）（续表）

（2009）

单位：吨

城　市 名　称	氮氧化物 去除量	氮氧化物 排放量	工业烟尘 去除量	工业烟尘 排放量	工业粉尘 去除量	工业粉尘 排放量
宁　波	16 206	195 874	5 480 721	29 080	558 073	7 404
温　州	131	32 373	516 278	5 835	284	33
嘉　兴	1 278	72 597	1 056 008	19 996	308 914	19 181
湖　州	0	52 955	824 630	11 935	2 109 206	29 290
绍　兴	74	41 222	333 623	18 792	244 738	6 992
台　州	263	51 049	1 279 023	6 975	4 793	338
合　肥	1 184	10 030	1 054 717	10 602	126 715	4 591
芜　湖	10 885	31 843	279 792	12 214	267 742	27 723
马鞍山	0	33 690	1 436 568	9 227	1 504 614	25 702
福　州	0	48 243	1 462 428	7 027	15 043	2 127
厦　门	13 409	12 211	690 136	1 662	1 371	226
泉　州	2 833	24 066	344 173	22 895	254 180	11 015
南　昌	103	8 386	155 627	8 104	4 172	6 115
九　江	13	45 132	1 073 300	18 634	705 382	13 610
济　南	0	59 299	1 633 220	20 146	697 153	30 022
青　岛	544	57 516	1 643 082	20 585	246 036	5 086
淄　博	1	130 427	3 108 678	37 842	448 617	16 710
枣　庄	0	47 522	1 568 727	14 544	1 041 831	36 277
烟　台	0	60 473	2 270 974	13 291	168 520	25 979
潍　坊	1 800	96 868	2 989 428	24 594	140 541	14 152
济　宁	0	116 724	4 619 304	26 577	898 012	9 136
泰　安	0	49 710	1 277 029	16 394	211 803	5 766
威　海	0	33 227	653 295	8 286	8 163	1 754
日　照	0	46 489	1 273 269	9 776	98 793	9 217
郑　州	0	124 425	2 785 352	51 410	400 954	38 211
开　封	0	25 176	809 189	37 463	1 326	287
洛　阳	214	144 310	3 096 929	92 344	417 381	26 383
平顶山	0	73 863	3 912 978	51 566	1 626 166	19 163
安　阳	8	36 782	1 342 680	27 402	1 285 510	71 392
焦　作	0	74 028	1 543 341	39 244	318 535	16 670
武　汉	215	116 119	2 160 838	30 890	409 925	8 163
宜　昌	1 509	28 750	568 518	11 257	1 247 783	7 994
荆　州	0	11 820	193 572	16 543	20 079	6 754
长　沙	11 976	18 109	100 415	34 704	191 883	133 530
株　洲	1 683	27 144	707 530	33 090	492 370	14 067
湘　潭	292	16 623	853 452	19 658	716 280	22 848
岳　阳	86	32 802	919 641	16 249	46 125	8 280
常　德	280	21 254	910 322	9 734	166 325	7 169

重点城市工业废气排放及处理情况（三）（续表）

（2009）

单位：吨

城市名称	氮氧化物去除量	氮氧化物排放量	工业烟尘去除量	工业烟尘排放量	工业粉尘去除量	工业粉尘排放量
张家界	0	2 492	53 237	4 124	59 680	10 825
广　州	14 590	93 385	1 806 518	11 943	95 690	2 237
韶　关	95	20 190	1 042 604	8 651	510 467	4 394
深　圳	2 975	42 779	467 272	2 450	767	1 057
珠　海	360	70 031	722 355	8 417	109 994	2 121
汕　头	206	16 480	386 135	3 944	1 786	45
佛　山	13 567	108 638	702 691	30 909	170 186	3 765
湛　江	491	19 908	247 428	10 785	112 025	5 966
中　山	2 399	13 706	126 664	14 103	1 853	168
南　宁	271	22 210	513 521	26 760	400 235	8 407
柳　州	4 355	18 765	304 457	14 149	1 196 031	156 927
桂　林	0	17 772	320 552	8 743	183 572	8 789
北　海	15	10 567	291 703	4 094		10 274
海　口		136	579	94	17	1
三　亚	0	349	0	82		116
重　庆	6 180	163 470	4 390 483	108 674	590 009	107 749
成　都	2 108	271 449	1 357 527	36 670	132 142	5 045
攀枝花	7 217	8 865	762 201	6 293	141 865	14 654
泸　州	971	14 490	920 468	8 139	11 200	2 595
绵　阳	0	15 821	638 106	8 796	222 023	3 507
宜　宾	3 863	11 365	593 773	7 641	12 549	2 550
贵　阳	7 186	16 030	1 109 016	13 831	413 901	14 688
遵　义	10 734	29 456	2 013 147	14 857	660 258	11 511
昆　明	0	28 453	1 307 393	8 023	428 396	5 563
曲　靖	0	86 760	5 474 181	62 719	234 990	18 427
拉　萨		322	505	571	8	680
西　安	0	47 710	780 446	20 410	133 130	4 235
铜　川	0	16 669	162 825	3 806	175 772	40 348
宝　鸡	2 427	31 070	556 816	8 645	220 350	11 734
咸　阳	48	24 311	747 322	12 480	537 668	6 362
延　安	5 780	8 878	35 790	6 728	20	81
兰　州	7 366	43 738	1 217 513	11 046	113 682	8 378
金　昌	0	21 287	405 923	19 321	324 994	6 786
西　宁	0	33 422	798 552	24 687	383 891	32 811
银　川	0	12 724	143 055	6 936	94 073	2 126
石嘴山	0	50 365	2 146 060	31 006	162 715	18 187
乌鲁木齐	28	65 045	764 051	35 058	117 003	8 525
克拉玛依	0	17 450	53 861	4 593		

重点城市工业废气排放及处理情况（四）

（2009）

城市名称	废气治理设施数（套）	脱硫设施数	废气治理设施处理能力（标态）（万米³/时）	脱硫设施脱硫能力（吨/时）	废气治理设施运行费用（万元）	脱硫设施运行费用
总　计	**101 117**	**17 494**	**601 203**	**13 774**	**5 408 600.1**	**2 215 422.8**
北　京	2 603	1 095	8 017	143	90 121.7	45 353.8
天　津	3 157	1 631	11 327	2 855	168 240.0	92 213.9
石家庄	1 810	365	8 618	307	72 281.2	39 870.1
唐　山	2 810	307	29 270	169	345 322.9	72 971.2
秦皇岛	977	230	3 200	81	41 833.7	10 493.0
邯　郸	1 316	231	9 898	355	110 395.3	22 136.1
保　定	1 268	120	3 646	59	31 342.2	13 508.9
太　原	1 040	407	7 844	39	89 745.7	49 024.3
大　同	1 102	730	5 001	33	29 983.3	21 266.1
阳　泉	461	157	1 501	39	15 637.9	11 204.1
长　治	986	48	7 143	17	79 198.7	40 411.2
临　汾	781	247	2 067	29	39 595.1	25 042.7
呼和浩特	726	16	4 293	27	40 431.6	10 105.2
包　头	819	69	9 110	92	109 302.7	60 196.7
赤　峰	512	111	5 086	61	26 721.3	21 027.6
沈　阳	2 140	513	4 663	144	46 795.7	28 754.4
大　连	970	164	2 743	56	29 252.3	13 360.0
鞍　山	2 227	151	8 416	30	52 888.3	10 263.3
抚　顺	820	100	5 594	11	23 330.6	8 589.1
本　溪	631	48	3 976	9	44 142.9	2 530.1
锦　州	445	159	2 170	28	19 360.2	12 842.3
长　春	673	52	1 026	59	11 922.6	3 231.1
吉　林	666	49	3 220	9	23 670.7	10 199.9
哈尔滨	869	56	9 781	964	16 620.6	7 998.6
齐齐哈尔	713	11	21 202	25	12 006.4	2 486.6
大　庆	206	42	1 695	1	9 143.4	619.4
牡丹江	234	29	1 063	1	1 936.9	438.9
上　海	3 986	709	17 834	181	220 887.0	70 000.0
南　京	1 144	130	5 133	109	88 241.9	47 507.9
无　锡	1 896	134	7 703	24	97 146.9	46 314.0
徐　州	854	150	83 500	379	70 209.4	36 642.8
常　州	1 139	60	2 503	141	28 813.9	13 754.8
苏　州	2 813	620	16 672	230	289 657.8	64 219.7
南　通	1 010	72	3 438	316	22 235.0	6 225.8
连云港	232	19	688	13	11 710.7	7 376.9
扬　州	291	72	3 900	219	26 016.2	13 421.2
杭　州	1 776	437	7 174	26	78 786.3	30 102.0

重点城市工业废气排放及处理情况（四）（续表）

（2009）

城市名称	废气治理设施数（套）	脱硫设施数	废气治理设施处理能力（标态）（万米³/时）	脱硫设施脱硫能力（吨/时）	废气治理设施运行费用（万元）	脱硫设施运行费用
宁波	2 197	274	8 805	467	146 449.0	69 366.9
温州	1 288	88	2 378	695	28 351.0	18 373.5
嘉兴	1 950	498	3 905	183	51 846.1	28 613.8
湖州	1 154	171	2 935	17	34 712.3	8 497.9
绍兴	2 169	190	3 919	160	27 972.1	4 326.1
台州	877	177	2 566	82	57 648.4	34 346.2
合肥	381	30	1 160	29	10 252.5	3 462.5
芜湖	338	80	2 480	15	14 632.3	4 675.4
马鞍山	247	7	6 599	7	14 289.2	4 366.8
福州	558	62	4 481	18	67 911.6	47 931.0
厦门	553	45	1 803	19	18 366.5	8 497.6
泉州	1 490	248	2 998	314	23 796.9	12 921.1
南昌	536	46	1 585	8	12 350.2	1 120.3
九江	489	46	2 441	10	19 964.7	6 363.5
济南	940	158	12 719	67	113 506.9	21 688.1
青岛	994	307	7 013	160	54 006.9	27 080.4
淄博	1 367	376	6 222	556	94 316.3	38 218.6
枣庄	1 152	49	3 711	18	31 236.4	14 330.8
烟台	814	311	3 820	65	35 151.8	20 043.9
潍坊	1 082	288	4 905	104	54 991.8	33 839.2
济宁	852	223	6 330	101	70 913.2	49 295.3
泰安	636	167	3 986	46	37 111.4	16 780.5
威海	238	15	860	9	7 220.2	492.0
日照	453	23	8 064	22	41 625.4	21 315.6
郑州	1 404	119	8 865	33	55 391.0	25 639.8
开封	100	13	676	472	5 302.1	4 269.0
洛阳	1 037	222	5 675	76	84 432.9	54 629.6
平顶山	568	23	3 053	8	37 058.1	16 484.9
安阳	903	43	6 135	61	57 539.7	10 570.2
焦作	730	245	3 257	82	30 811.4	16 856.5
武汉	628	42	6 508	18	45 883.6	14 568.6
宜昌	552	59	1 670	11	15 654.6	5 603.2
荆州	214	11	326	7	3 691.7	1 844.0
长沙	347	58	691	9	3 353.8	425.7
株洲	513	52	1 160	38	24 830.6	8 890.8
湘潭	340	61	2 701	5	19 384.2	14 500.3
岳阳	387	28	1 485	8	12 007.3	7 473.8
常德	761	12	25 909	13	16 578.0	6 316.6

重点城市工业废气排放及处理情况（四）（续表）

（2009）

城市名称	废气治理设施数（套）	脱硫设施数	废气治理设施处理能力（标态）（万米^3/时）	脱硫设施脱硫能力（吨/时）	废气治理设施运行费用（万元）	脱硫设施运行费用
张家界	57	10	155	5	1 180.4	588.1
广州	1 676	350	7 561	263	93 455.9	63 431.4
韶关	687	34	4 348	11	24 304.8	14 819.0
深圳	621	70	1 582	7	24 986.4	16 432.8
珠海	846	45	2 541	11	46 908.9	23 859.9
汕头	431	6	1 945	13	24 238.0	18 185.5
佛山	1 391	632	4 915	25	37 449.2	17 571.2
湛江	373	11	1 081	2	19 087.7	11 722.2
中山	790	30	1 235	3	260 681.6	908.7
南宁	916	171	2 602	11	13 636.9	3 379.2
柳州	867	81	4 625	77	62 341.1	8 879.6
桂林	539	33	1 204	11	11 240.2	4 615.7
北海	52	4	344	2	3 111.5	1 757.0
海口	21		38		1 731.4	0.0
三亚	9		1		150.0	
重庆	3 309	328	9 902	635	149 234.1	76 838.5
成都	1 607	64	2 758	172	59 814.1	7 098.3
攀枝花	304	48	3 310	29	50 914.8	15 651.4
泸州	211	37	814	14	40 795.5	27 130.2
绵阳	398	44	1 488	8	23 839.3	16 953.7
宜宾	350	94	2 035	31	19 471.9	14 888.1
贵阳	497	164	1 592	29	35 510.2	20 564.1
遵义	489	79	2 721	10	26 152.3	14 119.8
昆明	1 407	124	5 088	109	86 628.6	28 582.6
曲靖	769	58	4 526	63	43 224.1	21 312.2
拉萨	17		32		1 345.0	
西安	852	106	3 180	255	19 073.9	13 322.4
铜川	338	49	1 488	9	13 519.8	9 146.5
宝鸡	533	34	6 612	195	9 131.4	873.6
咸阳	625	210	1 903	309	14 284.2	4 625.9
延安	78	19	1 983	2	4 467.7	2 661.8
兰州	529	18	2 894	14	35 426.9	11 218.5
金昌	261	36	556	87	38 917.1	36 352.2
西宁	421	4	2 870	2	33 321.6	4 166.0
银川	281	59	1 599	17	10 384.2	4 925.8
石嘴山	519	23	1 518	14	37 348.8	28 773.9
乌鲁木齐	519	7	3 802	19	24 411.1	3 196.3
克拉玛依	185	4	472	9	11 408.4	11 147.0

重点城市工业固体废物产生及处置利用情况（一）

（2009）

单位：万吨

城市名称	工业固体废物产生量	危险废物	冶炼废渣	粉煤灰	炉渣	煤矸石	尾矿	放射性废物	脱硫石膏
总　　计	**103 018**	**847.99**	**18 786**	**18 953**	**11 254**	**9 072**	**20 822**	**20**	**2 429**
北　　京	1 242	11.19	233	174	112	67	442	0	26
天　　津	1 516	7.84	370	398	414	0	0	0	53
石 家 庄	1 273	19.41	353	415	169	5	30	0	70
唐　　山	9 108	3.34	2 502	548	722	537	1 718	0	69
秦 皇 岛	870	0.67	54	140	127	0	498	0	0
邯　　郸	2 587	0.02	1 329	386	133	378	121	0	81
保　　定	422	1.30	16	83	86	0	140	0	15
太　　原	2 410	1.91	411	341	99	858	636	0	13
大　　同	1 296	0.02	21	441	89	410	58	0	67
阳　　泉	1 663	0.00	3	139	162	1 142	0	0	35
长　　治	1 761	0.09	270	401	141	658	10		38
临　　汾	1 113	1.41	345	77	113	314	102		17
呼和浩特	592	0.30	…	421	114	0	11		18
包　　头	1 830	1.16	595	321	93	59	394	2	44
赤　　峰	1 341	2.14	52	251	95	16	641		33
沈　　阳	645	9.72	2	144	202	113	0	0	12
大　　连	377	5.64	9	66	220		3	0	11
鞍　　山	4 927	0.85	634	62	91		3 865		3
抚　　顺	3 605	7.78	189	173	68	125	602	0	7
本　　溪	2 584	0.24	838	31	38	2	1 584		0
锦　　州	366	23.06	29	192	84	8	1		7
长　　春	406	1.27	…	193	166	1			4
吉　　林	1 084	51.79	43	261	156	20	474	0	0
哈 尔 滨	1 330	1.47	15	257	117	850	9	0	2
齐齐哈尔	345	4.36	18	139	76	0	0	0	4
大　　庆	312	11.12	0	156	37	0	0	0	0
牡 丹 江	224	…	0	158	43		3		0
上　　海	2 255	47.62	857	473	144	1	0	…	60
南　　京	1 442	18.25	427	300	72	4	195	0	27
无　　锡	971	40.01	217	345	252	2	0	0	31
徐　　州	1 209	0.47	193	405	206	236	0	0	28
常　　州	312	7.93	33	70	132	0	16	0	9
苏　　州	1 881	27.22	543	535	371	6	11	0	85
南　　通	307	10.70	37	108	77	…	0	0	20
连 云 港	214	0.28	0	62	30	0	16	…	6
扬　　州	334	10.93	4	174	70	0	5	0	21
杭　　州	635	7.20	122	160	169	1	13		12

重点城市工业固体废物产生及处置利用情况（一）（续表）

（2009）

单位：万吨

城市名称	工业固体废物产生量								
		危险废物	冶炼废渣	粉煤灰	炉渣	煤矸石	尾矿	放射性废物	脱硫石膏
宁　波	972	16.79	98	473	182	1	…	0	76
温　州	195	6.69	3	76	58	…	4	0	21
嘉　兴	366	1.62	2	156	117	…	0	0	21
湖　州	226	4.60	2	105	46	…	21		13
绍　兴	335	10.65	1	65	142	0	74	0	1
台　州	242	2.43	0	137	37	…	5		28
合　肥	277	1.12	80	93	35	0	8	0	4
芜　湖	232	0.50	65	105	17	1	0	0	5
马鞍山	1 867	1.53	675	172	29	0	786	0	11
福　州	425	0.83	56	140	113	2	…		48
厦　门	132	1.69	1	69	24	1	0	0	3
泉　州	499	2.07	61	55	118	18	112	0	8
南　昌	118	0.17	34	13	27	0	0	0	0
九　江	609	2.48	44	109	118	0	263	1	8
济　南	968	6.71	432	171	83	20	3	0	29
青　岛	906	1.82	183	225	174	0	124	0	10
淄　博	1 372	16.41	181	354	272	57	225	…	28
枣　庄	500	0.00	0	157	108	177	3		16
烟　台	1 868	116.05	22	216	141	38	1 107	0	17
潍　坊	663	66.86	45	227	194	10	…	…	31
济　宁	1 836	7.50	14	488	286	660	129	0	45
泰　安	888	2.24	66	148	120	317	18		28
威　海	214	0.69	12	59	23	0	89		…
日　照	724	0.10	476	106	30	0	0	0	9
郑　州	915	0.28	37	280	197	75	195	0	16
开　封	207	0.01	…	86	46				47
洛　阳	1 870	1.06	8	318	139	11	1 222	0	62
平顶山	1 154	0.18	54	391	150	252	160	0	17
安　阳	1 866	0.13	1 398	117	45	49	117	0	9
焦　作	922	0.12	12	201	154	105	87	0	11
武　汉	1 215	2.72	582	221	46	0	18	0	40
宜　昌	925	1.09	45	45	104	2	222	0	94
荆　州	82	0.02	0	18	43	0	0	0	5
长　沙	155	0.11	2	58	13	30	9	0	8
株　洲	278	1.32	56	74	40	9	11	0	9
湘　潭	660	1.22	272	94	27	22	8		19
岳　阳	306	17.72	2	92	56	…	88	0	9
常　德	206	1.60	1	92	45	18	1	0	5

重点城市工业固体废物产生及处置利用情况（一）（续表）

（2009）

单位：万吨

城市名称	工业固体废物产生量	危险废物	冶炼废渣	粉煤灰	炉渣	煤矸石	尾矿	放射性废物	脱硫石膏
张家界	30	0.00	2	6	7	3	4	0	4
广州	642	22.59	113	212	116	…	…	…	15
韶关	848	9.32	234	109	77	1	130	17	7
深圳	139	33.66	…	45	31	2	0	0	1
珠海	262	5.16	102	72	18		0		19
汕头	73	0.67	0	38	20	1	0	0	6
佛山	278	1.86	0	45	113	0	0	0	11
湛江	268	0.11	…	86	34	…	23	0	8
中山	85	4.50	…	24	37	…	0	…	…
南宁	380	0.05	3	39	32	0	31	0	3
柳州	1 023	4.84	430	36	35	…	50	0	12
桂林	184	0.13	51	33	24	…	11	0	11
北海	138	0.08		30	12		65		3
海口	4	0.06		0	…				
三亚	0	0.00			…				
重庆	2 552	14.68	184	594	296	601	53	0	189
成都	576	0.78	122	182	77	2	22	0	17
攀枝花	3 124	58.45	441	75	129	56	2 154		1
泸州	224	0.06	…	48	58	22	39		22
绵阳	246	7.32	26	83	26	1	16		15
宜宾	463	0.00	6	99	102	73	18		14
贵阳	873	1.04	85	122	41	11	128	0	43
遵义	554	0.10	15	196	28	61	97		55
昆明	2 161	1.24	359	184	105	…	216	0	33
曲靖	1 598	4.12	196	607	194	107	21	0	40
拉萨	26				…		6		
西安	247	0.83	1	104	44	…	18	…	16
铜川	166	0.00	…	56	6	91			12
宝鸡	539	0.31	4	46	70	1	359	0	3
咸阳	246	0.26	…	81	39	104	0	0	7
延安	62	2.03	0	14	16	20	0	0	0
兰州	486	15.79	67	204	60	8	40	0	54
金昌	930	0.65	169	36	29	4	616	0	0
西宁	250	10.62	105	65	20	9	…	0	5
银川	164	0.31	7	32	48	…	0	0	3
石嘴山	601	0.03	13	239	141	126		…	58
乌鲁木齐	551	1.69	263	85	64	82	0	0	5
克拉玛依	39	6.82	0	18	13	0	0	0	0

重点城市工业固体废物产生及处置利用情况（二）

（2009）

单位：万吨

城市名称	工业固体废物综合利用量	危险废物	冶炼废渣	粉煤灰	炉渣	煤矸石	尾矿	脱硫石膏
总　计	**74 007**	**537.61**	**17 982**	**15 464**	**10 280**	**6 984**	**4 099**	**2 133**
北　京	910	5.49	233	174	111	103	83	26
天　津	1 498	2.61	370	398	423	0	0	53
石家庄	1 209	12.17	352	308	151	5	16	74
唐　山	7 363	1.58	2 482	397	722	543	307	69
秦皇岛	687	0.06	54	123	127	0	331	…
邯　郸	2 329	0.00	1 329	265	134	347	40	69
保　定	297	1.19	16	83	86	0	28	15
太　原	1 172	1.88	384	117	70	457	3	11
大　同	857	0.00	21	331	79	220	0	74
阳　泉	379	0.00	0	78	80	171	0	4
长　治	1 282	0.04	246	156	92	510	26	18
临　汾	1 012	0.62	368	73	108	260	54	17
呼和浩特	158	0.02	…	89	27	0		15
包　头	1 016	0.30	410	212	93	59	0	44
赤　峰	865	0.00	49	198	81	2	333	34
沈　阳	606	6.14	3	144	192	93	0	11
大　连	357	1.66	9	62	220		3	11
鞍　山	884	0.00	634	28	91		2	3
抚　顺	2 179	2.89	189	83	54	124	3	7
本　溪	949	0.24	838	14	36	2	29	…
锦　州	178	22.73	29	53	43	8		7
长　春	404	0.70	…	93	166	…		4
吉　林	550	31.40	43	158	120	20	125	…
哈尔滨	1 015	1.13	15	188	99	636	0	2
齐齐哈尔	235	4.35	14	52	67	0	0	4
大　庆	235	0.41	0	162	36	0	0	0
牡丹江	201	0.00	0	138	40	0	3	…
上　海	2 172	30.73	858	460	146	1	0	55
南　京	1 319	13.73	427	298	74	4	95	27
无　锡	958	36.03	217	345	252	2	0	31
徐　州	1 259	0.04	193	445	206	252	0	28
常　州	298	5.52	33	70	132	0	16	9
苏　州	1 857	15.50	543	534	371	6	11	88
南　通	303	8.72	37	108	77	…	0	20
连云港	228	0.09	0	96	30	0	7	6
扬　州	325	6.64	4	173	69	0	5	21
杭　州	606	5.87	122	160	168	1	8	12

重点城市工业固体废物产生及处置利用情况（二）（续表）

（2009）

单位：万吨

城市名称	工业固体废物综合利用量	危险废物	冶炼废渣	粉煤灰	炉渣	煤矸石	尾矿	脱硫石膏
宁　波	812	7.33	97	436	102	1	…	73
温　州	184	0.41	3	76	58	…	1	21
嘉　兴	358	0.39	2	156	116	…	0	21
湖　州	225	1.60	2	112	46	…	21	13
绍　兴	271	3.73	1	65	142	0	33	1
台　州	225	0.91	0	134	32	…	2	28
合　肥	273	0.99	80	93	35	0	5	4
芜　湖	223	0.08	65	102	15	1	0	5
马鞍山	1 128	1.52	644	154	29	0	130	11
福　州	401	0.57	56	139	92	2	…	48
厦　门	120	0.54	0	66	19	0	0	3
泉　州	471	0.26	61	54	118	16	94	8
南　昌	114	0.02	34	13	27	0	0	0
九　江	366	2.47	44	109	112	0	38	7
济　南	909	3.69	432	163	77	20	3	29
青　岛	904	0.74	197	223	173	0	120	10
淄　博	1 228	9.83	181	360	256	59	103	27
枣　庄	509	0.00	0	157	108	188	3	16
烟　台	1 629	112.86	22	216	141	38	913	17
潍　坊	623	30.96	45	227	192	10	0	30
济　宁	1 819	7.17	14	386	286	667	129	24
泰　安	908	0.17	66	148	120	353	5	28
威　海	191	0.00	12	59	23	0	79	…
日　照	724	0.06	476	106	30	0	0	9
郑　州	756	0.05	20	280	197	75	60	16
开　封	207	0.01	…	86	46			47
洛　阳	658	1.04	8	318	138	11	47	62
平顶山	971	0.10	54	269	147	364	2	17
安　阳	1 750	0.13	1 398	100	36	48	27	9
焦　作	704	0.04	12	198	154	118	48	10
武　汉	1 087	0.44	582	199	38	0	1	40
宜　昌	389	0.52	45	45	104	2	15	4
荆　州	86	0.02	0	23	43	…	0	5
长　沙	140	0.06	2	53	13	24	9	6
株　洲	249	0.41	63	70	33	5	2	7
湘　潭	631	1.16	271	89	26	22	8	19
岳　阳	275	17.72	8	96	47	2	58	9
常　德	203	1.60	1	92	45	18	…	5

重点城市工业固体废物产生及处置利用情况（二）（续表）

（2009）

单位：万吨

城市名称	工业固体废物综合利用量	危险废物	冶炼废渣	粉煤灰	炉渣	煤矸石	尾矿	脱硫石膏
张家界	29	0.00	1	6	7	3	4	4
广州	598	5.30	113	207	114	…	…	21
韶关	793	9.06	229	120	77	1	106	7
深圳	126	20.25	…	45	31	2	0	1
珠海	259	3.77	102	72	18		0	19
汕头	70	0.57	0	38	18	1	0	6
佛山	271	0.00	0	45	113	0	0	11
湛江	248	0.00	…	74	34	…	23	8
中山	71	4.27	…	22	30	…	0	…
南宁	344	0.04	3	38	32	…	29	3
柳州	937	4.34	395	42	17	…	40	12
桂林	190	0.13	51	33	24	…	7	11
北海	73	0.00		30	12		0	3
海口	4				0			
三亚	0				0			
重庆	2 077	9.26	102	443	294	488	44	154
成都	570	0.29	118	82	76	2	22	17
攀枝花	624	23.39	409	53	22	22	44	…
泸州	167	0.02	0	42	52	22	16	11
绵阳	201	2.01	26	80	26	…	8	14
宜宾	432	…	6	99	100	73	6	14
贵阳	411	1.01	72	92	35	11	44	33
遵义	459	0.10	11	91	8	61	69	40
昆明	862	0.90	269	178	89	…	65	25
曲靖	807	3.62	136	193	117	104	22	20
拉萨	5				0			
西安	241	0.51	1	104	43	0	16	16
铜川	134	0.00		56	6	60		12
宝鸡	159	0.31	4	46	70	1	0	3
咸阳	222	0.05	…	81	39	81	0	7
延安	59	0.50	0	13	15	19	0	0
兰州	365	2.22	53	145	51	…	40	44
金昌	150	0.65	30	74	24	2	10	0
西宁	243	11.05	104	73	22	9		5
银川	150	0.21	7	25	45	…	0	…
石嘴山	400	0.03	13	115	82	125	0	53
乌鲁木齐	360	1.26	204	60	38	28	0	3
克拉玛依	22	2.47	0	9	11			

重点城市工业固体废物产生及处置利用情况（三）

（2009）

城市名称	工业固体废物贮存量（万吨）	危险废物贮存量	工业固体废物处置量（万吨）	危险废物处置量	工业固体废物排放量（万吨）	危险废物排放量
总计	**6 547**	**4.95**	**23 763**	**309.36**	**303**	**0.00 015**
北京	44	0.01	755	5.69	…	0
天津	…	…	26	5.23	0	0
石家庄	69	0.01	29	7.36	0	0
唐山	357	0.00	1 403	1.77	25	0
秦皇岛	63	0.00	120	0.61	0	0
邯郸	307	0.00	27	…	0	0
保定	…	0.00	127	…	…	0
太原	39	…	1 193	…	9	0
大同	146	…	281	…	12	0
阳泉	89	0.00	1 165	…	33	0
长治	180	0.00	425	…	8	0
临汾	73	…	16	0.79	44	0
呼和浩特	48	0.00	386	…	…	
包头	350	0.00	463	0.86	…	0
赤峰	106	0.00	371	2.14	1	
沈阳	20	…	20	3.69	…	0.00 015
大连	0	0.00	19	3.98	1	0
鞍山	297		3 746	0.85	0	
抚顺	863	0.13	564	4.76		
本溪	250		1 400	…		
锦州	…	0.08	188	0.25	…	
长春	1	…	1	0.57	0	
吉林	449	0.00	86	20.39		
哈尔滨	99	…	215	0.53	…	0
齐齐哈尔	101	…	10	…	…	0
大庆	14	0.00	81	10.71	0	0
牡丹江	22	…	1		…	
上海	13	0.04	86	17.02	…	0
南京	113	0.08	19	5.02	0	0
无锡	0	0.00	13	3.99	0	0
徐州	…	0.02	9	…	0	0
常州	0	0.00	14	2.41	0	0
苏州	0	0.00	27	11.72	0	0
南通	…	0.00	4	1.98	0	0
连云港	19	…	0	…	0	0
扬州	2	0.07	7	4.22	0	0
杭州	…	0.03	29	1.30	…	0

重点城市工业固体废物产生及处置利用情况（三）（续表）

（2009）

城市名称	工业固体废物贮存量（万吨）	危险废物贮存量	工业固体废物处置量（万吨）	危险废物处置量	工业固体废物排放量（万吨）	危险废物排放量
宁　波	52	0.19	109	9.49	…	0
温　州	1	0.78	11	5.51	…	0
嘉　兴	…	0.00	8	1.23	…	0
湖　州	…	0.01	7	2.99	…	0
绍　兴	3	0.05	61	8.18	0	0
台　州	3	0.02	14	1.51	…	0
合　肥	3	…	1	…	0	0
芜　湖	0	0.00	9	3.30	…	0
马鞍山	165	…	575	…	0	0
福　州	11	0.02	12	…	1	0
厦　门	9	…	4	1.15	0	0
泉　州	5	…	22	1.81	1	0
南　昌	1	0.00	2	…	…	0
九　江	30	0.00	213	…	…	0
济　南	53	…	5	3.02	0	0
青　岛	8	0.01	9	1.08	0	0
淄　博	27	0.00	121	6.58	0	
枣　庄	4	0.00	2	0.00	0	
烟　台	…	0.00	238	3.26	0	0
潍　坊	…	…	43	35.90	0	0
济　宁	31	0.01	1	…	0	0
泰　安	19	0.00	3	2.06		
威　海	5	0.00	18	0.69	0	
日　照	0	0.00	0	…	0	0
郑　州	…	…	159	…	0	0
开　封	0	0.00	0		0	
洛　阳	47	…	1 165	…	…	0
平顶山	4	0.00	395	…	0	0
安　阳	17	…	99	…	0	0
焦　作	23	0.00	209	…	…	0
武　汉	46	…	82	2.27	0	0
宜　昌	1	0.00	536	0.57	0	0
荆　州	0	0.00	0	0.00	0	0
长　沙	6	…	9	…	…	0
株　洲	23	0.00	36	0.92	…	0
湘　潭	1	0.03	28	…	…	0
岳　阳	29	0.01	2	0.00	…	0
常　德	0	0.00	3	…	0	0

重点城市工业固体废物产生及处置利用情况（三）（续表）

（2009）

城 市 名 称	工业固体 废物贮存量 （万吨）	危险废物 贮存量	工业固体 废物处置量 （万吨）	危险废物 处置量	工业固体 废物排放量 （万吨）	危险废物 排放量
张 家 界	1	0.00	0	0.00	1	0
广 州	7	0.00	42	17.29	…	0
韶 关	86	0.01	5	…	1	0
深 圳	…	0.00	14	13.41	…	0
珠 海	0	0.00	4	1.38	…	0
汕 头	3	0.01	1	…	…	0
佛 山	0	0.00	7	1.86	…	0
湛 江	0	0.00	19	…	1	0
中 山	…	0.00	14	…	0	0
南 宁	3	…	32	…	…	0
柳 州	22	…	66	0.50	…	0
桂 林	5	0.00	0	…	1	0
北 海	0	0.00	65	…	…	
海 口	0	0.00	0	…		
三 亚			0	…		
重 庆	262	0.18	127	5.36	150	0
成 都	3	…	3	…	0	0
攀 枝 花	62	0.00	2 437	35.07	0	
泸 州	21	0.02	35	…	1	0
绵 阳	15	0.00	30	5.37	0	0
宜 宾	33	0.00	7	…	…	
贵 阳	43	0.00	443	…	…	0
遵 义	45	…	49	…	2	0
昆 明	95	0.00	1 194	…	10	0
曲 靖	494	0.50	321		0	
拉 萨	19		0		1	
西 安	2	0.01	3	…	0	0
铜 川	9		22		…	0
宝 鸡	1	0.00	380	0.00	…	0
咸 阳	…	0.00	24	…	…	0
延 安	…	0.02	3	1.51	0	0
兰 州	102	…	30	14.27	0	0
金 昌	244	…	611	0.00	…	0
西 宁	21	2.23	0	0.00	1	0
银 川	4	0.00	16	…	1	0
石 嘴 山	42		159	…	…	
乌鲁木齐	144	…	47	…	…	0
克拉玛依	…	0.37	16	3.99		

重点城市汇总工业企业概况（一）

（2009）

城　市 名　称	汇总工业 企业数 （个）	工业总产值 （现价） （万元）	企业专职 环保人员数 （人）	工　业 炉窑数 （台）		
					烟尘排放 达标的	二氧化硫 排放达标的
总　　计	**59 312**	**1 617 818 227. 1**	**161 702**	**42 151**	**39 164**	**37 075**
北　　京	815	45 182 142. 5	1 864	391	391	391
天　　津	1 883	66 779 566. 3	3 521	741	741	731
石 家 庄	649	15 783 957. 6	3 331	471	466	430
唐　　山	495	32 584 902. 5	1 838	973	944	930
秦 皇 岛	271	6 153 753. 5	876	130	114	103
邯　　郸	425	18 357 555. 6	1 339	539	436	395
保　　定	874	6 578 047. 4	2 215	554	405	322
太　　原	236	14 300 534. 5	1 159	384	380	360
大　　同	236	4 279 437. 1	967	217	190	144
阳　　泉	246	2 686 642. 4	632	321	295	185
长　　治	369	12 612 633. 9	1 369	458	433	431
临　　汾	223	7 007 979. 1	1 026	273	242	228
呼和浩特	240	5 116 122. 4	778	43	43	43
包　　头	115	9 053 222. 9	608	479	466	479
赤　　峰	217	2 783 017. 1	343	113	95	87
沈　　阳	1 530	19 641 056. 2	2 498	295	235	220
大　　连	475	24 044 731. 4	1 144	436	374	320
鞍　　山	274	8 949 093. 9	859	1 405	1 387	1 356
抚　　顺	442	28 522 498. 8	3 194	488	384	357
本　　溪	204	7 320 349. 9	448	355	333	221
锦　　州	225	5 733 540. 2	625	292	252	216
长　　春	142	26 478 097. 8	502	208	137	208
吉　　林	243	9 255 542. 2	1 098	179	178	178
哈 尔 滨	324	11 642 562. 1	876	256	252	251
齐齐哈尔	271	3 801 140. 8	391	372	342	350
大　　庆	141	37 249 053. 4	1 746	2 586	2 582	2 582
牡 丹 江	83	1 132 348. 0	254	30	26	20
上　　海	1 766	114 816 469. 0	4 936	1 335	1 267	1 256
南　　京	744	44 276 738. 4	1 956	594	553	478
无　　锡	1 104	45 791 113. 4	3 488	640	631	623
徐　　州	395	10 589 804. 0	1 185	262	262	174
常　　州	943	17 089 905. 1	2 138	270	270	270
苏　　州	1 363	69 773 584. 0	6 677	504	503	501
南　　通	868	12 204 898. 8	4 088	385	385	385
连 云 港	162	4 322 117. 1	485	15	15	15
扬　　州	494	11 823 659. 2	1 193	119	119	119
杭　　州	1 261	25 523 492. 8	3 819	293	287	287

重点城市汇总工业企业概况（一）（续表）

（2009）

城市名称	汇总工业企业数（个）	工业总产值（现价）（万元）	企业专职环保人员数（人）	工业炉窑数（台）	烟尘排放达标的	二氧化硫排放达标的
宁波	1 551	42 064 333.1	3 111	901	869	717
温州	1 244	7 660 133.5	2 567	238	202	199
嘉兴	866	15 104 300.7	2 862	183	175	170
湖州	697	6 678 829.5	1 783	259	257	248
绍兴	781	17 213 453.3	2 450	220	214	193
台州	2 237	17 496 315.2	2 897	344	304	232
合肥	341	12 271 289.4	755	171	168	168
芜湖	296	7 280 383.1	464	211	175	160
马鞍山	79	7 095 011.3	405	172	169	172
福州	453	14 150 381.2	3 093	175	174	172
厦门	383	20 237 450.2	954	63	63	63
泉州	3 157	14 139 394.0	4 384	968	968	968
南昌	407	6 577 775.2	553	164	145	137
九江	288	4 567 104.5	506	224	89	87
济南	469	16 774 650.2	1 313	568	548	557
青岛	1 089	37 220 723.1	2 597	363	358	351
淄博	534	20 049 666.2	2 285	682	675	626
枣庄	225	3 998 211.5	931	192	192	191
烟台	511	27 088 424.9	1 620	200	200	200
潍坊	589	21 121 754.2	2 032	166	166	166
济宁	462	14 715 121.1	1 990	385	378	373
泰安	249	6 717 358.4	779	137	137	135
威海	221	7 043 424.6	642	86	86	86
日照	90	7 294 159.4	455	103	103	103
郑州	593	9 360 647.5	1 851	1 342	1 341	1 332
开封	110	1 011 837.6	479	108	75	82
洛阳	330	11 666 763.9	1 251	698	677	561
平顶山	159	7 289 929.5	606	247	236	222
安阳	525	8 931 879.3	1 601	489	429	278
焦作	263	5 411 238.3	1 168	305	292	243
武汉	363	27 349 556.5	881	196	190	175
宜昌	284	7 813 417.9	670	416	411	407
荆州	318	2 884 820.5	725	92	89	87
长沙	475	12 487 664.1	878	232	178	164
株洲	536	5 430 962.5	852	568	485	478
湘潭	293	5 275 251.1	581	278	214	216
岳阳	454	6 072 917.3	559	176	142	137
常德	200	4 604 836.1	444	84	84	84

重点城市汇总工业企业概况（一）（续表）

（2009）

城市名称	汇总工业企业数（个）	工业总产值（现价）（万元）	企业专职环保人员数（人）	工业炉窑数（台）	烟尘排放达标的	二氧化硫排放达标的
张家界	56	104 419.6	56	50	48	48
广州	1 006	43 470 038.3	2 774	266	254	210
韶关	372	4 547 035.3	978	244	214	187
深圳	1 568	57 542 279.0	6 529	47	46	42
珠海	562	19 464 742.6	944	70	70	70
汕头	521	3 166 194.4	750	19	18	17
佛山	1 043	20 980 687.2	3 032	1 418	1 204	1 120
湛江	313	4 171 406.5	667	73	50	30
中山	507	11 147 785.1	1 854	40	40	35
南宁	691	3 268 286.1	1 235	687	599	552
柳州	367	13 836 764.7	581	277	258	237
桂林	339	2 556 217.4	458	235	227	220
北海	169	727 306.4	266	111	2	4
海口	30	1 373 683.0	130	6	6	6
三亚	16	339 830.6	42	2	2	2
重庆	2 905	33 218 987.3	4 166	1 897	1 628	1 430
成都	1 690	18 058 791.9	3 039	1 004	983	995
攀枝花	90	2 666 634.4	496	184	184	184
泸州	426	2 435 875.3	390	187	130	85
绵阳	268	7 806 922.2	518	335	333	331
宜宾	201	4 687 985.6	1 591	139	94	80
贵阳	270	10 050 530.0	816	1 129	1 120	1 123
遵义	538	3 576 792.1	1 130	485	436	425
昆明	446	13 558 611.6	1 240	531	531	531
曲靖	197	5 816 461.6	563	324	300	302
拉萨	14	120 815.0	46	15	15	
西安	376	16 394 017.4	3 393	189	184	184
铜川	95	1 114 485.7	166	43	42	43
宝鸡	219	5 048 483.7	533	124	124	124
咸阳	209	5 392 130.2	787	141	130	101
延安	100	5 914 836.2	301	52	39	33
兰州	155	7 343 808.0	665	914	880	878
金昌	49	4 293 007.2	226	76	73	68
西宁	128	2 997 390.6	370	278	115	106
银川	133	2 875 235.1	460	76	76	76
石嘴山	158	3 107 903.2	528	402	395	369
乌鲁木齐	177	7 676 943.5	426	138	110	110
克拉玛依	38	7 572 221.9	116	131	131	131

重点城市汇总工业企业概况（二）

（2009）

城市名称	工业锅炉数（台）	烟尘排放达标的	二氧化硫排放达标的	工业锅炉蒸吨数（蒸吨）	烟尘排放达标的	二氧化硫排放达标的
总计	**49 557**	**47 647**	**44 572**	**1 293 662.7**	**1 281 078.4**	**1 252 960.2**
北京	1 714	1 705	1 681	39 931.7	39 888.2	39 582.8
天津	2 268	2 263	2 261	56 578.7	56 574.7	56 574.7
石家庄	456	453	448	19 014.2	19 002.2	18 883.2
唐山	467	467	457	16 990.8	16 990.8	16 895.8
秦皇岛	178	178	134	3 565.8	3 565.8	3 467.8
邯郸	306	289	258	10 278.7	10 266.7	10 147.7
保定	725	663	349	7 995.5	7 847.0	6 360.5
太原	388	384	381	17 380.4	17 272.4	17 184.4
大同	663	652	637	18 218.8	18 171.8	18 113.8
阳泉	182	172	166	9 616.0	9 616.0	9 616.0
长治	485	467	416	25 220.2	25 185.2	25 071.7
临汾	215	199	188	1 512.7	1 512.7	1 287.2
呼和浩特	576	576	576	30 908.0	30 908.0	30 908.0
包头	394	363	384	24 531.3	23 772.3	24 462.8
赤峰	243	203	193	11 632.5	11 022.0	10 987.4
沈阳	2 052	1 893	1 465	29 512.1	28 836.1	24 211.6
大连	765	688	586	12 589.0	11 551.6	10 624.4
鞍山	602	590	587	15 146.3	15 104.8	15 093.8
抚顺	638	607	522	15 031.6	14 977.3	14 799.3
本溪	391	364	147	5 941.2	5 635.7	1 278.0
锦州	386	337	266	12 993.8	12 879.6	12 595.7
长春	561	558	561	15 076.7	15 063.7	15 076.7
吉林	397	395	384	8 733.7	8 703.7	8 645.7
哈尔滨	528	526	467	10 694.1	10 688.1	7 621.6
齐齐哈尔	443	281	320	10 911.8	10 237.9	10 268.9
大庆	1 154	1 131	1 126	12 531.8	12 493.3	12 477.4
牡丹江	158	158	158	1 656.9	1 656.9	1 656.9
上海	1 903	1 864	1 821	49 032.8	48 845.8	48 598.8
南京	483	482	435	16 424.2	16 414.2	16 279.2
无锡	791	791	788	29 370.1	29 368.1	29 354.1
徐州	283	283	264	26 805.2	26 805.2	26 719.2
常州	582	582	582	5 547.4	5 547.4	5 547.4
苏州	1 209	1 199	1 164	55 931.3	54 392.9	54 392.5
南通	531	531	531	7 172.8	7 172.7	7 172.7
连云港	166	166	166	6 023.0	6 023.0	6 023.0
扬州	311	311	311	14 959.7	14 959.7	14 959.7
杭州	889	889	889	15 349.4	15 349.4	15 349.4

重点城市汇总工业企业概况（二）（续表）

（2009）

城市名称	工业锅炉数（台）	烟尘排放达标的	二氧化硫排放达标的	工业锅炉蒸吨数（蒸吨）	烟尘排放达标的	二氧化硫排放达标的
宁波	856	843	648	36 681.8	36 656.4	36 155.0
温州	1 031	1 005	918	6 591.5	6 569.5	6 515.0
嘉兴	816	816	813	19 118.4	18 915.9	18 895.9
湖州	465	460	442	7 805.8	7 789.8	7 761.0
绍兴	933	930	926	6 714.1	6 700.6	6 701.6
台州	536	427	318	10 558.2	10 412.9	10 201.0
合肥	183	174	171	5 873.2	5 847.2	5 838.2
芜湖	128	119	109	553.1	508.6	501.1
马鞍山	76	72	75	7 667.5	7 657.0	7 665.5
福州	355	355	353	18 401.0	18 399.0	18 394.5
厦门	188	188	188	6 568.7	6 568.7	6 568.7
泉州	777	775	773	9 080.0	9 078.0	9 076.0
南昌	276	256	216	2 865.9	2 701.9	2 620.1
九江	155	94	76	6 254.7	6 044.7	5 914.5
济南	283	269	266	9 001.3	8 943.1	8 937.1
青岛	1 074	1 074	1 066	10 449.0	10 449.0	10 262.0
淄博	426	422	397	21 465.5	21 425.5	21 187.0
枣庄	199	199	189	7 221.5	7 221.5	7 095.5
烟台	573	573	573	18 654.4	18 654.4	18 653.8
潍坊	678	678	678	23 060.3	23 060.3	23 060.3
济宁	497	493	436	32 527.2	32 521.2	32 255.2
泰安	240	240	232	5 326.0	5 326.0	5 294.0
威海	157	157	157	5 364.0	5 364.0	5 364.0
日照	148	148	148	9 991.0	9 991.0	9 991.0
郑州	606	603	596	22 089.8	22 014.8	21 405.8
开封	114	113	104	5 754.5	5 753.5	5 712.5
洛阳	143	143	142	956.0	956.0	950.0
平顶山	166	165	154	13 458.9	13 458.5	12 540.9
安阳	202	199	168	5 699.7	5 663.7	5 548.7
焦作	495	491	356	12 745.3	12 745.3	11 371.0
武汉	267	260	257	16 275.4	16 244.4	16 242.9
宜昌	220	220	217	4 623.0	4 623.0	4 428.0
荆州	218	213	206	2 930.3	2 919.3	2 900.3
长沙	267	254	248	635.5	616.8	604.8
株洲	169	169	169	4 231.7	4 231.7	4 231.7
湘潭	172	136	121	1 216.4	1 123.4	1 074.4
岳阳	273	215	183	8 118.5	8 007.3	7 925.1
常德	186	186	186	7 792.0	7 792.0	7 792.0

重点城市汇总工业企业概况（二）（续表）

（2009）

城市名称	工业锅炉数（台）	烟尘排放达标的	二氧化硫排放达标的	工业锅炉蒸吨数（蒸吨）	烟尘排放达标的	二氧化硫排放达标的
张家界	17	17	17	40.0	40.0	40.0
广州	852	821	803	21 111.0	19 676.9	20 210.7
韶关	149	137	128	5 899.5	5 823.3	5 751.9
深圳	290	275	262	7 823.3	7 771.0	7 710.0
珠海	343	337	329	11 119.1	11 095.3	11 053.7
汕头	454	440	427	13 014.7	12 839.7	12 727.7
佛山	708	624	612	5 970.3	5 590.8	5 556.7
湛江	165	158	104	6 062.3	6 051.0	5 691.6
中山	456	432	363	3 266.7	3 266.7	3 061.9
南宁	387	381	315	3 818.0	3 779.2	3 631.2
柳州	132	122	90	3 835.0	3 784.0	2 964.0
桂林	157	153	146	990.7	963.6	944.2
北海	63	61	20	1 732.2	1 726.2	1 412.0
海口	37	37	37	218.5	218.5	218.5
三亚	5	5	5	81.0	81.0	81.0
重庆	1 221	1 098	969	21 692.3	21 177.4	20 289.5
成都	964	957	934	10 865.5	10 864.5	9 132.5
攀枝花	56	53	55	5 348.2	5 333.2	5 348.2
泸州	218	151	132	5 860.8	5 575.8	5 537.4
绵阳	199	192	187	5 017.4	4 991.4	4 977.4
宜宾	200	178	157	4 909.8	4 444.8	4 405.5
贵阳	102	94	92	605.0	579.0	579.0
遵义	193	109	150	3 453.5	3 380.4	3 384.5
昆明	238	238	238	7 692.1	7 692.1	7 692.1
曲靖	142	139	135	8 419.5	8 403.5	8 223.5
拉萨	6	6		14.5	14.5	
西安	569	561	541	11 986.6	11 664.6	11 224.1
铜川	86	86	86	323.5	323.5	323.5
宝鸡	236	236	236	1 984.4	1 984.4	1 984.4
咸阳	233	228	204	11 653.0	11 639.0	11 310.5
延安	211	145	139	1 892.6	1 751.2	1 700.2
兰州	133	132	133	2 837.1	2 833.1	2 837.1
金昌	84	80	63	2 383.5	2 276.0	2 070.0
西宁	123	110	110	5 274.0	5 206.0	5 206.0
银川	180	180	180	3 291.6	3 291.6	3 291.6
石嘴山	208	205	152	5 747.0	5 743.0	4 489.0
乌鲁木齐	280	246	248	10 575.0	10 221.2	10 251.0
克拉玛依	429	429	429	11 722.2	11 722.2	11 722.2

重点城市汇总工业企业概况（三）

（2009）

城市名称	工业用水总量（万吨）	新鲜水量	重复用水量	污水排放口数（个）	直排海的污水排放口数	“三废”综合利用产品产值（万元）
总计	**25 148 280**	**3 760 804**	**21 387 476**	**46 638**	**1 023**	**9 980 402.1**
北京	478 214	18 901	459 313	600	0	71 679.6
天津	966 911	56 289	910 622	1 515	4	187 882.1
石家庄	692 199	33 183	659 015	346	0	65 086.8
唐山	1 170 722	57 491	1 113 230	258	3	311 240.8
秦皇岛	69 103	9 197	59 906	216	12	35 660.5
邯郸	542 532	22 630	519 902	153	1	314 665.5
保定	215 066	19 953	195 113	577	0	56 255.2
太原	331 342	10 427	320 915	81	0	74 284.2
大同	197 117	17 362	179 756	133	0	12 422.8
阳泉	148 797	5 746	143 051	85	0	13 339.8
长治	219 736	10 963	208 773	159	0	33 749.3
临汾	115 578	7 240	108 338	47	0	31 534.3
呼和浩特	89 197	8 345	80 852	177	0	26 488.7
包头	411 587	17 634	393 954	56	0	52 656.0
赤峰	162 699	7 866	154 833	122	0	23 393.9
沈阳	85 102	9 846	75 256	1 131	0	20 004.0
大连	107 814	48 326	59 488	385	82	31 867.7
鞍山	389 737	12 328	377 410	74		143 833.2
抚顺	313 433	13 712	299 722	231	0	96 295.1
本溪	244 478	10 437	234 041	95		5 744.6
锦州	215 224	9 051	206 173	119	4	12 017.6
长春	89 384	10 307	79 077	232	0	77 190.5
吉林	271 953	51 711	220 242	143		13 669.7
哈尔滨	245 976	10 009	235 967	302	0	49 011.2
齐齐哈尔	49 711	18 804	30 907	273	0	9 482.9
大庆	270 328	25 474	244 854	85	0	39 157.2
牡丹江	22 526	11 400	11 127	78		17 553.3
上海	1 303 044	298 371	1 004 672	1 748	15	161 409.4
南京	916 448	117 640	798 808	673	0	196 510.1
无锡	294 665	52 978	241 686	1 168	0	163 145.8
徐州	349 784	20 165	329 619	252	0	137 105.1
常州	203 627	40 649	162 978	840	0	346 308.3
苏州	860 388	166 644	693 744	1 195	0	494 885.0
南通	120 973	24 431	96 542	724	0	69 224.4
连云港	92 754	6 666	86 087	152	6	13 922.1
扬州	192 290	15 653	176 637	517	0	21 941.2
杭州	366 121	100 932	265 189	1 158	2	1 586 099.2

重点城市汇总工业企业概况（三）（续表）

（2009）

城　市 名　称	工业用水 总量（万吨）			污水排放口 数（个）		“三废”综合利用 产品产值 （万元）
		新鲜水量	重复用水量		直排海的污水排 放口数	
宁　波	736 371	388 500	347 871	1 265	193	278 885. 3
温　州	187 300	166 332	20 968	1 070	44	20 708. 9
嘉　兴	104 184	26 387	77 796	782	15	135 218. 5
湖　州	157 578	16 111	141 468	560	0	70 519. 3
绍　兴	132 802	39 069	93 733	761	1	109 301. 3
台　州	42 778	8 637	34 141	2 311	238	138 442. 1
合　肥	156 136	6 449	149 687	179	0	31 899. 3
芜　湖	17 381	6 426	10 955	172	0	74 944. 3
马鞍山	277 463	11 553	265 911	56	0	13 737. 5
福　州	56 805	7 242	49 562	317	14	33 844. 1
厦　门	108 890	6 628	102 261	331	38	76 761. 2
泉　州	140 888	37 849	103 039	2 850	13	52 906. 2
南　昌	51 327	12 581	38 746	372	0	31 901. 6
九　江	154 436	61 100	93 336	235	0	32 888. 3
济　南	344 979	12 141	332 838	281	0	126 297. 3
青　岛	164 198	20 379	143 819	718	55	83 646. 1
淄　博	507 362	32 120	475 243	298	0	340 757. 1
枣　庄	156 996	17 320	139 676	182	0	52 583. 8
烟　台	89 705	13 057	76 647	387	66	54 002. 9
潍　坊	184 712	27 146	157 566	506	0	105 820. 8
济　宁	553 642	28 069	525 573	256	0	87 057. 4
泰　安	165 426	9 113	156 314	174		113 732. 5
威　海	27 368	3 406	23 962	201	28	18 835. 3
日　照	173 571	12 414	161 156	103	15	145 355. 6
郑　州	264 652	20 616	244 037	334	0	28 948. 6
开　封	91 084	8 179	82 905	89	0	3 275. 9
洛　阳	352 701	13 185	339 516	301	0	85 913. 8
平顶山	215 792	12 506	203 286	121	0	38 642. 3
安　阳	307 491	27 751	279 740	218	0	126 008. 1
焦　作	160 414	35 332	125 083	195	0	94 501. 5
武　汉	587 273	91 718	495 556	353	0	211 827. 5
宜　昌	176 773	21 576	155 197	259	0	72 947. 7
荆　州	19 007	11 488	7 519	292	0	24 165. 2
长　沙	87 585	4 873	82 713	387	0	53 816. 5
株　洲	59 684	9 337	50 346	478	0	68 855. 2
湘　潭	74 403	14 040	60 363	267		48 564. 2
岳　阳	180 160	14 455	165 705	357	0	31 472. 7
常　德	34 917	14 577	20 340	194	0	23 608. 3

重点城市汇总工业企业概况（三）（续表）

（2009）

城市名称	工业用水总量（万吨）	新鲜水量	重复用水量	污水排放口数（个）	直排海的污水排放口数	“三废”综合利用产品产值（万元）
张家界	296	245	51	69	0	4 174.0
广州	701 292	383 709	317 583	1 015	5	99 950.3
韶关	161 799	13 857	147 941	222	0	39 651.4
深圳	32 991	13 778	19 213	1 540	83	38 515.8
珠海	24 792	9 662	15 130	468	12	9 599.6
汕头	9 042	6 988	2 054	504	17	3 979.5
佛山	139 303	118 446	20 857	702	1	58 682.9
湛江	34 305	6 907	27 399	247	13	28 105.0
中山	24 151	14 876	9 275	429	28	25 321.2
南宁	88 216	14 454	73 762	274	0	69 746.1
柳州	262 224	52 853	209 371	168	0	77 740.2
桂林	53 939	6 093	47 846	247	0	12 461.2
北海	9 534	2 004	7 530	62	13	5 519.0
海口	4 226	634	3 592	30		1 591.0
三亚	106	91	15	4	2	1.5
重庆	674 241	234 427	439 813	2 265	0	274 132.6
成都	179 950	33 693	146 257	1 554	0	171 696.3
攀枝花	183 130	8 523	174 607	32	0	96 599.5
泸州	165 398	10 594	154 804	253		16 200.3
绵阳	75 185	12 948	62 238	228	0	21 208.2
宜宾	53 007	13 483	39 524	157	0	37 855.1
贵阳	111 941	5 912	106 028	140	0	36 276.8
遵义	123 799	5 677	118 122	134	0	29 834.3
昆明	237 653	12 606	225 047	214	0	201 834.2
曲靖	258 951	14 880	244 071	49	0	95 389.4
拉萨	1 257	1 032	225	3		83.0
西安	117 651	25 302	92 349	367	0	9 067.0
铜川	20 048	1 047	19 001	68	0	11 580.6
宝鸡	145 076	17 277	127 799	185	0	22 892.8
咸阳	99 752	9 171	90 581	171	0	14 624.2
延安	21 540	2 745	18 795	17	0	27 537.4
兰州	142 072	8 320	133 752	109	0	119 160.3
金昌	53 426	7 041	46 385	40	0	71 528.1
西宁	73 267	9 706	63 561	79		10 075.2
银川	105 500	6 746	98 754	105	0	29 324.4
石嘴山	208 631	11 194	197 437	31		24 457.8
乌鲁木齐	340 063	10 577	329 485	105	0	23 024.7
克拉玛依	89 732	4 883	84 849	39		1 669.9

重点城市工业污染治理项目建设情况（一）

（2009）

单位：个

城市名称	汇总工业企业数	本年施工项目数	治理废水	治理废气	治理固体废物	治理噪声	治理其他
总计	**4 159**	**5 568**	**2 308**	**2 338**	**229**	**116**	**577**
北京	49	60	10	44	1	1	4
天津	179	190	48	108	7	6	21
石家庄	36	42	22	17	0	0	3
唐山	34	47	13	30	0	1	3
秦皇岛	23	24	19	5	0	0	0
邯郸	16	19	2	16	0	0	1
保定	33	41	23	18	0	0	0
太原	39	82	14	49	11	1	7
大同	54	125	31	73	13	0	8
阳泉	28	34	6	22	4	0	2
长治	57	93	38	34	4	3	14
临汾	34	62	11	42	1	0	8
呼和浩特	51	73	17	48	2	0	6
包头	11	21	3	12	2	0	4
赤峰	2	6	0	6	0	0	0
沈阳	35	18	6	10	0	1	1
大连	34	36	19	11	0	0	6
鞍山	6	11	4	5	0	0	2
抚顺	9	14	4	10	0	0	0
本溪	1	11	4	3	2	1	1
锦州	8	10	5	3	2	0	0
长春	16	24	9	12	1	2	0
吉林	19	22	11	10	0	0	1
哈尔滨	13	20	8	11	0	0	1
齐齐哈尔	23	35	10	25	0	0	0
大庆	6	11	5	4	0	0	2
牡丹江	4	4	1	3	0	0	0
上海	193	262	80	150	5	10	17
南京	68	101	42	43	1	3	12
无锡	30	33	21	9	0	0	3
徐州	29	54	17	32	0	0	5
常州	95	109	69	28	2	3	7
苏州	137	159	117	34	3	3	2
南通	55	70	29	16	3	2	20
连云港	10	14	8	3	1	0	2
扬州	17	21	15	5	0	0	1
杭州	76	96	20	54	4	0	18

重点城市工业污染治理项目建设情况（一）（续表）

（2009）

单位：个

城市名称	汇总工业企业数	本年施工项目数	治理废水	治理废气	治理固体废物	治理噪声	治理其他
宁波	54	65	23	33	1	1	7
温州	67	82	58	24	0	0	0
嘉兴	56	62	47	12	1	0	2
湖州	98	102	89	11	1	0	1
绍兴	93	94	51	33	4	0	6
台州	78	66	40	16	2	1	7
合肥	9	8	5	3	0	0	0
芜湖	4	6	2	2	0	0	2
马鞍山	8	22	7	13	1	0	1
福州	38	34	16	7	3	4	4
厦门	31	43	23	13	1	0	6
泉州	216	290	122	107	12	6	43
南昌	4	4	3	0	1	0	0
九江	13	16	7	9	0	0	0
济南	24	33	12	18	1	0	2
青岛	36	44	25	13	3	2	1
淄博	98	124	25	91	2	0	6
枣庄	12	14	7	7	0	0	0
烟台	46	59	14	7	37	0	1
潍坊	62	67	44	19	1	0	3
济宁	27	27	19	7	0	0	1
泰安	19	22	11	11	0	0	0
威海	25	28	14	11	1	1	1
日照	22	26	17	7	0	1	1
郑州	65	71	20	44	1	0	6
开封	2	4	2	2	0	0	0
洛阳	46	59	24	21	3	2	9
平顶山	21	32	8	11	5	5	3
安阳	12	17	11	4	1	0	1
焦作	31	36	15	13	2	0	6
武汉	9	32	9	21	1	1	0
宜昌	40	65	22	19	6	5	13
荆州	25	29	18	11	0	0	0
长沙	17	17	5	11	0	1	0
株洲	26	39	26	3	0	8	2
湘潭	14	18	7	8	2	1	0
岳阳	16	30	17	10	0	1	2
常德	25	30	18	9	3	0	0

重点城市工业污染治理项目建设情况（一）（续表）

（2009）

单位：个

城市名称	汇总工业企业数	本年施工项目数					
			治理废水	治理废气	治理固体废物	治理噪声	治理其他
张家界	1	1	0	1	0	0	0
广州	31	41	24	16	1	0	0
韶关	35	53	24	18	6	0	5
深圳	89	99	89	4	0	1	5
珠海	33	44	11	32	0	0	1
汕头	34	41	31	4	0	1	5
佛山	191	404	79	139	17	2	167
湛江	31	35	21	12	0	2	0
中山	10	21	8	10	2	0	1
南宁	62	81	53	21	5	0	2
柳州	6	9	4	4	1	0	0
桂林	22	34	15	16	0	0	3
北海	5	6	5	0	0	0	1
海口							
三亚							
重庆	114	147	63	66	4	9	5
成都	66	82	46	27	0	6	3
攀枝花	23	31	9	14	3	2	3
泸州	3	3	3	0	0	0	0
绵阳	52	41	24	13	1	1	2
宜宾	4	6	3	1	0	0	2
贵阳	20	54	6	38	4	2	4
遵义	41	64	20	39	2	0	3
昆明	61	96	32	44	10	2	8
曲靖	16	21	6	11	0	1	3
拉萨							
西安	35	37	14	19	0	0	4
铜川							
宝鸡	23	22	9	8	1	2	2
咸阳	29	37	19	12	3	1	2
延安	14	40	15	2	1	4	18
兰州	11	15	4	10	0	1	0
金昌	5	20	8	8	2	1	1
西宁	9	21	5	15	0	1	0
银川	19	34	11	21	0	0	2
石嘴山	29	35	2	30	1	0	2
乌鲁木齐	11	12	0	12	0	0	0
克拉玛依	5	10	1	5	0	0	4

重点城市工业污染治理项目建设情况（二）

（2009）

单位：万元

城市名称	污染治理项目本年完成投资合计	治理废水	治理废气	治理固体废物	治理噪声	治理其他
总　计	**2 676 339.7**	**878 088.9**	**1 319 035.3**	**159 714.9**	**10 127.2**	**309 373.4**
北　京	34 501.3	1 205.4	25 718.2	80.0	12.4	7 485.3
天　津	180 054.0	40 866.6	75 920.9	545.8	398.8	62 321.9
石家庄	21 458.8	10 570.7	9 227.3	0.0	80.0	1 580.8
唐　山	36 278.5	7 445.5	26 118.4	0.0	660.0	2 054.6
秦皇岛	20 491.7	1 220.0	19 271.7	0.0	0.0	0.0
邯　郸	9 827.7	642.7	9 085.0	0.0	0.0	100.0
保　定	7 500.5	4 840.5	2 660.0	0.0	0.0	0.0
太　原	74 405.3	11 832.7	55 864.5	3 933.5	233.0	2 541.6
大　同	38 836.2	14 657.2	14 095.2	1 727.4	3.0	8 353.4
阳　泉	26 662.1	9 609.7	12 597.5	2 800.9	0.0	1 654.0
长　治	47 233.3	18 843.8	21 225.3	1 116.9	923.0	5 124.3
临　汾	21 894.9	4 515.3	15 692.1	845.0	0.0	842.5
呼和浩特	23 312.4	12 545.6	7 498.6	1 560.0	0.0	1 708.2
包　头	40 022.5	5 298.0	22 504.5	8 000.0	0.0	4 220.0
赤　峰	22 422.0	0.0	22 422.0	0.0	0.0	0.0
沈　阳	5 288.3	1 997.8	3 168.1	0.0	2.4	120.0
大　连	14 518.0	3 401.0	10 912.7	0.0	0.0	204.3
鞍　山	19 051.0	3 930.8	14 950.2	0.0	0.0	170.0
抚　顺	24 734.9	1 495.9	23 239.0	0.0	0.0	0.0
本　溪	825.8	176.6	374.8	159.6	96.8	18.0
锦　州	19 354.1	14 658.0	4 564.0	132.1	0.0	0.0
长　春	24 206.7	4 202.0	19 962.4	38.0	4.3	0.0
吉　林	11 857.8	6 331.0	2 626.8	0.0	0.0	2 900.0
哈尔滨	4 220.0	1 869.4	2 347.6	0.0	0.0	3.0
齐齐哈尔	8 220.4	1 265.4	6 955.0	0.0	0.0	0.0
大　庆	15 064.4	9 440.6	3 447.0	0.0	0.0	2 176.8
牡丹江	5 206.0	1 951.0	3 255.0	0.0	0.0	0.0
上　海	68 356.9	9 702.9	40 745.7	11 178.0	1 598.3	5 132.0
南　京	43 493.0	16 817.6	24 872.0	171.7	305.0	1 326.7
无　锡	13 178.1	10 650.5	2 321.0	0.0	0.0	206.6
徐　州	40 670.7	9 522.7	25 203.0	0.0	0.0	5 945.0
常　州	17 645.8	12 113.4	4 289.3	160.0	33.1	1 050.0
苏　州	83 564.3	55 741.3	27 459.0	230.0	19.0	115.0
南　通	19 688.3	8 074.4	3 051.5	2 405.8	22.0	6 134.6
连云港	6 944.0	4 171.0	2 100.0	20.0	0.0	653.0
扬　州	13 655.3	3 617.3	10 018.0	0.0	0.0	20.0
杭　州	67 632.5	3 136.2	45 127.3	16 398.4	0.0	2 970.6

重点城市工业污染治理项目建设情况（二）（续表）

（2009）

单位：万元

城市名称	污染治理项目本年完成投资合计	治理废水	治理废气	治理固体废物	治理噪声	治理其他
宁波	22 362.1	4 978.5	17 036.1	72.0	38.0	237.5
温州	5 740.7	5 012.6	728.1	0.0	0.0	0.0
嘉兴	31 239.1	10 775.5	20 403.6	21.0	0.0	39.0
湖州	7 515.0	5 273.5	2 209.0	29.0	0.0	3.5
绍兴	19 494.8	10 445.4	5 402.9	85.0	0.0	3 561.5
台州	8 166.9	6 187.6	1 802.5	115.8	0.0	61.0
合肥	14 492.1	764.1	13 728.0	0.0	0.0	0.0
芜湖	19 370.0	505.0	415.0	0.0	0.0	18 450.0
马鞍山	9 135.0	1 138.0	7 899.0	80.0	0.0	18.0
福州	15 196.6	6 563.6	1 250.1	7 328.2	1.8	52.9
厦门	5 581.7	2 553.7	1 398.0	10.0	0.0	1 620.0
泉州	72 007.3	30 844.0	36 146.8	1 285.2	1 025.0	2 706.3
南昌	10 773.6	7 083.6	0.0	3 690.0	0.0	0.0
九江	11 055.4	773.5	10 281.9	0.0	0.0	0.0
济南	6 067.6	1 945.9	3 986.7	15.0	0.0	120.0
青岛	8 393.3	5 975.4	2 021.4	95.5	145.0	156.0
淄博	68 912.5	11 055.2	50 072.4	6 618.0	0.0	1 166.9
枣庄	8 125.0	4 175.0	3 870.0	80.0	0.0	0.0
烟台	19 275.7	3 010.3	4 405.0	11 845.4	0.0	15.0
潍坊	83 299.5	26 677.4	12 352.1	270.0	0.0	44 000.0
济宁	13 501.8	7 289.0	5 732.8	0.0	0.0	480.0
泰安	19 177.7	8 900.0	10 277.7	0.0	0.0	0.0
威海	32 182.5	7 447.0	22 289.5	396.0	50.0	2 000.0
日照	50 540.1	30 312.9	18 580.2	0.0	147.0	1 500.0
郑州	27 070.3	10 602.3	14 454.0	161.9	2.1	1 850.0
开封	512.0	490.0	22.0	0.0	0.0	0.0
洛阳	15 123.1	2 553.1	3 457.0	448.0	55.0	8 610.0
平顶山	16 150.0	2 901.3	9 505.5	591.0	745.5	2 406.7
安阳	1 199.8	899.8	300.0	0.0	0.0	0.0
焦作	14 541.4	4 468.6	9 100.2	413.0	0.0	559.6
武汉	71 231.3	24 474.9	46 495.7	0.7	260.0	0.0
宜昌	15 475.2	6 003.0	3 153.2	5 009.0	68.0	1 242.0
荆州	6 911.4	1 770.9	5 140.5	0.0	0.0	0.0
长沙	1 556.0	98.0	1 450.0	0.0	8.0	0.0
株洲	6 987.1	5 302.1	1 372.8	0.0	197.5	114.7
湘潭	11 882.0	4 530.0	7 295.0	52.0	5.0	0.0
岳阳	18 282.7	12 354.2	5 191.0	0.0	80.0	657.5
常德	15 508.5	10 281.5	5 140.5	86.5	0.0	0.0

重点城市工业污染治理项目建设情况（二）（续表）

（2009）

单位：万元

城市名称	污染治理项目本年完成投资合计	治理废水	治理废气	治理固体废物	治理噪声	治理其他
张家界	1 400.0	0.0	1 400.0	0.0	0.0	0.0
广州	19 194.7	4 404.6	7 719.5	7 070.6	0.0	0.0
韶关	41 028.9	27 735.7	8 887.6	3 267.5	0.0	1 138.1
深圳	18 598.5	16 914.5	637.0	0.0	17.0	1 030.0
珠海	4 796.8	2 818.5	1 974.8	0.0	0.0	3.5
汕头	3 470.7	3 263.2	92.5	0.0	4.0	111.0
佛山	109 024.9	10 349.3	35 847.3	88.4	65.0	62 674.9
湛江	3 281.5	2 150.0	950.0	0.0	181.5	0.0
中山	3 960.1	1 895.0	1 872.1	145.0	0.0	48.0
南宁	36 555.2	34 318.1	2 111.1	78.0	0.0	48.0
柳州	820.0	170.0	600.0	50.0	0.0	0.0
桂林	4 322.8	940.1	3 126.7	0.0	0.0	256.0
北海	329.0	304.0	0.0	0.0	0.0	25.0
海口						
三亚						
重庆	69 061.6	28 813.2	37 521.7	590.4	675.6	1 460.7
成都	17 611.8	9 184.7	7 984.5	0.0	26.6	416.0
攀枝花	10 278.8	3 605.6	4 599.3	760.0	24.9	1 289.0
泸州	839.7	839.7	0.0	0.0	0.0	0.0
绵阳	15 304.4	12 120.5	2 595.6	142.7	90.0	355.6
宜宾	1 595.0	1 013.8	79.6	0.0	0.0	501.6
贵阳	53 011.5	577.6	18 988.9	32 617.0	28.0	800.0
遵义	11 479.9	696.5	4 235.4	268.0	0.0	6 280.0
昆明	25 688.2	1 845.1	11 117.5	12 044.0	245.0	436.6
曲靖	27 447.9	837.2	26 205.0	0.0	25.8	379.9
拉萨						
西安	6 647.8	2 290.2	2 691.0	0.0	0.0	1 666.6
铜川						
宝鸡	5 663.1	3 184.2	335.1	10.0	3.8	2 130.0
咸阳	67 836.9	7 991.7	59 296.5	180.0	10.0	358.7
延安	59 920.3	42 889.4	5 986.0	2 970.0	990.0	7 084.9
兰州	31 491.5	16 006.9	15 473.6	0.0	11.0	0.0
金昌	33 973.5	11 065.5	13 275.5	9 117.0	500.0	15.5
西宁	23 480.1	3 565.2	19 904.9	0.0	10.0	0.0
银川	16 027.1	9 214.0	6 683.1	0.0	0.0	130.0
石嘴山	10 412.2	2 308.0	7 875.7	15.0	0.0	213.5
乌鲁木齐	1 501.0	0.0	1 501.0	0.0	0.0	0.0
克拉玛依	23 970.0	0.0	22 210.0	0.0	0.0	1 760.0

重点城市工业污染治理项目建设情况（三）

（2009）

单位：万元

城市名称	施工项目本年投资来源合计				
		排污费补助	政府其他补助	企业自筹	
					银行贷款
总　计	**2 676 339.7**	**41 256.2**	**86 126.7**	**2 548 956.1**	**182 816.8**
北　京	34 501.3	0.0	11 836.3	22 665.0	0.0
天　津	180 054.0	723.8	6 102.5	173 227.6	0.0
石家庄	21 458.8	1 052.0	969.0	19 437.8	0.0
唐　山	36 278.5	866.2	1 630.0	33 782.3	300.0
秦皇岛	20 491.7	2 000.0	100.0	18 391.7	15 463.7
邯　郸	9 827.7	100.0	0.0	9 727.7	0.0
保　定	7 500.5	0.0	16.0	7 484.5	0.0
太　原	74 405.3	3 497.0	438.0	70 470.3	1 377.0
大　同	38 836.2	454.6	2 476.3	35 905.3	0.0
阳　泉	26 662.1	2 370.0	629.2	23 662.9	0.0
长　治	47 233.3		910.0	46 323.3	2 800.0
临　汾	21 894.9	110.0	90.0	21 694.9	
呼和浩特	23 312.4		40.8	23 271.6	
包　头	40 022.5	474.0	600.0	38 948.5	
赤　峰	22 422.0			22 422.0	
沈　阳	5 288.3	32.0	1 172.5	4 083.8	
大　连	14 518.0	768.0	1 300.0	12 450.0	0.0
鞍　山	19 051.0	2 400.0	35.0	16 616.0	240.0
抚　顺	24 734.9	139.0		24 595.9	
本　溪	825.8			825.8	
锦　州	19 354.1	90.0	350.0	18 914.1	2 040.0
长　春	24 206.7	770.0	350.0	23 086.7	3 580.0
吉　林	11 857.8	70.0	600.0	11 187.8	185.0
哈尔滨	4 220.0	280.0	175.6	3 764.4	2.0
齐齐哈尔	8 220.4	132.1	0.0	8 088.3	2 000.0
大　庆	15 064.4			15 064.4	
牡丹江	5 206.0		990.0	4 216.0	
上　海	68 356.9	47.5	1 006.2	67 303.2	1 075.0
南　京	43 493.0	3 990.0	1 859.6	37 643.3	3 221.7
无　锡	13 178.1	10.0	115.0	13 053.1	650.0
徐　州	40 670.7	191.0	550.0	39 929.7	9 900.0
常　州	17 645.8	30.5	285.6	17 329.7	1 536.0
苏　州	83 564.3	222.0	275.0	83 067.3	4 000.0
南　通	19 688.3	1 594.0	0.0	18 094.3	0.0
连云港	6 944.0	30.0	80.0	6 834.0	200.0
扬　州	13 655.3	88.0	0.0	13 567.3	270.0
杭　州	67 632.5	0.0	14 092.2	53 540.3	4 552.5

重点城市工业污染治理项目建设情况（三）（续表）

（2009）

单位：万元

城市名称	施工项目本年投资来源合计				
		排污费补助	政府其他补助	企业自筹	银行贷款
宁　波	22 362.1	2 000.0	300.0	20 062.1	7 178.0
温　州	5 740.7	152.7	0.0	5 588.0	250.0
嘉　兴	31 239.1	0.0	11 100.0	20 139.1	0.0
湖　州	7 515.0	0.0		7 515.0	0.0
绍　兴	19 494.8	0.0	60.0	19 434.8	300.0
台　州	8 166.9	0.0	171.6	7 995.3	132.0
合　肥	14 492.1	80.0	60.0	14 352.1	
芜　湖	19 370.0	405.0	160.0	18 805.0	
马鞍山	9 135.0	0.0	0.0	9 135.0	
福　州	15 196.6		112.5	15 084.1	0.0
厦　门	5 581.7	0.0	40.0	5 541.7	0.0
泉　州	72 007.3	0.0	240.0	71 767.3	250.0
南　昌	10 773.6			10 773.6	6 310.0
九　江	11 055.4	0.0	90.0	10 965.4	160.0
济　南	6 067.6	0.0	410.0	5 657.6	174.9
青　岛	8 393.3	150.0	219.0	8 024.3	2 810.0
淄　博	68 912.5	0.0	1 800.0	67 112.5	360.0
枣　庄	8 125.0	0.0	80.0	8 045.0	1 900.0
烟　台	19 275.7	30.0	284.0	18 961.7	140.0
潍　坊	83 299.5	240.0	1 038.0	82 021.5	1 285.0
济　宁	13 501.8	0.0	715.0	12 786.8	0.0
泰　安	19 177.7	210.0	350.0	18 617.7	0.0
威　海	32 182.5		50.0	32 132.5	1 240.0
日　照	50 540.1	0.0	80.0	50 460.1	17 040.0
郑　州	27 070.3	0.0	33.0	27 037.3	0.0
开　封	512.0			512.0	
洛　阳	15 123.1	650.0	49.0	14 424.1	205.0
平顶山	16 150.0	215.0	374.2	15 560.8	0.0
安　阳	1 199.8	0.0	0.0	1 199.8	0.0
焦　作	14 541.4	72.0	20.0	14 449.4	1 280.0
武　汉	71 231.3	2 352.0	0.0	68 879.3	0.0
宜　昌	15 475.2	5.0	920.0	14 550.2	2 605.0
荆　州	6 911.4	700.0	700.0	5 511.4	0.0
长　沙	1 556.0	85.0	93.0	1 378.0	
株　洲	6 987.1	0.0	423.8	6 563.3	2 360.0
湘　潭	11 882.0	6.5	300.0	11 575.5	0.0
岳　阳	18 282.7	0.0	0.0	18 282.7	60.0
常　德	15 508.5	166.0	780.0	14 562.5	500.0

重点城市工业污染治理项目建设情况（三）（续表）

（2009）　　　　单位：万元

城市名称	施工项目本年投资来源合计	排污费补助	政府其他补助	企业自筹	银行贷款
张家界	1 400.0			1 400.0	
广州	19 194.7	83.9	1 412.5	17 698.3	0.0
韶关	41 028.9	0.0	0.0	41 028.9	120.0
深圳	18 598.5	150.0	507.1	17 941.3	192.0
珠海	4 796.8	0.0		4 796.8	
汕头	3 470.7		15.0	3 455.7	
佛山	109 024.9	0.0	1 191.7	107 833.2	0.0
湛江	3 281.5	0.0	0.0	3 281.5	0.0
中山	3 960.1	0.0	0.0	3 960.1	0.0
南宁	36 555.2	120.0	0.0	36 435.2	3 574.0
柳州	820.0		30.0	790.0	
桂林	4 322.8	99.8	11.0	4 212.0	10.0
北海	329.0			329.0	
海口					
三亚					
重庆	69 061.6	3 555.0	3 724.1	61 782.5	1 925.0
成都	17 611.8	214.0	566.0	16 831.8	3 350.0
攀枝花	10 278.8	50.0	22.0	10 206.8	300.0
泸州	839.7	100.0	90.0	649.7	
绵阳	15 304.4	75.0	265.5	14 963.9	438.6
宜宾	1 595.0	70.0	700.0	825.0	
贵阳	53 011.5	435.0	800.0	51 776.5	7 293.0
遵义	11 479.9	5.0	400.0	11 074.9	208.0
昆明	25 688.2	599.0	610.0	24 479.2	12 907.2
曲靖	27 447.9	15.0	0.0	27 432.9	21 754.0
拉萨					
西安	6 647.8	188.0	1 903.8	4 556.0	0.0
铜川					
宝鸡	5 663.1	48.0	300.0	5 315.1	1 400.0
咸阳	67 836.9	280.0	213.0	67 343.9	14 212.6
延安	59 920.3	1 509.6	0.0	58 410.3	1 509.6
兰州	31 491.5	455.0	1 457.0	29 579.5	0.0
金昌	33 973.5	2 443.0	0.0	31 530.5	0.0
西宁	23 480.1	120.0	1 518.6	21 841.5	13 000.0
银川	16 027.1			16 027.1	110.0
石嘴山	10 412.2	0.0	0.0	10 412.2	580.0
乌鲁木齐	1 501.0	10.0	261.5	1 229.5	
克拉玛依	23 970.0	580.0		23 390.0	

重点城市工业污染治理项目建设情况（四）

（2009）

城市名称	本年竣工项目数（个）	治理废水	治理废气	治理固废	治理噪声	治理其他	本年竣工项目新增设计处理能力 治理废水（吨/日）	治理废气（标态）（米^3/时）	治理固废（吨/日）
总　计	**5 002**	**2 027**	**2 126**	**201**	**107**	**541**	**7 398 590**	**156 215 841**	**90 462**
北　京	56	10	41	0	1	4	3 912	291 635	50
天　津	174	41	101	7	5	20	59 551	3 788 086	1 966
石家庄	36	20	14	0	0	2	33 354	1 824 300	0
唐　山	45	12	29	0	1	3	81 335	4 991 818	0
秦皇岛	24	19	5	0	0	0	8 460	2 000 000	0
邯　郸	19	2	16	0	0	1	2 300	982 911	0
保　定	40	22	18	0	0	0	144 015	40 512	0
太　原	76	13	46	11	1	5	70 755	6 750 411	0
大　同	126	31	74	13	0	8	79 289	11 264 958	6 915
阳　泉	32	6	21	3	0	2	17 000	22 000	3 000
长　治	81	32	32	2	2	13	69 750	2 474 700	673
临　汾	58	9	40	1	0	8	1 200	1 775 110	0
呼和浩特	72	16	48	2	0	6	1 900	2 568 690	2 127
包　头	20	2	12	2	0	4	58 920	6 645 000	200
赤　峰	5	0	5	0	0	0	0	350 000	0
沈　阳	17	6	9	0	1	1	190	1 595 100	0
大　连	23	14	7	0	0	2	1 666	120 500	0
鞍　山	11	4	5	0	0	2	2 800	4 307 600	0
抚　顺	11	4	7	0	0	0	810	1 451 345	0
本　溪	11	4	3	2	1	1	0	0	0
锦　州	5	2	2	1	0	0	67 380	186 000	10 100
长　春	20	6	11	1	2	0	39 240	5 504 736	0
吉　林	19	8	10	0	0	1	69 016	127 000	0
哈尔滨	15	7	7	0	0	1	14 000	1 896 474	0
齐齐哈尔	34	10	24	0	0	0	1 836	1 491 029	0
大　庆	11	5	4	0	0	2	6 750	0	0
牡丹江	3	0	3	0	0	0	180	18 000	0
上　海	237	69	138	5	10	15	52 786	7 701 560	0
南　京	97	40	42	1	3	11	15 392	6 940 068	2
无　锡	32	21	8	0	0	3	256 210	393 518	0
徐　州	50	17	31	0	0	2	60 750	83 500	0
常　州	98	64	22	2	3	7	12 348	24 680	0
苏　州	131	99	27	3	2	0	150 376	656 520	250
南　通	70	29	16	3	2	20	33 405	58 875	0
连云港	14	8	3	1	0	2	3 670	11 000	20
扬　州	20	14	5	0	0	1	896	10 000	0
杭　州	79	16	42	3	0	18	7 655	33 200	10

重点城市工业污染治理项目建设情况（四）（续表）

（2009）

城　市 名　称	本年竣工 项目数 （个）	治理 废水	治理 废气	治理 固废	治理 噪声	治理 其他	本年竣工项目新增设计处理能力 治理废水 （吨/日）	治理废气（标态） （米³/时）	治理固废 （吨/日）
宁　波	57	20	30	1	1	5	27 028	842 247	5
温　州	77	56	21	0	0	0	12 340	234 267	0
嘉　兴	57	43	12	1	0	1	53 183	221 545	500
湖　州	100	87	11	1	0	1	24 442	28 500	5
绍　兴	88	46	32	4	0	6	35 502	688 497	30
台　州	54	33	13	1	1	6	9 851	130 322	0
合　肥	8	5	3	0	0	0	1 670	10 000	0
芜　湖	5	2	1	0	0	2	2 500	9 934	0
马鞍山	21	7	12	1	0	1	0	48 000	0
福　州	33	15	7	3	4	4	5 090	0	20 000
厦　门	40	21	13	1	0	5	83 345	104 800	6
泉　州	218	87	79	3	6	43	104 194	1 961 988	5
南　昌	4	3	0	1	0	0	66 030	0	500
九　江	16	7	9	0	0	0	2 374	7 073 990	0
济　南	28	8	17	1	0	2	14 224	257 538	50
青　岛	42	25	13	2	1	1	78 950	1 582 935	0
淄　博	115	21	86	2	0	6	50 295	4 672 001	35
枣　庄	14	7	7	0	0	0	31 000	1 246 000	2 100
烟　台	58	13	7	37	0	1	8 610	551 339	9 085
潍　坊	59	39	16	1	0	3	120 750	2 082 432	100
济　宁	26	19	6	0	0	1	38 230	1 921 479	0
泰　安	21	10	11	0	0	0	20 420	1 550 374	0
威　海	21	10	9	1	1	0	15 077	902 030	0
日　照	25	17	6	0	1	1	190 220	60 000	0
郑　州	62	14	41	1	0	6	2 188	1 989 113	0
开　封	3	1	2	0	0	0	15	0	0
洛　阳	53	23	19	2	1	8	1 494 633	409 200	500
平顶山	25	7	6	4	5	3	44 300	45 600	0
安　阳	15	11	4	0	0	0	8 965	10 000	0
焦　作	36	15	13	2	0	6	9 200	125 000	0
武　汉	13	5	7	1	0	0	241 067	1 818 000	0
宜　昌	62	21	18	5	5	13	11 772	32 200	280
荆　州	25	15	10	0	0	0	24 142	2 000	0
长　沙	15	5	9	0	1	0	110	0	0
株　洲	39	26	3	0	8	2	24 340	8 508	0
湘　潭	17	6	8	2	1	0	1 495	700	0
岳　阳	24	14	8	0	1	1	69 830	100 712	0
常　德	23	14	6	3	0	0	128 330	180 000	315

重点城市工业污染治理项目建设情况（四）（续表）

（2009）

城　市 名　称	本年竣工 项目数（个）						本年竣工项目新增设计处理能力		
		治理 废水	治理 废气	治理 固废	治理 噪声	治理 其他	治理废水 （吨/日）	治理废气（标态） （米 ^{3}/时）	治理固废 （吨/日）
张 家 界	1	0	1	0	0	0	0		0
广　　州	32	18	13	1	0	0	11 480	583 541	600
韶　　关	49	22	18	4	0	5	827 670	918 100	0
深　　圳	74	66	2	0	1	5	19 158	62 000	0
珠　　海	44	11	32	0	0	1	4 236	636 279	0
汕　　头	38	29	4	0	1	4	12 619	28 260	0
佛　　山	392	74	138	17	2	161	12 476	7 888 300	0
湛　　江	35	21	12	0	2	0	37 701	123 060	0
中　　山	16	7	7	1	0	1	14 909	195 000	0
南　　宁	71	44	20	5	0	2	194 261	2 580 840	0
柳　　州	6	3	3	0	0	0	9 600	155 000	0
桂　　林	34	15	16	0	0	3	6 500	246 000	0
北　　海	4	3	0	0	0	1	290	0	0
海　　口									
三　　亚									
重　　庆	117	50	53	3	7	4	257 544	4 822 173	0
成　　都	77	42	27	0	6	2	149 183	260 456	0
攀 枝 花	27	7	12	3	2	3	19 328	785 015	475
泸　　州	3	3	0	0	0	0	3 080	0	0
绵　　阳	39	22	13	1	1	2	31 430	483 121	0
宜　　宾	5	2	1	0	0	2	9 100	45 000	0
贵　　阳	47	5	33	3	2	4	5 200	265 000	0
遵　　义	62	19	38	2	0	3	6 600	350 580	15 000
昆　　明	95	32	43	10	2	8	1 966	1 506 246	4 500
曲　　靖	20	5	11	0	1	3	165	9 390 512	0
拉　　萨									
西　　安	27	11	13	0	0	3	9 584	789 200	0
铜　　川									
宝　　鸡	20	8	8	1	1	2	39 415	118 474	119
咸　　阳	30	15	9	3	1	2	64 570	8 217 693	10
延　　安	27	4	1	0	4	18	1 055 060	451 248	429
兰　　州	14	4	9	0	1	0	15 000	462 000	0
金　　昌	19	8	7	2	1	1	28 756	115 020	10 500
西　　宁	21	5	15	0	1	0	41 720	3 072 536	0
银　　川	31	10	19	0	0	2	25 180	0	0
石 嘴 山	34	2	29	1	0	2	0	1 501 000	0
乌鲁木齐	11	0	11	0	0	0	0	882 100	0
克拉玛依	9	0	5	0	0	4	0	0	0

重点城市工业企业“三废”治理效率

（2009）

单位：%

城市名称	工业废水排放达标率	工业用水重复用水率	二氧化硫排放达标率	烟尘排放达标率	工业粉尘排放达标率	工业固体废物	
						综合利用率	处置率
总　　计	**96.5**	**85.0**	**95.1**	**95.7**	**95.8**	**71.1**	**23.0**
北　　京	98.4	96.1	98.9	98.9	100.0	68.9	46.3
天　　津	100.0	94.2	99.7	100.0	100.0	98.3	1.7
石 家 庄	99.7	95.2	96.6	99.7	99.9	92.5	2.3
唐　　山	98.0	95.1	98.4	99.8	99.6	80.5	15.4
秦 皇 岛	99.7	86.7	100.0	100.0	100.0	78.9	13.8
邯　　郸	99.4	95.8	98.2	97.2	89.5	87.5	1.0
保　　定	96.7	90.7	91.8	95.7	97.9	70.5	30.1
太　　原	97.3	96.9	97.6	99.8	98.7	48.6	49.5
大　　同	98.1	91.2	98.2	95.8	94.9	66.2	21.7
阳　　泉	80.7	96.1	99.3	99.7	99.3	22.8	70.1
长　　治	99.0	95.0	99.3	98.8	99.6	67.7	24.1
临　　汾	98.0	93.7	99.9	99.8	99.0	89.1	
呼和浩特	100.0	90.6	98.5	100.0	100.0	26.7	65.2
包　　头	98.3	95.7	98.1	96.1	98.1	55.5	25.3
赤　　峰	96.1	95.2	99.4	98.5	96.7	64.6	27.7
沈　　阳	91.4	88.4	89.4	89.0	99.7	93.9	3.0
大　　连	95.3	55.2	92.6	97.0	99.0	94.9	4.9
鞍　　山	95.0	96.8	96.9	95.7	97.7	17.9	
抚　　顺	86.4	95.6	96.7	89.1	79.6	60.4	15.6
本　　溪	78.4	95.7	86.9	88.0	93.8	36.7	
锦　　州	89.8	95.8	98.8	93.2	98.8	48.7	
长　　春	93.5	88.5	100.0	99.7	99.2	99.5	
吉　　林	98.2	81.0	99.8	91.4	86.0	50.8	7.9
哈 尔 滨	97.4	95.9	95.3	97.1	99.8	76.3	16.2
齐齐哈尔	94.9	62.2	89.0	72.5	76.6	67.8	2.9
大　　庆	95.4	90.6	99.2	95.8	100.0	71.0	26.1
牡 丹 江	99.2	49.4	99.8	98.4	96.8	89.8	
上　　海	98.8	77.1	97.4	99.0	98.9	95.7	3.8
南　　京	92.7	87.2	97.6	97.7	96.2	91.4	1.3
无　　锡	99.1	82.0	99.5	99.3	99.7	98.6	1.4
徐　　州	98.6	94.2	98.3	99.2	96.9	99.3	0.8
常　　州	100.0	80.0	100.0	100.0	100.0	95.5	4.5
苏　　州	99.9	80.6	92.4	100.0	100.0	98.6	1.4
南　　通	99.9	79.8	99.8	100.0	99.9	98.7	1.3
连 云 港	98.2	92.8	99.2	99.4	99.4	92.1	0.1
扬　　州	98.3	91.9	99.3	98.5	100.0	97.4	2.0
杭　　州	96.2	72.4	99.5	98.6	99.8	95.4	4.5

重点城市工业企业“三废”治理效率（续表）

（2009）

单位：%

城市名称	工业废水排放达标率	工业用水重复用水率	二氧化硫排放达标率	烟尘排放达标率	工业粉尘排放达标率	工业固体废物	
						综合利用率	处置率
宁波	87.0	47.2	94.4	98.0	97.4	83.5	11.2
温州	85.9	11.2	77.5	94.5	97.1	93.9	5.6
嘉兴	98.5	74.7	99.8	98.6	99.3	97.9	2.1
湖州	95.2	89.8	94.1	96.8	96.2	96.9	3.2
绍兴	98.3	70.6	99.8	99.9	99.8	80.9	18.3
台州	90.3	79.8	95.8	92.3	95.7	93.0	5.7
合肥	96.4	95.9	94.6	99.9	99.8	98.7	0.2
芜湖	99.3	63.0	99.0	99.3	98.6	96.3	3.7
马鞍山	97.3	95.8	99.9	95.9	99.0	60.4	30.8
福州	90.0	87.3	100.0	99.5	88.1	94.4	2.9
厦门	99.5	93.9	99.6	99.9	99.5	90.2	3.2
泉州	99.8	73.1	99.5	99.9	100.0	94.4	4.4
南昌	93.3	75.5	91.5	95.0	99.1	96.9	2.1
九江	94.9	60.4	90.4	95.4	90.5	60.0	35.0
济南	98.8	96.5	99.1	98.2	97.9	93.9	0.6
青岛	99.9	87.6	99.0	99.6	98.7	98.2	1.0
淄博	100.0	93.7	98.9	100.0	100.0	89.2	8.8
枣庄	99.7	89.0	99.9	99.8	99.9	98.8	
烟台	100.0	85.4	99.8	100.0	99.9	87.2	12.8
潍坊	99.0	85.3	99.0	99.9	99.5	93.5	6.5
济宁	96.8	94.9	99.5	99.7	100.0	98.3	0.1
泰安	98.4	94.5	99.0	99.0	98.4	97.7	
威海	100.0	87.6	100.0	100.0	100.0	89.2	
日照	100.0	92.9	100.0	100.0	100.0	100.0	0.0
郑州	99.2	92.2	100.0	100.0	100.0	82.6	17.4
开封	92.8	91.0	98.7	91.8	99.8	100.0	
洛阳	99.0	96.3	99.0	98.9	99.3	35.2	62.3
平顶山	96.8	94.2	99.7	99.5	99.0	76.5	31.5
安阳	96.5	91.0	94.1	98.3	92.3	93.8	5.3
焦作	97.2	78.0	96.5	98.5	99.6	75.3	22.7
武汉	99.1	84.4	99.6	97.8	100.0	89.5	6.8
宜昌	99.2	87.8	99.5	99.6	99.5	42.0	57.9
荆州	93.7	39.6	95.8	95.6	95.8	99.9	0.2
长沙	90.0	94.4	90.7	89.6	89.4	90.6	5.7
株洲	94.4	84.4	98.8	96.8	92.1	81.0	12.9
湘潭	92.2	81.1	92.4	89.8	92.2	95.6	4.2
岳阳	92.0	92.0	92.7	95.5	87.8	90.0	0.7
常德	97.3	58.3	96.3	98.7	94.6	98.5	1.5

重点城市工业企业“三废”治理效率（续表）

（2009）

单位：%

城市名称	工业废水排放达标率	工业用水重复用水率	二氧化硫排放达标率	烟尘排放达标率	工业粉尘排放达标率	工业固体废物	
						综合利用率	处置率
张家界	97.5	17.1	87.0	93.9	97.0	96.3	0.0
广州	96.5	45.3	84.1	93.1	99.9	92.4	6.6
韶关	80.2	91.4	77.4	73.9	95.6	89.6	0.6
深圳	96.3	58.2	99.3	99.9	100.0	90.1	9.8
珠海	98.0	61.0	98.9	99.9	99.6	98.5	1.3
汕头	90.3	22.7	86.0	91.8	98.8	95.0	1.2
佛山	93.5	15.0	92.8	96.1	92.5	97.5	2.4
湛江	84.8	79.9	70.6	78.2	75.8	92.5	7.2
中山	98.2	38.4	97.6	100.0	99.8	82.9	16.4
南宁	91.5	83.6	90.7	96.9	98.8	90.7	8.5
柳州	94.0	79.8	96.8	89.2	99.7	91.6	6.4
桂林	98.2	88.7	97.9	94.5	97.2	97.1	0.1
北海	92.1	79.0	92.7	91.7	91.7	52.9	47.0
海口	100.0	85.0		100.0	100.0	98.7	
三亚	100.0	14.4	100.0	100.0	100.0	99.2	
重庆	94.3	65.2	81.8	84.4	80.5	79.8	5.0
成都	99.7	81.3	87.2	100.0	100.0	98.9	0.6
攀枝花	96.8	95.4	100.0	99.5	100.0	20.0	78.0
泸州	94.7	93.6	93.8	96.7	97.4	74.8	15.6
绵阳	99.5	82.8	99.6	99.4	99.5	81.5	12.3
宜宾	99.3	74.6	90.1	99.7	96.1	92.8	
贵阳	97.3	94.7	95.6	97.0	92.9	45.8	50.8
遵义	85.7	95.4	73.1	65.8	83.4	82.8	8.8
昆明	99.8	94.7	99.9	99.7	99.9	39.9	55.3
曲靖	96.8	94.3	98.1	98.3	93.3	49.9	
拉萨	21.3	17.4		62.0	21.4	18.7	
西安	93.5	78.5	90.9	98.3	89.5	97.8	1.4
铜川	99.5	94.8	100.0	100.0	99.9	81.1	
宝鸡	99.7	88.4	93.7	98.7	99.5	29.5	70.4
咸阳	100.0	90.8	100.0	100.0	100.0	90.1	9.9
延安	98.3	87.3	98.7	99.4	97.5	94.3	5.2
兰州	98.7	94.1	99.9	99.2	99.9	73.5	6.2
金昌	81.9	86.8	71.5	53.2	88.8	15.2	64.3
西宁	87.3	86.8	93.7	78.5	78.9	91.9	0.0
银川	99.2	93.6	99.2	99.7	99.6	90.8	9.6
石嘴山	81.8	94.6	84.0	83.6	98.4	66.5	26.5
乌鲁木齐	88.0	96.9	93.3	81.2	79.9	65.3	8.5
克拉玛依	99.9	94.6	100.0	100.0		56.8	

重点城市污水处理情况（一）

（2009）

城市名称	城市污水处理厂数（座）	污水处理能力（吨/日）	污水处理量（万吨）		污水再用量（万吨）	本年运行费用（万元）
				处理生活污水量		
总　计	**1 348**	**75 909 133**	**2 082 371**	**1 665 852**	**109 856**	**1 640 649.0**
北　京	59	3 710 030	108 545	104 672	22 561	89 132.1
天　津	29	1 959 761	51 815	32 891	1 026	49 365.6
石家庄	21	1 560 000	36 545	24 252	864	21 206.9
唐　山	13	960 000	20 670	9 370	4 880	14 833.0
秦皇岛	5	340 000	8 050	8 050	1 505	6 231.0
邯　郸	17	581 500	13 043	11 911	1 038	9 773.4
保　定	24	905 000	18 039	14 340	223	17 874.6
太　原	11	407 700	12 911	12 076	2 588	9 089.2
大　同	10	214 000	5 766	5 392	1 977	5 108.1
阳　泉	3	130 000	3 202	3 040	1 101	2 359.4
长　治	9	215 000	5 562	5 309	880	4 960.0
临　汾	4	119 600	2 765	2 765	148	2 113.5
呼和浩特	5	216 500	5 576	5 126	421	3 688.5
包　头	6	285 000	6 988	6 450	1 739	7 765.1
赤　峰	11	385 000	6 000	4 926	0	3 831.8
沈　阳	15	1 381 200	40 798	36 365	578	17 420.4
大　连	14	885 000	22 874	21 821	7 878	16 091.7
鞍　山	2	160 000	3 289	3 289	0	3 478.0
抚　顺	2	310 000	8 489	8 203		2 431.0
本　溪	2	245 000	4 765	4 370		2 114.0
锦　州	1	100 000	3 457	3 457		2 700.0
长　春	9	797 500	18 865	15 134		4 936.0
吉　林	5	599 000	15 694	8 650		18 281.0
哈尔滨	6	605 000	17 440	16 402	26	11 713.1
齐齐哈尔	2	110 000	4 751	4 461		2 835.5
大　庆	4	272 000	5 526	5 504	139	7 736.0
牡丹江	2	120 000	4 115	3 783	0	2 250.4
上　海	47	6 647 596	171 609	141 331	2 519	128 898.3
南　京	24	1 442 000	48 930	43 335	796	22 906.3
无　锡	64	1 856 180	43 333	19 675	1 018	53 291.2
徐　州	13	522 500	17 815	15 693	707	13 365.0
常　州	35	891 000	29 992	13 717	54	20 800.4
苏　州	90	2 413 700	67 299	43 685	1 510	71 953.1
南　通	17	482 500	18 296	12 494	668	13 496.4
连云港	8	253 000	6 901	5 866	547	6 145.4
扬　州	9	368 500	10 826	9 171	0	9 032.7
杭　州	26	2 343 500	78 320	38 490	1 510	56 951.8

重点城市污水处理情况（一）（续表）

（2009）

城市名称	城市污水处理厂数（座）	污水处理能力（吨/日）	污水处理量（万吨）		污水再用量（万吨）	本年运行费用（万元）
				处理生活污水量		
宁　波	13	822 066	30 841	23 150	2 811	26 490.8
温　州	9	584 000	15 927	13 501	5	15 958.8
嘉　兴	11	680 000	22 081	8 681	221	31 893.5
湖　州	16	505 500	11 362	7 148	495	12 720.8
绍　兴	4	1 337 500	34 951	9 381	1	66 525.0
台　州	8	368 500	11 612	10 260	1 861	14 197.2
合　肥	10	665 000	24 398	16 967	2 920	9 396.6
芜　湖	3	185 000	4 408	4 228		1 333.0
马鞍山	3	180 000	7 913	2 998	2 991	4 290.6
福　州	11	625 000	19 777	18 807	2	10 404.7
厦　门	10	883 400	18 375	15 344	95	20 301.6
泉　州	14	638 000	21 687	12 389	357	17 102.5
南　昌	4	940 000	23 607	23 557	0	11 961.0
九　江	8	147 690	4 589	4 589	0	2 936.8
济　南	10	647 000	15 469	14 886	274	10 238.5
青　岛	19	1 335 000	34 445	22 734	370	40 769.5
淄　博	13	765 000	23 213	12 357	1 499	20 781.1
枣　庄	8	310 000	8 316	6 302	820	5 880.0
烟　台	18	761 500	20 571	15 012	406	13 827.5
潍　坊	19	966 000	29 181	18 445	0	25 324.2
济　宁	14	655 000	15 273	12 782	1 336	10 904.7
泰　安	7	350 000	9 015	8 313	556	6 980.8
威　海	6	230 000	7 408	6 064	492	6 401.5
日　照	7	183 000	5 346	3 727	116	5 026.0
郑　州	11	1 015 000	28 471	27 467	2 075	22 420.1
开　封	7	420 000	4 858	4 118	0	3 112.4
洛　阳	12	740 000	15 329	13 977	616	7 046.2
平顶山	7	390 000	11 451	8 814	365	5 919.0
安　阳	7	343 000	9 307	5 459	3 397	7 481.8
焦　作	8	340 000	8 856	8 856	223	7 050.2
武　汉	11	1 625 000	53 523	51 331	453	25 215.5
宜　昌	18	445 600	10 270	9 737	0	9 708.4
荆　州	5	234 000	5 087	4 966	0	3 893.1
长　沙	11	1 122 000	22 874	22 191	108	15 261.0
株　洲	7	293 000	6 593	6 028	267	2 477.6
湘　潭	5	260 000	5 036	4 974	73	3 170.8
岳　阳	6	245 000	3 799	3 799	0	1 961.0
常　德	1	150 000	2 886	2 657		1 225.5

重点城市污水处理情况（一）（续表）

（2009）

城　市 名　称	城市污水 处理厂数 （座）	污　水 处理能力 （吨/日）	污　水 处理量 （万吨）	处理生活 污水量	污　水 再用量 （万吨）	本年运 行费用 （万元）
张家界	3	35 000	854	853	230	707.0
广　州	17	2 339 000	76 204	73 172	1 045	49 802.2
韶　关	10	200 000	3 722	3 579	4	1 077.0
深　圳	17	2 620 000	79 025	67 256	31	42 540.3
珠　海	7	438 000	12 009	10 723	42	16 332.8
汕　头	5	407 500	11 125	9 099	56	6 999.0
佛　山	40	1 320 400	39 057	37 694	58	19 387.3
湛　江	2	200 000	5 388	5 384	0	1 693.2
中　山	17	710 000	15 038	15 038	6	13 761.9
南　宁	4	452 000	14 064	14 030	1	14 878.8
柳　州	2	350 000	10 127	9 163	196	12 102.5
桂　林	7	280 000	8 014	7 557	179	7 270.5
北　海	1	100 000	2 617	2 442		1 530.0
海　口	2	315 000	10 773	8 656	12	3 782.7
三　亚	5	109 800	2 749	2 749	300	2 423.6
重　庆	76	2 264 620	65 485	64 096	954	77 737.7
成　都	50	1 523 090	49 270	46 152	3 380	34 842.2
攀枝花	4	76 000	2 193	2 193	1	1 752.7
泸　州	1	50 000	907	907		852.0
绵　阳	3	210 000	6 316	5 318	3	5 450.0
宜　宾	4	75 000	1 751	1 751	0	1 330.2
贵　阳	9	316 500	9 296	4 369	335	5 277.1
遵　义	14	185 500	3 924	3 924	937	2 253.3
昆　明	12	780 000	24 235	23 753	14 057	22 232.5
曲　靖	3	135 000	2 476	2 404	0	2 134.6
拉　萨						
西　安	6	695 000	18 089	18 089	837	11 647.1
铜　川	1	35 000	686	673		383.7
宝　鸡	4	225 000	4 837	3 134	0	2 227.6
咸　阳	7	228 000	4 890	3 361	453	3 900.0
延　安	5	65 800	1 143	1 143	6	1 378.1
兰　州	4	615 000	9 000	8 555	2	7 593.3
金　昌	1	80 000	1 150	972	1 093	1 162.0
西　宁	3	131 900	4 568	4 568		3 569.2
银　川	6	350 000	9 555	7 550	505	5 260.7
石嘴山	3	115 000	2 716	2 716	112	2 647.2
乌鲁木齐	6	565 000	8 967	8 682	614	6 726.5
克拉玛依	2	130 000	3 185	2 970	301	2 253.3

重点城市污水处理情况（二）

（2009）

单位：吨

城　市 名　称	化学需氧量 去　除　量	氨　氮 去除量	总　磷 去除量	污　泥 产生量	污　泥 排放量
总　计	**6 115 236**	**396 226**	**79 119**	**13 093 475**	**41 642**
北　京	418 203	22 685	4 937	1 039 382	0
天　津	198 495	13 772	2 422	218 909	0
石 家 庄	134 536	9 302	1 287	298 650	0
唐　山	79 095	4 605	969	168 126	0
秦 皇 岛	28 054	2 002	288	41 732	0
邯　郸	33 873	3 012	363	80 884	0
保　定	49 739	4 334	385	78 249	0
太　原	40 943	1 844	517	59 366	0
大　同	19 244	1 727	619	55 570	6 624
阳　泉	8 936	693	62	20 045	0
长　治	16 355	1 512	126	29 951	440
临　汾	7 985	956	12	10 044	
呼和浩特	18 699	911	136	21 347	0
包　头	24 354	1 998	461	42 690	0
赤　峰	20 386	566	186	21 355	0
沈　阳	116 326	4 511	631	259 763	602
大　连	54 147	10 950	758	166 473	0
鞍　山	7 587	389	54	15 213	0
抚　顺	25 766	749	232	48 833	
本　溪	8 921	986	78	6 465	
锦　州	6 223	69	21	3 311	
长　春	50 571	3 561	940	60 343	
吉　林	52 255	2 939	274	60 204	0
哈 尔 滨	46 912	6 087	566	154 568	3 335
齐齐哈尔	12 418	773	85	46 699	1 604
大　庆	17 070	1 616	165	29 228	0
牡 丹 江	9 641	681	11 282	29 303	
上　海	398 077	18 069	5 096	1 050 165	0
南　京	85 595	9 694	739	126 097	0
无　锡	148 530	8 833	1 277	569 259	0
徐　州	39 385	4 355	716	77 128	0
常　州	88 884	6 567	988	199 910	0
苏　州	238 959	12 969	2 463	839 365	0
南　通	59 677	2 776	642	102 028	0
连 云 港	12 644	1 425	109	10 578	0
扬　州	23 528	1 966	304	38 550	0
杭　州	455 668	13 434	3 114	1 026 242	0

重点城市污水处理情况（二）（续表）

（2009）

单位：吨

城市名称	化学需氧量去除量	氨氮去除量	总磷去除量	污泥产生量	污泥排放量
宁波	77 960	4 160	1 591	166 016	0
温州	51 245	3 984	548	80 991	0
嘉兴	86 546	3 280	1 004	232 478	2 500
湖州	30 214	1 522	177	54 711	5 101
绍兴	361 019	11 510	1 784	196 433	0
台州	37 758	2 239	426	76 705	832
合肥	41 724	4 156	566	136 852	0
芜湖	6 735	498	95	20 503	
马鞍山	9 258	994	119	37 313	
福州	45 934	3 303	427	86 637	735
厦门	49 627	4 406	603	137 927	0
泉州	98 426	2 964	257	90 816	45
南昌	24 139	1 286	278	48 004	0
九江	7 870	444	30	2 503	
济南	43 512	3 408	453	73 890	0
青岛	156 332	9 453	1 932	258 445	0
淄博	79 360	8 287	1 485	230 049	0
枣庄	16 946	1 551	166	43 948	0
烟台	76 072	6 316	989	183 343	0
潍坊	104 884	5 782	917	35 640	0
济宁	36 214	2 648	356	72 783	0
泰安	23 057	2 615	325	26 035	
威海	26 379	1 994	224	45 131	
日照	13 206	1 064	134	8 168	0
郑州	72 206	9 726	1 175	194 805	0
开封	12 397	961	35	15 247	0
洛阳	45 746	4 465	389	94 698	0
平顶山	27 392	2 279	139	69 250	0
安阳	21 710	1 553	184	61 332	0
焦作	21 627	1 416	207	58 563	0
武汉	53 053	3 890	1 443	198 703	0
宜昌	16 546	1 243	129	65 558	0
荆州	6 735	936	115	26 499	0
长沙	42 374	2 758	350	38 113	0
株洲	11 171	809	99	35 964	0
湘潭	5 484	670	59	16 461	0
岳阳	8 227	1 056	80	3 828	0
常德	2 009			6 192	

重点城市污水处理情况（二）（续表）

（2009）

单位：吨

城　市 名　称	化学需氧量 去除量	氨　氮 去除量	总　磷 去除量	污　泥 产生量	污　泥 排放量
张家界	1 083	276	47	214	0
广　州	179 695	15 091	2 079	378 452	0
韶　关	3 324	160	27	1 828	0
深　圳	165 600	10 755	2 929	571 255	0
珠　海	22 427	1 265	283	20 425	0
汕　头	17 109	1 293	80	55 228	0
佛　山	53 336	5 609	1 102	98 654	3
湛　江	10 603	924	146	25 583	
中　山	29 010	2 092	509	60 398	0
南　宁	25 120	2 654	504	53 198	
柳　州	16 638	1 682	155	12 938	
桂　林	12 334	1 017	343	11 390	0
北　海	356	147	102	2 596	
海　口	21 204	609	540	16 485	
三　亚	5 157	448	44	7 636	0
重　庆	174 363	14 789	2 554	405 544	0
成　都	98 005	11 198	917	171 511	21
攀枝花	5 295	406	32	5 806	0
泸　州	1 717	285	17	8 025	
绵　阳	17 931	1 369	96	39 837	
宜　宾	5 101	398	40	5 439	0
贵　阳	17 321	947	79	19 209	0
遵　义	7 939	282	58	12 349	0
昆　明	62 406	4 965	1 187	183 400	0
曲　靖	2 212	24	45	3 715	0
拉　萨					
西　安	85 333	6 346	828	295 799	0
铜　川	1 686	298	28	3 830	
宝　鸡	12 303	1 016	103	28 291	0
咸　阳	17 200	789	219	54 095	19 800
延　安	3 382	300	43	11 331	0
兰　州	24 721	1 081	482	29 073	
金　昌	2 609	311	31	3 892	0
西　宁	12 270	502	51	32 493	
银　川	34 538	1 705	388	52 099	0
石嘴山	7 977	1 188	95	10 674	0
乌鲁木齐	36 242	804	269	56 221	0
克拉玛依	12 920	265	78	8 003	

重点城市生活及其他污染情况

（2009）

城市名称	城镇生活污水排放量（万吨）	城镇生活污水中化学需氧量排放量（吨）	城镇生活污水中氨氮排放量（吨）	生活及其他煤炭消耗量（万吨）	生活及其他二氧化硫排放量（吨）	生活及其他烟尘排放量（吨）	生活及其他氮氧化物排放量（吨）	城镇生活污水处理率（%）
总计	**2 243 544**	**4 101 166**	**471 392**	**8 364**	**1 581 111**	**957 841**	**2 132 538**	**74.5**
北京	132 100	93 948	12 577	412	58 872	25 295	127 486	79.2
天津	40 206	109 531	9 065	195	63 720	12 636	13 245	81.8
石家庄	29 015	76 031	6 196	269	36 910	24 056	17 324	83.6
唐山	12 241	29 171	4 248	96	10 676	21 534	27 194	76.6
秦皇岛	9 621	11 013	1 617	65	11 367	6 972	19 782	83.7
邯郸	15 705	31 411	4 070	92	15 349	36 870	10 745	75.8
保定	19 061	38 783	4 403	114	19 792	6 379	11 088	75.2
太原	13 957	23 700	5 514	171	38 321	21 220	3 205	86.5
大同	6 533	20 390	3 207	151	26 355	26 099	24 393	82.5
阳泉	3 999	8 900	1 238	75	11 876	6 724	14 156	76.0
长治	6 529	14 064	2 018	204	23 369	9 392	3 763	81.3
临汾	8 565	26 810	3 791	355	28 915	40 184	23 101	32.3
呼和浩特	7 118	28 239	4 469	242	20 659	9 002	18 621	72.0
包头	8 080	23 281	5 003	194	24 940	36 497	3 650	79.8
赤峰	6 129	10 880	2 556	119	20 888	16 148	19 639	80.4
沈阳	43 828	53 761	8 294	190	22 503	26 250	7 618	83.0
大连	23 486	35 514	6 066	134	10 974	24 666	13 303	92.9
鞍山	9 138	38 105	2 875	37	9 086	2 712	10 841	36.0
抚顺	10 505	25 292	3 336	23	2 942	2 760	4 958	78.1
本溪	5 328	21 306	3 066	27	7 670	4 475	774	82.0
锦州	7 134	23 502	4 961	44	6 982	9 164	3 271	48.5
长春	24 225	35 347	6 017	301	15 621	48 321	5 649	62.5
吉林	14 280	24 966	3 281	67	3 486	5 997	12 173	60.6
哈尔滨	20 371	66 146	7 051	324	22 299	33 629	37 013	80.5
齐齐哈尔	7 306	32 246	4 348	70	5 427	10 450	6 222	61.1
大庆	8 487	26 805	3 418	78	4 990	11 036	26 538	64.9
牡丹江	6 566	23 902	3 192	42	2 659	17 710	3 941	57.6
上海	189 326	214 391	27 811	265	139 560	65 358	158 645	74.7
南京	45 548	100 665	4 822	29	5 790	3 204	43 329	95.1
无锡	21 845	29 603	2 836	43	5 571	3 457	44 053	90.1
徐州	23 242	44 348	5 066	50	6 306	1 233	31 330	67.5
常州	19 130	26 248	1 615	6	4 023	5 425	3 577	71.7
苏州	52 399	58 076	5 278	8	1 322	263	44 701	83.4
南通	19 699	62 922	6 242	10	1 434	1 135	12 220	63.4
连云港	10 348	30 293	3 495	24	4 963	574	41 350	56.7
扬州	11 362	36 750	3 181	25	4 407	4 058	7 196	80.7
杭州	40 538	40 389	4 773	25	3 793	1 996	16 482	95.0

重点城市生活及其他污染情况（续表）

（2009）

城市名称	城镇生活污水排放量（万吨）	城镇生活污水中化学需氧量排放量（吨）	城镇生活污水中氨氮排放量（吨）	生活及其他煤炭消耗量（万吨）	生活及其他二氧化硫排放量（吨）	生活及其他烟尘排放量（吨）	生活及其他氮氧化物排放量（吨）	城镇生活污水处理率（%）
宁波	27 320	24 791	1 974	13	2 042	457	22 447	84.7
温州	24 399	84 330	5 411	7	974	244	41 610	55.3
嘉兴	10 882	13 905	1 860	8	3 154	585	37 430	79.8
湖州	9 189	11 444	1 706	31	2 851	740	64 067	77.8
绍兴	10 967	21 009	2 411	49	5 416	1 935	20 345	85.5
台州	11 517	20 925	1 744	5	693	797	5 038	89.1
合肥	19 453	30 914	3 720	8	988	1 111	3 855	87.2
芜湖	6 219	32 956	2 637	5	721	1 171	4 641	68.0
马鞍山	4 294	16 722	1 664	5	393	262	5 320	69.8
福州	26 073	46 210	3 965	7	1 302	172	15 379	72.1
厦门	18 422	44 670	3 632	5	920	139	19 258	83.3
泉州	18 575	55 470	4 458	31	4 920	2 421	29 876	66.7
南昌	25 930	40 203	3 714	45	10 800	675	38 311	90.9
九江	7 802	36 018	2 970	5	3 130	2 348	10 736	58.8
济南	19 961	42 274	5 944	171	16 726	7 533	29 178	74.6
青岛	25 244	37 172	5 540	107	30 213	10 885	36 219	90.1
淄博	12 892	12 609	1 665	52	12 950	4 610	11 911	95.9
枣庄	8 764	25 899	2 797	54	12 354	4 499	11 830	71.9
烟台	16 751	30 313	3 234	67	9 273	2 008	21 551	89.6
潍坊	23 068	24 507	5 607	109	16 925	7 410	49 170	80.0
济宁	13 694	29 337	4 012	153	14 140	7 143	8 409	93.3
泰安	10 324	21 316	2 755	77	16 414	10 203	17 156	80.5
威海	7 392	12 281	2 233	40	5 058	5 483	4 167	82.0
日照	4 970	12 115	1 557	57	9 710	3 920	6 300	75.0
郑州	34 240	38 400	4 829	159	14 317	13 577	3 153	80.2
开封	6 888	15 689	2 613	39	4 818	2 581	3 574	59.8
洛阳	17 932	30 799	2 956	124	28 573	6 839	3 815	77.9
平顶山	11 508	13 582	2 276	57	10 446	2 896	17 111	76.6
安阳	10 740	23 928	3 216	67	3 364	3 535	10 836	50.8
焦作	9 793	13 135	2 327	103	8 645	4 025	3 908	90.4
武汉	55 903	127 192	12 098	39	5 530	1 046	62 539	91.8
宜昌	13 374	16 521	2 737	48	18 264	6 463	7 016	72.8
荆州	12 362	31 953	5 103	58	13 216	960	7 000	40.2
长沙	29 117	52 619	6 595	23	8 748	792	20 322	76.2
株洲	13 242	49 707	4 233	45	9 961	6 507	9 199	45.5
湘潭	10 144	40 164	2 881	22	7 047	535	403	49.0
岳阳	13 464	59 237	5 024	26	3 930	2 252	11 247	28.2
常德	10 443	47 282	5 228	47	17 199	7 395	2 831	25.5

重点城市生活及其他污染情况（续表）

（2009）

城市名称	城镇生活污水排放量（万吨）	城镇生活污水中化学需氧量排放量（吨）	城镇生活污水中氨氮排放量（吨）	生活及其他煤炭消耗量（万吨）	生活及其他二氧化硫排放量（吨）	生活及其他烟尘排放量（吨）	生活及其他氮氧化物排放量（吨）	城镇生活污水处理率（%）
张家界	3 610	14 771	1 194	15	7 104	1 512	5 560	23.6
广州	93 294	96 776	6 712	9	4 416	1 896	86 310	78.4
韶关	9 412	20 564	3 433	2	147	75	335	38.0
深圳	82 301	45 844	8 763	1	350	120	97 100	81.7
珠海	13 263	20 400	2 126	5	800	100	12 947	80.8
汕头	15 945	39 295	8 015	3	786	269	8 389	57.1
佛山	50 736	44 445	8 913	1	206	69	37 105	74.3
湛江	18 619	44 771	6 045	3	616	190	13 473	28.9
中山	19 833	23 363	3 462	1	100	1 560	855	75.8
南宁	22 668	56 198	3 665	34	6 200	2 066	16 558	61.9
柳州	16 265	42 402	2 929	14	9 249	1 234	7 603	56.3
桂林	13 735	38 114	2 852	33	5 550	3 295	34 632	55.0
北海	9 658	27 901	2 056	4	854	356	3 102	25.3
海口	10 118	14 349	1 882	2	380	625	19 000	85.6
三亚	4 119	4 110	272	0	21	10	93	66.8
重庆	81 385	139 507	19 527	341	159 975	81 900	71 159	78.8
成都	55 149	80 548	7 014	99	56 389	11 201	9 960	83.7
攀枝花	3 233	12 222	1 268	9	476	258	276	67.8
泸州	5 666	29 761	3 178	54	5 033	2 645	2 040	16.0
绵阳	10 632	27 483	2 330	22	14 826	10 672	6 087	50.0
宜宾	6 674	25 435	2 007	30	8 980	1 863	400	36.8
贵阳	13 190	48 410	4 044	98	95 012	16 435	0	33.1
遵义	8 427	34 196	2 977	244	82 156	17 578	11 008	46.6
昆明	25 464	19 285	1 308	75	4 994	5 909	9 934	93.3
曲靖	5 369	28 419	2 347	105	7 580	10 722	11 574	44.8
拉萨	731	4 267	427	1	59	289	20	0.0
西安	28 201	67 317	8 639	52	3 438	9 134	25 881	64.1
铜川	899	7 297	750	15	3 004	1 742	930	74.9
宝鸡	6 005	19 854	2 340	65	12 565	7 484	3 510	52.2
咸阳	6 740	20 027	3 267	54	5 229	2 958	3 037	49.9
延安	2 566	10 856	1 389	103	6 649	5 567	2 630	44.6
兰州	13 923	46 062	4 877	80	10 243	6 390	11 805	61.5
金昌	1 352	4 341	392	18	3 418	1 085	829	71.9
西宁	7 765	17 355	2 954	30	2 356	8 862	10 730	58.8
银川	11 792	8 717	1 616	104	10 327	4 369	21 675	64.0
石嘴山	3 370	4 342	480	19	3 870	1 070	5 987	80.6
乌鲁木齐	17 343	26 058	5 043	75	7 583	17 153	27 240	50.1
克拉玛依	3 129	1 774	579	2	228	143	3 030	94.9

重点城市主要工业污染物单位工业总产值排放强度

（2009）

单位：千克/万元

城市名称	废水（吨/万元）	化学需氧量	氨氮	二氧化硫	氮氧化物	烟尘	粉尘	固体废物
总计	**7.886**	**1.180**	**0.079**	**5.764**	**4.328**	**1.729**	**1.383**	**1.909**
北京	1.928	0.108	0.010	1.326	1.190	0.422	0.383	0.020
天津	2.911	0.351	0.044	2.590	3.016	0.879	0.119	0.000
石家庄	12.066	3.151	0.258	9.103	7.085	1.986	0.979	0.000
唐山	6.204	1.572	0.049	7.479	8.107	3.244	5.595	7.821
秦皇岛	8.336	1.366	0.054	7.339	5.021	1.702	4.425	0.000
邯郸	4.213	0.595	0.038	8.722	6.391	1.925	2.807	0.000
保定	20.444	3.009	0.169	8.881	5.797	1.843	2.074	0.008
太原	1.737	0.344	0.025	6.327	4.720	2.700	2.130	6.497
大同	11.201	6.288	0.832	25.201	36.149	16.138	11.245	27.257
阳泉	2.485	0.242	0.019	37.276	12.377	5.868	3.049	123.288
长治	2.920	0.844	0.067	8.272	6.179	3.973	8.603	6.174
临汾	5.444	1.162	0.088	9.572	3.716	8.916	12.009	63.108
呼和浩特	4.640	0.484	0.046	14.472	16.528	2.488	0.256	0.004
包头	4.879	0.415	0.096	17.481	13.537	3.014	5.838	0.305
赤峰	9.385	1.930	0.024	66.551	28.119	3.830	0.825	2.226
沈阳	3.187	0.405	0.055	4.193	4.840	2.695	0.247	0.009
大连	11.570	0.471	0.033	3.484	4.096	0.966	0.159	0.324
鞍山	5.625	0.638	0.035	10.237	8.450	4.579	3.339	0.000
抚顺	1.348	0.133	0.013	2.582	2.181	0.978	0.740	0.000
本溪	7.723	2.063	0.026	13.059	7.090	3.437	5.200	0.000
锦州	6.244	6.489	0.028	13.350	14.065	8.368	1.987	0.027
长春	2.073	0.980	0.018	2.066	2.306	2.603	0.958	0.000
吉林	16.247	3.370	0.057	5.614	12.119	5.355	0.491	0.000
哈尔滨	3.039	1.191	0.044	4.456	4.329	4.398	1.494	0.240
齐齐哈尔	13.069	2.988	0.374	12.826	11.697	6.540	1.010	1.232
大庆	2.308	0.264	0.023	1.606	1.632	0.806	0.055	0.000
牡丹江	24.532	14.870	0.803	35.852	41.883	36.692	23.627	0.055
上海	3.588	0.253	0.017	2.085	2.264	0.317	0.072	0.000
南京	8.207	0.603	0.025	3.033	2.046	0.704	0.941	0.000
无锡	9.093	0.710	0.039	2.492	3.646	0.893	0.963	0.000
徐州	6.592	1.234	0.038	8.170	6.819	2.268	0.867	0.000
常州	21.031	1.560	0.074	3.643	2.720	1.458	0.661	0.000
苏州	8.236	0.783	0.036	3.221	3.624	0.689	0.295	0.000
南通	13.063	1.798	0.177	5.421	4.729	3.184	0.703	0.000
连云港	7.505	0.801	0.089	6.302	3.933	1.604	0.209	0.000
扬州	7.575	1.386	0.062	7.016	4.926	0.904	0.218	0.000
杭州	31.328	3.387	0.093	3.641	3.619	1.388	0.719	0.104

重点城市主要工业污染物单位工业总产值排放强度（续表）

（2009）

单位：千克/万元

城市名称	废水（吨/万元）	化学需氧量	氨氮	二氧化硫	氮氧化物	烟尘	粉尘	固体废物
宁波	4.216	0.467	0.027	3.060	4.657	0.691	0.176	0.012
温州	10.313	2.965	0.155	6.963	4.226	0.762	0.004	0.247
嘉兴	11.578	1.167	0.160	6.806	4.806	1.324	1.270	0.000
湖州	15.749	1.212	0.091	8.788	7.929	1.787	4.386	0.022
绍兴	17.348	2.201	0.219	3.362	2.395	1.092	0.406	0.000
台州	2.929	0.468	0.029	3.819	2.918	0.399	0.019	0.070
合肥	1.659	0.113	0.007	2.482	0.817	0.864	0.374	0.000
芜湖	6.487	1.721	0.013	5.659	4.374	1.678	3.808	0.002
马鞍山	11.360	0.771	0.021	7.268	4.748	1.301	3.623	0.000
福州	3.030	0.281	0.039	6.380	3.409	0.497	0.150	0.431
厦门	1.866	0.113	0.015	2.247	0.603	0.082	0.011	0.000
泉州	18.589	1.798	0.121	3.606	1.702	1.619	0.779	0.411
南昌	15.564	3.193	0.165	3.423	1.275	1.232	0.930	0.531
九江	14.138	1.275	0.118	15.890	9.882	4.080	2.980	0.035
济南	2.989	0.418	0.019	3.931	3.535	1.201	1.790	0.000
青岛	2.795	0.304	0.016	2.241	1.545	0.553	0.137	0.000
淄博	9.780	1.242	0.095	8.217	6.505	1.887	0.833	0.000
枣庄	33.774	3.415	0.249	17.852	11.886	3.638	9.073	0.000
烟台	2.806	0.459	0.022	3.223	2.232	0.491	0.959	0.000
潍坊	8.211	0.866	0.068	5.020	4.586	1.164	0.670	0.000
济宁	9.377	0.782	0.028	7.465	7.932	1.806	0.621	0.000
泰安	6.458	0.777	0.031	9.699	7.400	2.441	0.858	0.000
威海	3.198	0.428	0.017	6.855	4.717	1.176	0.249	0.000
日照	12.100	1.675	0.099	6.985	6.373	1.340	1.264	0.000
郑州	12.008	0.999	0.025	11.983	13.292	5.492	4.082	0.000
开封	54.386	8.842	2.451	27.100	24.882	37.025	0.283	0.000
洛阳	4.921	0.331	0.035	18.088	12.369	7.915	2.261	0.282
平顶山	8.684	1.210	0.096	16.702	10.132	7.074	2.629	0.000
安阳	14.101	4.654	0.080	11.010	4.118	3.068	7.993	0.000
焦作	35.343	6.907	0.700	12.558	13.680	7.252	3.081	0.025
武汉	8.238	0.797	0.045	4.189	4.246	1.129	0.298	0.000
宜昌	15.697	1.436	0.268	4.463	3.680	1.441	1.023	0.000
荆州	18.712	7.080	0.376	10.972	4.097	5.734	2.341	0.000
长沙	2.984	0.394	0.018	4.168	1.450	2.779	10.693	0.023
株洲	15.061	2.518	0.456	12.005	4.998	6.093	2.590	0.005
湘潭	19.865	3.846	0.474	12.822	3.151	3.726	4.331	0.529
岳阳	19.277	5.025	0.811	10.324	5.401	2.676	1.363	0.163
常德	28.429	7.531	0.328	13.814	4.616	2.114	1.557	0.000

重点城市主要工业污染物单位工业总产值排放强度（续表）

（2009）

单位：千克/万元

城　市 名　称	废水 （吨/万元）	化学需氧量	氨氮	二氧化硫	氮氧化物	烟尘	粉尘	固体废物
张家界	63.558	10.272	1.226	63.728	23.865	39.494	103.669	54.312
广　州	5.986	0.539	0.022	2.110	2.148	0.275	0.051	0.006
韶　关	19.064	1.727	0.102	12.554	4.440	1.903	0.966	1.943
深　圳	1.403	0.073	0.006	0.559	0.743	0.043	0.018	0.009
珠　海	3.026	0.336	0.022	1.739	3.598	0.432	0.109	0.180
汕　头	15.704	1.631	0.067	7.229	5.205	1.246	0.014	0.034
佛　山	12.222	1.066	0.056	5.466	5.178	1.473	0.179	0.157
湛　江	12.638	2.883	0.116	10.376	4.772	2.585	1.430	2.274
中　山	11.329	1.008	0.078	4.230	1.229	1.265	0.015	0.439
南　宁	37.777	22.024	0.410	17.895	6.795	8.188	2.572	0.475
柳　州	18.497	3.527	0.223	4.976	1.356	1.023	11.341	0.225
桂　林	15.821	2.419	0.072	18.285	6.952	3.420	3.438	3.057
北　海	16.646	17.739	0.937	41.456	14.529	5.630	14.126	2.467
海　口	3.459	0.239	0.006	0.075	0.099	0.068	0.001	0.000
三　亚	0.736	0.044	0.005	0.361	1.027	0.240	0.342	0.000
重　庆	19.773	3.019	0.218	17.644	4.921	3.271	3.244	45.113
成　都	13.596	2.298	0.319	5.152	15.031	2.031	0.279	0.000
攀枝花	6.643	2.121	0.009	39.459	3.324	2.360	5.495	0.000
泸　州	26.923	6.186	0.221	34.420	5.948	3.341	1.065	3.683
绵　阳	12.529	1.026	0.071	5.605	2.027	1.127	0.449	0.000
宜　宾	23.769	8.279	0.196	17.477	2.424	1.630	0.544	0.021
贵　阳	2.345	0.178	0.010	8.406	1.595	1.376	1.461	0.010
遵　义	5.677	0.700	0.046	13.607	8.235	4.154	3.218	5.828
昆　明	3.139	0.242	0.015	6.515	2.098	0.592	0.410	7.156
曲　靖	5.325	0.872	0.175	18.069	14.916	10.783	3.168	0.000
拉　萨	81.625	4.055	0.022	9.942	2.669	4.723	5.632	99.829
西　安	8.664	2.490	0.136	5.055	2.910	1.245	0.258	0.244
铜　川	3.688	0.484	0.006	13.234	14.957	3.415	36.203	4.056
宝　鸡	23.142	4.330	0.163	12.393	6.154	1.712	2.324	0.083
咸　阳	12.868	3.558	0.115	17.836	4.509	2.314	1.180	0.006
延　安	1.817	0.661	0.012	2.050	1.501	1.137	0.014	0.423
兰　州	4.010	0.250	0.018	9.625	5.956	1.504	1.141	0.000
金　昌	4.313	1.225	1.507	19.770	4.958	4.500	1.581	0.349
西　宁	14.638	5.335	0.324	23.488	11.150	8.236	10.947	1.702
银　川	17.346	4.366	0.427	7.096	4.425	2.412	0.740	2.504
石嘴山	7.112	2.996	0.181	36.496	16.205	9.977	5.852	0.266
乌鲁木齐	7.774	1.129	0.217	14.064	8.473	4.567	1.110	0.407
克拉玛依	1.856	0.167	0.012	5.649	2.305	0.607	0.000	0.000

4

各工业行业环境统计

GEGONGYE HANGYE HUANJING TONGJI

ANNUAL STATISTIC REPORT ON ENVIRONMENT IN CHINA

2009

按行业分重点调查工业废水排放及处理情况（一）

（2009）

行业名称	汇总工业企业数（个）	工业废水排放量（万吨）	直接排入海的	工业废水排放达标量（万吨）	废水治理设施数（套）	废水治理设施处理能力（万吨/日）	本年运行费用（万元）
行业总计	**110 903**	**2 090 299.8**	**134 695.2**	**1 980 074.6**	**77 017**	**22 703.0**	**4 784 927.0**
煤炭开采和洗选业	4 261	80 235.5	135.8	73 665.1	3 435	735.6	107 414.3
石油和天然气开采业	233	10 197.5	1 125.9	10 005.0	521	366.0	162 794.7
黑色金属矿采选业	1 146	15 546.2	36.0	14 650.0	1 024	407.1	51 032.7
有色金属矿采选业	1 628	37 307.3	478.5	32 730.0	1 739	435.5	105 511.9
非金属矿采选业	958	7 718.5	55.6	7 291.5	954	216.1	27 684.2
其他采矿业	74	573.6	0.0	460.4	37	6.6	454.8
农副食品加工业	7 481	143 837.7	2 698.6	132 050.2	4 827	847.0	178 083.2
食品制造业	3 707	52 699.1	916.6	48 365.3	2 517	251.4	88 771.1
饮料制造业	2 748	69 673.6	899.6	65 458.5	1 881	319.7	88 252.3
烟草制品业	158	3 252.8	4.3	3 175.7	133	11.3	3 718.9
纺织业	8 070	239 115.6	7 657.5	230 805.8	6 564	1 077.9	379 390.0
纺织服装、鞋、帽制造业	1 451	14 727.6	185.8	14 323.6	686	72.0	19 134.2
皮革毛皮羽毛（绒）及其制品业	1 695	24 964.3	279.7	23 086.9	1 238	115.9	49 679.7
木材加工及木竹藤棕草制品业	1 526	6 137.3	29.8	5 703.0	618	21.0	8 282.8
家具制造业	340	1 855.9	13.5	1 835.8	162	4.6	2 184.2
造纸及纸制品业	5 771	392 604.1	9 509.4	367 176.3	5 477	2 395.5	510 128.2
印刷业和记录媒介的复制	558	1 783.5	205.2	1 743.0	196	5.8	3 906.1
文教体育用品制造业	270	1 238.5	12.5	1 108.6	142	2.8	1 736.8
石油加工、炼焦及核燃料加工业	1 139	66 406.3	20 907.8	63 474.3	1 667	314.6	329 860.4
化学原料及化学制品制造业	9 985	297 061.7	7 186.0	282 137.9	9 937	2 940.6	728 423.1
医药制造业	2 939	52 718.4	173.5	51 003.5	2 553	154.3	171 648.1
化学纤维制造业	350	43 854.8	2 555.8	41 857.5	355	163.9	76 961.9
橡胶制品业	918	6 783.5	115.6	6 704.4	419	48.9	8 219.8
塑料制品业	1 409	4 387.5	36.6	4 005.4	597	15.4	9 479.5
非金属矿物制品业	21 435	32 777.1	158.8	30 434.0	4 987	337.4	63 618.7
黑色金属冶炼及压延加工业	3 562	125 978.3	1 575.5	122 036.2	4 388	8 846.7	863 586.9
有色金属冶炼及压延加工业	2 643	28 976.0	71.1	27 642.8	2 172	336.9	96 988.8
金属制品业	6 118	31 345.8	372.9	30 165.7	5 088	151.3	129 585.7
通用设备制造业	3 764	13 452.3	87.3	12 953.4	1 365	52.2	19 860.7
专用设备制造业	1 294	11 006.4	50.0	10 747.0	794	76.6	18 381.4
交通运输设备制造业	2 539	27 421.8	2 041.4	26 472.5	2 113	80.1	67 221.9
电气机械及器材制造业	1 654	9 324.5	14.5	9 001.7	1 149	39.1	21 361.6
通信计算机及其他电子设备制造业	1 872	33 513.3	650.7	32 776.4	2 047	177.1	137 927.9
仪器仪表及文化办公用机械制造业	511	5 798.2	128.0	5 675.1	470	24.3	20 898.0
工艺品及其他制造业	948	3 587.5	21.5	3 362.3	597	13.3	6 387.8
废弃资源和废旧材料回收加工业	189	959.5	1.2	917.2	103	8.1	3 430.4
电力、热力的生产和供应业	4 132	149 009.6	74 096.4	144 572.6	3 379	1 498.7	162 045.3
燃气生产和供应业	88	2 013.1	9.8	1 926.9	56	4.6	5 202.4
水的生产和供应业	262	22 919.0	168.2	22 420.9	135	111.2	49 097.6
其他行业	1 077	17 536.8	28.5	16 152.0	495	16.1	6 579.0

按行业分重点调查工业废水排放及处理情况（二）

（2009）

单位：吨

行业名称	工业废水中污染物排放量					
	汞	镉	六价铬	铅	砷	挥发酚
行业总计	**1.387 3**	**32.316 6**	**55.424 4**	**182.213 5**	**197.298 9**	**1 044.639 2**
煤炭开采和洗选业	0	0.295 0	0.083 3	0.040 4	0.258 8	264.693 4
石油和天然气开采业	0.003 2	0	0.021 5	0	0	7.913 7
黑色金属矿采选业	0.015 0	0.207 3	0.246 0	5.207 8	0.406 9	0.499 2
有色金属矿采选业	0.487 1	12.523 3	1.172 3	115.437 3	114.474 9	1.231 6
非金属矿采选业	0.004 5	0.031 5	0.541 8	0.396 6	0.356 5	0.171 1
其他采矿业	0	0	0	0	0	0
农副食品加工业	0.015 7	0.014 6	0.170 1	0.071 1	0.027 5	1.886 4
食品制造业	0	0	0.009 2	0.000 1	0.158 1	1.628 5
饮料制造业	0	0.001 1	0.001 5	0	0.000 1	0.347 2
烟草制品业	0	0.000 1	0.000 1	0.000 4	0.000 6	0.009 7
纺织业	0	0.007 7	2.477 3	0.021 9	0.021 7	5.399 7
纺织服装、鞋、帽制造业	0	0.002 1	0.034 0	0	0	0.919 4
皮革毛皮羽毛（绒）及其制品业	0	0.050 0	6.279 0	0.000 2	0	0.422 2
木材加工及木竹藤棕草制品业	0	0	0.136 5	0.058 9	0.001 8	0.964 4
家具制造业	0	0	0.015 6	0.002 4	0	0.001 2
造纸及纸制品业	0.000 1	0.000 5	0.019	0.047 9	0.007 0	70.679 8
印刷业和记录媒介的复制	0	0	0.031 4	0.003 3	0.000 1	0.038 5
文教体育用品制造业	0	0	0.261 7	0	0	0.078 4
石油加工、炼焦及核燃料加工业	0.009 8	0.477 7	0.634 7	0.981	0.494 6	448.877 7
化学原料及化学制品制造业	0.253 1	0.984 3	1.661 6	8.521 9	42.998 2	130.941 4
医药制造业	0.000 2	0.375 9	0.163 2	0.307 4	0.321 9	39.113 2
化学纤维制造业	0	0	0.003 0	0	0	5.173 8
橡胶制品业	0.000 1	0.007 3	0.507 4	0.007 3	0.001 0	0.011 6
塑料制品业	0	0.002 7	0.058 1	0.012 5	0.000 2	0.081 7
非金属矿物制品业	0.003 9	0.046 4	0.149 6	0.108 9	0.000 9	0.819 3
黑色金属冶炼及压延加工业	0.400 7	0.587 4	7.351 1	15.289 5	1.218 7	50.447 8
有色金属冶炼及压延加工业	0.106 3	15.639 3	3.143 0	26.307 6	35.858 8	1.111 6
金属制品业	0.026 2	0.370 0	20.475 3	2.835 3	0.178 7	0.461 9
通用设备制造业	0.001 0	0.349 7	2.704 8	0.261 0	0.094 3	0.880 5
专用设备制造业	0.008 4	0.080 6	2.756 2	0.354 0	0.001 6	0.347 0
交通运输设备制造业	0.000 1	0.051 9	1.239 8	0.325 3	0.015 8	0.477 6
电气机械及器材制造业	0.048 8	0.036 0	0.197 4	3.074 1	0.347 5	0.316 7
通信计算机及其他电子设备制造业	0.002 9	0.141 7	2.299 4	2.273 7	0.031 3	1.057 5
仪器仪表及文化办公用机械制造业	0.000 2	0.023 8	0.286 9	0.061 5	0.000 1	0.052 0
工艺品及其他制造业	0	0.006 5	0.073 7	0.093 5	0.000 5	0.023 7
废弃资源和废旧材料回收加工业	0	0	0.001 9	0.000 4	0	0
电力、热力的生产和供应业	0	0.001 7	0.003 8	0.012 8	0.018 3	0.788 3
燃气生产和供应业	0	0	0	0	0	1.439 1
水的生产和供应业	0	0.000 5	0.213 0	0.097 5	0.001 9	5.325 6
其他行业	0	0	0.000 2	0	0.000 6	0.006 8

按行业分重点调查工业废水排放及处理情况（三）

（2009）

单位：吨

行业名称	工业废水中污染物排放量			
	氰化物	化学需氧量	石油类	氨氮
行业总计	**250.328**	**3 791 653.438**	**9 513.513**	**245 039.387**
煤炭开采和洗选业	1.677	91 672.569	590.230	4 709.604
石油和天然气开采业	0.104	16 599.739	397.141	756.171
黑色金属矿采选业	0.084	11 044.727	81.577	473.556
有色金属矿采选业	5.506	46 212.316	24.967	1 855.479
非金属矿采选业	0	6 731.229	19.013	288.954
其他采矿业	0	616.502	0.155	15.789
农副食品加工业	8.166	526 185.966	134.306	19 355.518
食品制造业	0.015	118 331.754	189.916	6 559.720
饮料制造业	0.007	227 345.423	48.987	7 346.632
烟草制品业	0	4 082.095	8.915	295.672
纺织业	1.248	313 087.094	114.544	16 050.868
纺织服装、鞋、帽制造业	0.048	17 077.976	7.009	972.763
皮革毛皮羽毛（绒）及其制品业	0.006	57 568.039	35.986	4 529.570
木材加工及木竹藤棕草制品业	0.122	16 309.743	10.332	467.090
家具制造业	0.005	4 775.789	4.425	78.797
造纸及纸制品业	0.060	1 097 204.068	95.019	27 385.245
印刷业和记录媒介的复制	0.018	2 185.810	11.022	118.903
文教体育用品制造业	0.284	1 383.169	5.897	107.226
石油加工、炼焦及核燃料加工业	16.467	80 018.969	1 281.393	7 273.368
化学原料及化学制品制造业	113.791	427 237.008	1 769.392	87 553.015
医药制造业	0.265	112 588.907	163.970	7 105.846
化学纤维制造业	2.173	121 782.756	123.726	4 386.908
橡胶制品业	0	6 260.981	35.325	682.619
塑料制品业	0.026	7 347.556	12.112	474.091
非金属矿物制品业	1.353	29 832.120	129.533	1 505.468
黑色金属冶炼及压延加工业	44.837	115 121.846	1 971.921	8 641.329
有色金属冶炼及压延加工业	0.803	27 269.668	231.666	7 085.976
金属制品业	45.055	26 961.327	255.814	1 241.895
通用设备制造业	0.432	14 230.561	307.846	1 090.819
专用设备制造业	0.185	11 397.513	116.555	846.276
交通运输设备制造业	0.517	42 761.747	607.912	2 908.514
电气机械及器材制造业	1.078	10 438.138	133.082	534.575
通信计算机及其他电子设备制造业	2.330	29 767.429	72.112	2 350.956
仪器仪表及文化办公用机械制造业	0.446	4 997.440	25.631	396.520
工艺品及其他制造业	0.167	3 585.796	5.560	258.352
废弃资源和废旧材料回收加工业	0.056	1 191.526	1.352	106.682
电力、热力的生产和供应业	0.188	44 841.659	367.767	1 402.525
燃气生产和供应业	2.033	4 013.186	11.182	946.585
水的生产和供应业	0.644	15 268.437	98.037	755.572
其他行业	0.134	96 324.861	12.183	16 123.942

按行业分重点调查工业废水排放及处理情况（四）

（2009）

单位：吨

行业名称	工业废水中污染物去除量				
	挥发酚	氰化物	化学需氧量	石油类	氨氮
行业总计	**84 754.476**	**13 802.688**	**13 212 637.821**	**371 074.609**	**640 998.284**
煤炭开采和洗选业	36.966	2.000	127 133.760	546.764	1 676.965
石油和天然气开采业	166.667	0.025	97 647.187	171 512.176	4 860.497
黑色金属矿采选业	3.480	1.042	25 446.945	89.974	101.336
有色金属矿采选业	2.757	344.657	86 175.861	12.404	2 020.676
非金属矿采选业	0.052	0	20 778.068	45.594	268.693
其他采矿业	0	0	324.303	1.923	0.498
农副食品加工业	1.760	2.924	1 345 581.710	205.729	27 548.203
食品制造业	0.344	0.300	565 514.416	52.510	42 782.811
饮料制造业	0.645	50.235	1 425 980.718	70.593	38 881.283
烟草制品业	0.011	0	14 150.799	0.962	190.819
纺织业	13.084	11.436	1 360 998.090	126.817	23 850.639
纺织服装、鞋、帽制造业	0.500	0.568	47 544.028	4.026	1 250.105
皮革毛皮羽毛（绒）及其制品业	1.677	0.124	204 105.758	135.741	13 059.009
木材加工及木竹藤棕草制品业	3.741	0	20 205.320	6.765	464.669
家具制造业	0.001	1.125	4 918.414	4.253	68.366
造纸及纸制品业	66.615	0.346	4 216 032.327	509.241	31 796.546
印刷业和记录媒介的复制	0.063	6.579	9 053.419	237.147	420.490
文教体育用品制造业	0	40.189	1 637.016	15.159	64.230
石油加工、炼焦及核燃料加工业	18 465.918	1 591.392	329 143.320	95 566.548	146 421.055
化学原料及化学制品制造业	3 475.403	1 506.670	1 218 716.530	35 996.192	223 149.233
医药制造业	1 485.306	7.319	735 187.985	399.315	17 603.709
化学纤维制造业	127.383	50.982	392 471.492	1 361.760	4 674.362
橡胶制品业	0	0	11 673.348	54.806	240.275
塑料制品业	0.083	19.126	11 830.170	13.814	485.795
非金属矿物制品业	962.910	1.146	43 208.253	307.543	1 231.674
黑色金属冶炼及压延加工业	58 089.192	7 554.622	394 358.025	55 920.164	21 119.418
有色金属冶炼及压延加工业	4.469	178.275	29 305.439	376.634	12 532.238
金属制品业	7.302	2 107.371	59 050.581	702.545	2 290.644
通用设备制造业	240.231	36.000	20 900.160	469.684	1 726.870
专用设备制造业	0.007	5.082	14 473.814	139.287	492.827
交通运输设备制造业	1.060	13.794	45 243.798	2 345.542	1 311.845
电气机械及器材制造业	3.364	18.631	14 452.892	121.173	526.434
通信计算机及其他电子设备制造业	0.174	131.627	74 565.940	116.956	8 701.471
仪器仪表及文化办公用机械制造业	0.315	6.995	11 480.756	55.281	527.589
工艺品及其他制造业	0.278	7.933	6 154.677	22.364	178.657
废弃资源和废旧材料回收加工业	0	1.835	2 001.662	6.217	117.729
电力、热力的生产和供应业	1.021	0.263	85 088.311	877.680	1 710.445
燃气生产和供应业	1 277.780	36.684	11 058.328	162.050	1 096.475
水的生产和供应业	313.918	65.394	83 558.185	2 385.905	3 628.173
其他行业	0	0	45 486.017	95.370	1 925.531

按行业分重点调查工业废气排放及处理情况（一）

（2009）

行业名称	工业废气排放总量（标态）（亿米³）	燃料燃烧废气排放量	生产工艺废气排放量	燃料煤消费量（万吨）	原料煤消费量（万吨）	燃料油消费量（万吨）
行业总计	**436 062.7**	**241 200.5**	**194 862.3**	**196 654.4**	**79 654.6**	**2 015.5**
煤炭开采和洗选业	2 334.0	2 005.4	328.6	1 781.2	9 422.5	11.7
石油和天然气开采业	1 092.2	1 045.6	46.6	175.2	0	102.5
黑色金属矿采选业	1 489.1	914.1	575.0	140.4	178.2	2.7
有色金属矿采选业	359.0	147.8	211.2	125.5	44.3	3.3
非金属矿采选业	834.5	396.9	437.5	387.6	79.9	0.6
其他采矿业	18.8	14.2	4.6	6.1	1.5	0.0
农副食品加工业	3 682.3	3 291.2	391.1	1 512.3	1.0	8.6
食品制造业	3 198.1	3 089.5	108.6	1 038.0	20.2	38.7
饮料制造业	2 109.9	2 082.4	27.5	1 089.1	3.2	10.4
烟草制品业	516.5	166.2	350.4	85.4	0	4.7
纺织业	3 447.8	3 203.5	244.3	2 466.2	0.7	26.9
纺织服装、鞋、帽制造业	226.6	169.9	56.7	108.7	0.0	5.3
皮革毛皮羽毛（绒）及其制品业	333.3	256.9	76.4	134.1	0	6.3
木材加工及木竹藤棕草制品业	1 488.9	884.0	604.9	230.5	2.9	0.4
家具制造业	120.1	37.6	82.5	26.7	0.2	0.8
造纸及纸制品业	6 106.1	5 837.5	268.6	4 517.9	1.9	16.0
印刷业和记录媒介的复制	134.7	31.3	103.3	19.6	0.1	1.5
文教体育用品制造业	82.7	14.8	67.9	7.0	0	15.4
石油加工炼焦及核燃料加工业	15 803.7	5 834.4	9 969.3	2 869.1	26 051.2	339.7
化学原料及化学制品制造业	23 174.5	12 133.8	11 040.7	8 084.1	7 442.3	121.9
医药制造业	1 286.7	1 089.6	197.0	757.3	0.4	9.5
化学纤维制造业	3 233.0	1 897.0	1 336.0	1 008.5	2.7	62.2
橡胶制品业	904.6	511.4	393.2	451.0	2.6	9.9
塑料制品业	657.4	310.1	347.3	211.4	0.0	20.1
非金属矿物制品业	78 872.8	19 233.4	59 639.4	7 130.5	13 298.8	383.7
黑色金属冶炼及压延加工业	103 582.6	24 098.6	79 484.0	6 138.3	20 688.2	25.9
有色金属冶炼及压延加工业	19 456.5	4 346.0	15 110.4	3 282.7	947.2	120.7
金属制品业	1 934.8	842.2	1 092.6	277.6	28.0	20.8
通用设备制造业	1 930.8	731.1	1 199.7	274.4	243.5	21.3
专用设备制造业	4 178.0	1 181.7	2 996.3	507.0	360.6	24.3
交通运输设备制造业	3 667.9	773.2	2 894.7	475.9	13.4	18.9
电气机械及器材制造业	1 101.7	339.1	762.5	94.7	0.5	10.4
通信计算机及其他电子设备制造业	3 387.4	200.4	3 187.0	95.2	30.2	13.0
仪器仪表及文化办公用机械制造业	541.2	28.7	512.4	13.0	0.1	4.2
工艺品及其他制造业	111.5	32.8	78.7	25.4	32.2	1.8
废弃资源和废旧材料回收加工业	65.0	47.7	17.3	13.0	1.0	0.1
电力、热力的生产和供应业	143 623.7	143 478.5	145.2	150 772.0	56.9	549.9
燃气生产和供应业	764.3	309.9	454.4	155.4	698.2	0.3
水的生产和供应业	7.4	5.5	1.9	4.8	0	0.4
其他行业	202.8	186.2	16.6	161.5	0.0	0.6

按行业分重点调查工业废气排放及处理情况（二）

（2009）

单位：吨

行业名称	二氧化硫去除量	燃料燃烧过程中去除的	生产工艺过程中去除的	二氧化硫排放量	燃料燃烧过程中排放的	生产工艺过程中排放的
行业总计	**28 898 606.4**	**17 388 953.1**	**11 509 653.3**	**16 940 644.6**	**14 057 743.2**	**2 882 901.4**
煤炭开采和洗选业	97 284.0	94 090.7	3 193.3	149 861.2	132 761.7	17 099.6
石油和天然气开采业	62 612.4	3 717.5	58 894.9	35 301.9	25 399.9	9 902.0
黑色金属矿采选业	15 128.5	4 215.9	10 912.6	54 538.1	22 401.9	32 136.2
有色金属矿采选业	583 332.7	6 125.5	577 207.2	123 027.9	15 913.3	107 114.6
非金属矿采选业	26 237.1	24 265.7	1 971.4	45 230.4	39 542.1	5 688.3
其他采矿业	70.4	65.7	4.7	1 078.6	932.5	146.1
农副食品加工业	66 526.2	65 964.9	561.2	160 943.8	160 786.3	157.5
食品制造业	48 818.3	48 691.4	126.8	107 581.1	107 371.9	209.2
饮料制造业	51 132.8	51 080.6	52.3	105 780.2	105 616.2	164.0
烟草制品业	5 970.4	5 970.4	0	11 619.8	11 618.6	1.3
纺织业	104 507.4	104 331.1	176.3	256 112.9	254 750.3	1 362.6
纺织服装、鞋、帽制造业	6 931.3	4 209.8	2 721.5	12 416.7	12 413.4	3.3
皮革毛皮羽毛（绒）及其制品业	3 108.9	3 108.9	0	17 835.4	17 835.4	0
木材加工及木竹藤棕草制品业	5 338.1	5 320.0	18.2	32 139.6	31 895.9	243.7
家具制造业	871.1	871.1	0	2 633.9	2 621.9	12.0
造纸及纸制品业	234 223.0	233 985.9	237.1	457 365.6	449 705.6	7 660.0
印刷业和记录媒介的复制	620.1	620.1	0	2 672.3	2 669.3	3.0
文教体育用品制造业	1 745.1	1 741.0	4.1	1 146.5	1 143.2	3.3
石油加工炼焦及核燃料加工业	2 307 536.1	233 287.2	2 074 248.9	614 234.9	247 480.7	366 754.2
化学原料及化学制品制造业	1 123 586.3	589 648.6	533 937.7	975 160.4	766 091.7	209 068.7
医药制造业	49 569.0	49 498.8	70.2	77 613.1	77 421.2	192.0
化学纤维制造业	85 849.8	76 421.7	9 428.1	114 553.2	113 036.0	1 517.2
橡胶制品业	35 662.5	35 044.7	617.8	37 796.3	37 522.2	274.1
塑料制品业	6 232.2	6 066.7	165.5	23 395.9	23 374.8	21.1
非金属矿物制品业	417 928.9	190 715.9	227 213.0	1 605 236.6	918 242.0	686 994.6
黑色金属冶炼及压延加工业	1 262 980.8	574 736.2	688 244.6	1 701 839.3	649 068.8	1 052 770.5
有色金属冶炼及压延加工业	7 831 460.3	524 506.9	7 306 953.4	660 890.3	303 930.9	356 959.4
金属制品业	8 016.6	6 365.5	1 651.2	38 374.7	36 960.1	1 414.6
通用设备制造业	12 286.1	9 340.9	2 945.1	46 179.5	33 578.7	12 600.8
专用设备制造业	15 414.3	15 201.9	212.4	38 311.7	37 911.5	400.2
交通运输设备制造业	16 559.1	15 609.6	949.4	36 844.4	36 500.1	344.4
电气机械及器材制造业	4 706.9	4 682.3	24.6	11 330.1	10 984.4	345.6
通信计算机及其他电子设备制造业	6 058.8	3 232.1	2 826.8	10 040.7	9 793.3	247.5
仪器仪表及文化办公用机械制造业	586.0	580.3	5.7	1 434.6	1 384.8	49.8
工艺品及其他制造业	579.2	552.4	26.9	3 650.1	3 377.9	272.3
废弃资源和废旧材料回收加工业	1 001.1	1 000.4	0.7	1 739.3	1 723.6	15.7
电力、热力的生产和供应业	14 378 958.3	14 376 771.7	2 186.6	9 329 904.4	9 325 731.8	4 172.7
燃气生产和供应业	9 076.5	7 224.5	1 852.0	23 328.6	16 927.7	6 400.9
水的生产和供应业	20.4	20.4	0	457.8	445.8	11.9
其他行业	10 079.3	10 068.2	11.1	11 042.7	10 875.9	166.8

按行业分重点调查工业废气排放及处理情况（三）

（2009）

单位：吨

行业名称	氮氧化物去除量	氮氧化物排放量	烟尘去除量	烟尘排放量	粉尘去除量	粉尘排放量
行业总计	**676 427.4**	**11 971 081.0**	**328 481 457.1**	**5 446 242.0**	**87 226 479.5**	**4 761 993.1**
煤炭开采和洗选业	292.9	90 604.9	1 711 791.5	98 282.4	162 240.6	187 838.7
石油和天然气开采业	178.5	20 500.4	46 682.5	11 051.7	0	4.8
黑色金属矿采选业	10.4	17 363.4	102 818.2	18 401.4	146 321.3	37 815.3
有色金属矿采选业	92.3	6 592.3	126 262.1	12 071.9	49 544.2	11 613.5
非金属矿采选业	288.7	19 290.4	258 133.4	22 325.3	56 614.2	25 905.2
其他采矿业	1.1	400.2	1 240.1	1 945.8	246.2	616.6
农副食品加工业	9 617.0	100 657.4	1 234 268.2	112 260.2	61 774.7	3 835.3
食品制造业	1 355.4	62 864.9	853 176.6	57 189.1	42 421.9	1 312.8
饮料制造业	2 426.3	67 420.1	1 038 695.4	67 470.4	6 693.5	1 100.3
烟草制品业	414.6	4 907.0	31 097.0	5 052.0	17 191.2	1 006.9
纺织业	3 064.1	131 105.8	1 418 974.2	126 634.2	9 025.3	1 700.6
纺织服装、鞋、帽制造业	181.4	6 959.6	72 758.5	6 633.8	520.3	264.8
皮革毛皮羽毛（绒）及其制品业	184.3	9 374.7	56 235.2	10 279.8	86.3	344.5
木材加工及木竹藤棕草制品业	262.1	16 348.1	102 312.7	32 267.3	292 859.6	24 820.6
家具制造业	0.1	1 816.5	12 544.7	3 742.7	2 232.5	983.9
造纸及纸制品业	11 845.7	284 356.7	3 443 360.9	191 818.5	14 380.1	7 501.2
印刷业和记录媒介的复制	35.4	1 478.5	5 154.3	1 536.1	13.3	21.9
文教体育用品制造业	2.4	582.4	1 860.0	622.3	2 154.7	288.3
石油加工炼焦及核燃料加工业	76 879.9	258 923.0	2 797 349.3	224 555.2	1 175 965.8	155 457.6
化学原料及化学制品制造业	70 371.4	539 780.3	7 647 108.5	417 176.9	1 049 037.2	111 569.9
医药制造业	1 290.3	47 059.5	418 575.8	45 078.4	1 466.9	802.4
化学纤维制造业	1 198.7	73 712.4	1 134 807.5	27 772.9	11 769.8	571.3
橡胶制品业	447.8	24 564.6	290 733.9	18 401.0	9 169.6	627.1
塑料制品业	89.9	14 409.9	74 867.4	10 149.6	2 912.5	290.8
非金属矿物制品业	33 471.0	1 215 659.5	11 141 461.4	925 099.6	52 592 844.1	3 090 422.9
黑色金属冶炼及压延加工业	32 089.4	860 234.2	12 447 756.5	518 414.1	26 494 277.3	841 488.6
有色金属冶炼及压延加工业	12 541.9	191 579.0	4 209 552.9	122 821.0	3 707 526.5	88 352.6
金属制品业	643.4	18 779.6	94 989.2	21 794.1	89 954.0	7 629.4
通用设备制造业	921.8	27 491.5	107 199.1	30 083.2	435 491.7	29 648.6
专用设备制造业	94.2	43 623.9	194 753.1	13 026.3	33 942.3	16 653.4
交通运输设备制造业	762.0	38 346.7	374 218.3	29 316.2	140 508.1	26 926.8
电气机械及器材制造业	537.9	7 940.1	48 833.0	6 437.9	1 841.2	641.1
通信计算机及其他电子设备制造业	8 349.3	12 035.4	53 265.7	5 021.5	55 198.0	2 727.1
仪器仪表及文化办公用机械制造业	13.7	868.5	4 053.1	669.1	2 275.2	340.1
工艺品及其他制造业	9.2	1 350.8	7 792.6	1 622.4	6 366.9	9 061.5
废弃资源和废旧材料回收加工业	0	885.5	3 714.7	518.0	2 524.5	1 993.8
电力、热力的生产和供应业	403 800.2	7 727 047.0	276 655 593.1	2 221 484.2	17 131.7	6 733.7
燃气生产和供应业	187.2	12 708.6	193 093.5	13 805.6	477.1	4 100.9
水的生产和供应业	0.0	346.3	1 653.4	498.8	0.3	0.7
其他行业	2 475.0	11 111.7	62 719.6	12 910.9	531 478.7	58 978.0

按行业分重点调查工业废气排放及处理情况（四）

（2009）

行业名称	废气治理设施数（套）	脱硫设施数	废气治理设施处理能力（标态）（万米^3/时）	脱硫设施脱硫能力（吨/时）	废气治理设施运行费用（万元）	脱硫设施运行费用
行业总计	**176 488**	**26 995**	**1 695 782.8**	**25 388.6**	**8 736 681.5**	**3 550 653.1**
煤炭开采和洗选业	4 371	1 432	4 888.6	1 776.0	59 959.3	39 750.1
石油和天然气开采业	328	47	459.5	13.8	8 834.6	3 714.5
黑色金属矿采选业	700	113	2 943.2	10.3	24 878.0	1 458.4
有色金属矿采选业	639	150	788.2	96.1	21 897.0	15 287.9
非金属矿采选业	548	121	1 104.2	12.6	9 859.1	3 229.3
其他采矿业	33	12	23.1	0.1	119.5	33.2
农副食品加工业	5 018	891	11 101.9	163.4	50 604.9	12 904.2
食品制造业	2 958	636	3 317.3	222.2	42 724.3	7 189.9
饮料制造业	2 373	753	5 169.5	325.5	26 712.1	11 181.3
烟草制品业	821	69	1 001.6	99.7	13 269.4	1 269.4
纺织业	8 366	2 212	9 986.7	431.6	183 872.4	27 488.8
纺织服装、鞋、帽制造业	851	161	911.5	66.9	255 974.6	1 118.5
皮革毛皮羽毛（绒）及其制品业	1 334	233	725.7	32.6	6 956.7	1 304.3
木材加工及木竹藤棕草制品业	1 905	206	5 902.2	19.3	13 578.0	1 377.3
家具制造业	870	33	921.9	0.4	11 945.2	382.3
造纸及纸制品业	5 287	1 211	11 570.0	529.0	97 644.6	35 167.6
印刷业和记录媒介的复制	220	65	1 067.7	4.5	1 472.8	465.0
文教体育用品制造业	322	24	293.8	12.3	1 493.7	157.3
石油加工炼焦及核燃料加工业	2 614	655	20 016.3	678.8	415 941.0	224 200.2
化学原料及化学制品制造业	16 770	3 432	56 267.3	2 135.8	429 112.7	127 588.1
医药制造业	3 202	662	6 037.3	68.2	38 697.2	7 781.5
化学纤维制造业	781	250	2 606.7	53.6	40 739.5	13 174.1
橡胶制品业	1 429	292	1 906.5	28.8	15 743.3	6 249.8
塑料制品业	1 354	218	1 943.7	302.3	16 489.0	1 551.1
非金属矿物制品业	52 848	2 188	151 831.8	1 391.6	643 014.6	52 695.2
黑色金属冶炼及压延加工业	15 019	953	182 063.1	951.8	1 714 819.9	176 758.5
有色金属冶炼及压延加工业	7 015	1 233	62 163.1	1 340.5	603 322.1	238 697.4
金属制品业	4 168	396	4 644.9	17.8	30 649.3	2 461.8
通用设备制造业	3 952	666	5 381.0	49.8	44 026.6	18 108.7
专用设备制造业	1 920	257	3 684.1	63.9	15 652.8	2 959.0
交通运输设备制造业	4 755	627	9 572.5	170.2	51 339.6	6 328.8
电气机械及器材制造业	2 718	171	3 732.9	31.9	14 737.2	1 216.3
通信计算机及其他电子设备制造业	3 602	163	7 078.7	127.5	42 107.0	1 637.0
仪器仪表及文化办公用机械制造业	646	39	1 082.0	0.8	7 941.2	224.6
工艺品及其他制造业	500	60	270.3	2.2	4 600.6	162.3
废弃资源和废旧材料回收加工业	104	7	161.3	8.1	1 323.9	315.3
电力、热力的生产和供应业	15 135	6 005	1 111 882.8	14 036.4	3 751 601.3	2 487 470.6
燃气生产和供应业	406	129	599.5	107.3	4 130.9	1 450.8
水的生产和供应业	83	3	119.7	0.0	1 424.1	1.5
其他行业	523	220	560.7	5.3	17 471.5	16 141.2

按行业分重点调查工业固体废物产生及处置利用情况（一）

（2009）

单位：万吨

行业名称	工业固体废物产生量	危险废物	冶炼废渣	粉煤灰	炉渣	煤矸石	尾矿	放射性废物	脱硫石膏	其他废物
行业总计	**190 674**	**1 430**	**28 209**	**36 179**	**19 818**	**22 094**	**55 563**	**22**	**4 371**	**22 991**
煤炭开采和洗选业	23 869	0	32	300	295	20 446	1 424	0	4	1 368
石油和天然气开采业	175	12	0	13	22	0	0	0	0	128
黑色金属矿采选业	23 442	0	34	10	32	2	20 462	0	0	2 901
有色金属矿采选业	25 848	158	77	10	25	10	24 383	18	3	1 164
非金属矿采选业	1 455	73	6	31	75	1	974	0	3	291
其他采矿业	46	0	0	0	2	6	28	0	0	10
农副食品加工业	2 091	0	0	139	298	1	0	0	9	1 644
食品制造业	532	0	0	74	212	0	0	0	3	242
饮料制造业	930	0	6	68	240	2	0	0	3	610
烟草制品业	41	0	0	3	23	0	0	0	0	15
纺织业	732	18	0	109	502	2	0	0	4	97
纺织服装、鞋、帽制造业	47	0	0	4	21	0	0	0	0	22
皮革毛皮羽毛（绒）及其制品业	80	2	0	7	31	0	0	0	0	40
木材加工及木竹藤棕草制品业	170	0	0	10	55	0	0	0	0	104
家具制造业	16	0	0	1	8	0	0	0	0	7
造纸及纸制品业	1 939	9	2	458	764	2	0	0	15	688
印刷业和记录媒介的复制	16	2	0	1	4	0	0	0	0	10
文教体育用品制造业	3	0	0	0	1	0	0	0	0	1
石油加工炼焦及核燃料加工业	2 994	141	57	363	230	1 207	102	1	10	883
化学原料及化学制品制造业	12 595	522	690	1 022	2 398	68	1 226	0	194	6 475
医药制造业	346	32	1	34	169	1	0	0	1	109
化学纤维制造业	373	41	0	142	130	0	7	0	4	48
橡胶制品业	139	1	0	34	85	0	0	0	4	16
塑料制品业	66	2	0	7	47	0	0	0	0	9
非金属矿物制品业	4 359	3	297	830	1 148	189	294	0	162	1 436
黑色金属冶炼及压延加工业	33 894	62	24 599	546	2 313	41	3 178	0	32	3 123
有色金属冶炼及压延加工业	7 087	170	1 868	534	423	29	3 477	2	63	522
金属制品业	506	36	234	5	86	1	0	0	0	144
通用设备制造业	489	6	226	9	76	1	1	0	1	168
专用设备制造业	187	4	24	35	58	0	0	0	0	66
交通运输设备制造业	506	15	10	31	115	0	0	0	0	335
电气机械及器材制造业	71	11	0	4	22	0	0	0	0	34
通信计算机及其他电子设备制造业	173	80	1	1	10	0	6	0	0	76
仪器仪表及文化办公用机械制造业	26	11	0	0	3	0	0	0	0	11
工艺品及其他制造业	19	0	0	1	7	0	0	0	0	11
废弃资源和废旧材料回收加工业	64	0	41	0	5	0	2	0	0	15
电力、热力的生产和供应业	45 131	16	2	31 317	9 812	85	1	0	3 855	46
燃气生产和供应业	56	0	0	20	32	1	0	0	1	1
水的生产和供应业	19	1	0	0	1	0	0	0	0	17
其他行业	144	0	0	5	38	0	0	0	0	102

按行业分重点调查工业固体废物产生及处置利用情况（二）

（2009）

单位：万吨

行业名称	工业固体废物综合利用量	危险废物	冶炼废渣	粉煤灰	炉渣	煤矸石	尾矿	脱硫石膏	其他废物
行业总计	**128 608**	**831**	**26 257**	**27 406**	**17 899**	**17 628**	**15 270**	**3 657**	**17 459**
煤炭开采和洗选业	18 410	0	29	199	255	16 011	675	4	1 237
石油和天然气开采业	58	7	0	4	21	0	0	0	25
黑色金属矿采选业	5 823	0	28	11	31	5	4 027	0	1 722
有色金属矿采选业	8 954	73	47	2	24	9	8 265	2	530
非金属矿采选业	765	0	1	30	73	1	429	3	229
其他采矿业	30	0	0	0	2	6	12	0	10
农副食品加工业	2 056	0	0	136	295	0	0	9	1 616
食品制造业	522	0	0	74	212	0	0	2	234
饮料制造业	914	0	6	68	238	1	0	3	598
烟草制品业	34	0	0	3	19	1	0	0	11
纺织业	685	12	0	107	492	1	0	4	69
纺织服装、鞋、帽制造业	44	0	0	3	21	0	0	0	20
皮革毛皮羽毛（绒）及其制品业	66	1	0	7	31	0	0	0	27
木材加工及木竹藤棕草制品业	168	0	0	10	54	0	0	0	103
家具制造业	15	0	0	1	7	0	0	0	7
造纸及纸制品业	1 735	8	8	451	721	0	0	15	531
印刷业和记录媒介的复制	14	1	0	1	4	0	0	0	9
文教体育用品制造业	2	0	0	0	1	0	0	0	1
石油加工炼焦及核燃料加工业	2 704	96	47	303	180	1 106	98	9	865
化学原料及化学制品制造业	8 660	346	612	944	2 283	47	493	88	3 845
医药制造业	316	23	0	34	162	1	0	3	94
化学纤维制造业	347	30	0	142	130	0	7	1	39
橡胶制品业	135	0	0	34	83	0	0	4	14
塑料制品业	61	0	0	7	45	0	0	0	8
非金属矿物制品业	4 514	1	308	871	1 148	266	245	160	1 515
黑色金属冶炼及压延加工业	29 382	51	23 427	437	2 197	17	336	30	2 886
有色金属冶炼及压延加工业	3 209	78	1 212	467	393	28	673	42	316
金属制品业	472	17	234	4	86	0	0	0	130
通用设备制造业	454	4	220	7	75	1	1	0	145
专用设备制造业	161	2	21	28	55	0	0	0	55
交通运输设备制造业	456	3	9	33	110	0	0	0	301
电气机械及器材制造业	63	6	0	4	21	0	0	0	31
通信计算机及其他电子设备制造业	133	50	1	1	9	0	6	0	66
仪器仪表及文化办公用机械制造业	18	9	0	0	3	0	0	0	6
工艺品及其他制造业	18	0	0	1	7	0	0	0	10
废弃资源和废旧材料回收加工业	59	0	41	0	5	0	2	0	11
电力、热力的生产和供应业	36 964	11	3	22 965	8 346	124	0	3 277	35
燃气生产和供应业	35	0	0	11	23	0	0	0	0
水的生产和供应业	9	0	0	0	1	0	0	0	7
其他行业	142	0	0	5	37	0	0	0	101

按行业分重点调查工业固体废物产生及处置利用情况（三）

（2009）

单位：万吨

行业名称	工业固体废物贮存量	危险废物贮存量	工业固体废物处置量	危险废物处置量	工业固体废物排放量	危险废物排放量
行业总计	**19 391**	**219**	**44 940**	**428**	**632**	**0.00 015**
煤炭开采和洗选业	1 490	0	5 070	0	261	0
石油和天然气开采业	11	0	107	5	0	0
黑色金属矿采选业	3 905	0	13 700	0	26	0
有色金属矿采选业	4 714	44	12 165	42	122	0
非金属矿采选业	330	73	353	0	7	0
其他采矿业	10	0	6	0	0	0
农副食品加工业	8	0	28	0	3	0
食品制造业	0	0	8	0	1	0
饮料制造业	1	0	7	0	7	0
烟草制品业	0	0	6	0	0	0
纺织业	0	0	46	6	1	0
纺织服装、鞋、帽制造业	0	0	2	0	0	0
皮革毛皮羽毛（绒）及其制品业	1	0	14	1	0	0
木材加工及木竹藤棕草制品业	0	0	2	0	0	0
家具制造业	0	0	1	0	0	0
造纸及纸制品业	29	0	177	1	5	0
印刷业和记录媒介的复制	0	0	2	1	0	0
文教体育用品制造业	0	0	1	0	0	0
石油加工炼焦及核燃料加工业	110	0	200	45	3	0
化学原料及化学制品制造业	1 546	26	2 529	162	15	0
医药制造业	1	0	27	9	2	0
化学纤维制造业	9	0	24	12	0	0
橡胶制品业	0	0	3	0	0	0
塑料制品业	0	0	4	2	0	0
非金属矿物制品业	50	0	115	2	35	0
黑色金属冶炼及压延加工业	1 297	1	3 353	13	50	0
有色金属冶炼及压延加工业	899	74	2 963	43	40	0
金属制品业	1	0	33	19	0	0
通用设备制造业	1	0	32	3	2	0
专用设备制造业	1	0	23	2	2	0
交通运输设备制造业	0	0	48	12	2	0
电气机械及器材制造业	0	0	8	5	0	0
通信计算机及其他电子设备制造业	1	0	39	30	0	0
仪器仪表及文化办公用机械制造业	0	0	8	3	0	0
工艺品及其他制造业	0	0	1	0	0	0
废弃资源和废旧材料回收加工业	0	0	4	0	0	0
电力、热力的生产和供应业	4 976	1	3 798	7	45	0. 00 015
燃气生产和供应业	0	0	20	0	0	0
水的生产和供应业	0	0	10	0	0	0
其他行业	0	0	2	0	0	0

按行业分重点调查工业汇总情况（一）

（2009）

行业名称	工业用水总量（万吨）	新鲜水量	重复用水量	工业总产值（现价）（万元）	专职环保人员数（人）
行业总计	**36 126 529**	**5 299 485.5**	**30 827 043.5**	**2 293 021 294**	**282 646**
煤炭开采和洗选业	230 457.7	78 835.9	151 621.8	80 921 232.8	10 008
石油和天然气开采业	278 349.8	29 600.2	248 749.5	52 706 367.2	3 191
黑色金属矿采选业	189 780.1	31 806.3	157 973.8	9 592 271.4	5 047
有色金属矿采选业	145 534.3	50 306.1	95 228.2	12 408 685.9	4 695
非金属矿采选业	60 799.5	9 912.5	50 887.0	8 398 506.1	1 644
其他采矿业	1 541.3	782.9	758.4	211 649.3	109
农副食品加工业	399 177.2	166 927.3	232 249.9	85 312 050.0	14 384
食品制造业	148 543.6	65 631.5	82 912.1	40 259 127.1	7 806
饮料制造业	262 226.5	94 056.9	168 169.6	37 648 780.1	8 121
烟草制品业	19 164.4	5 176.9	13 987.5	45 239 656.5	360
纺织业	370 829.4	276 198.3	94 631.1	102 623 318.5	22 175
纺织服装、鞋、帽制造业	24 142.6	17 179.9	6 962.7	9 405 329.9	2 552
皮革毛皮羽毛（绒）及其制品业	38 182.2	29 339.4	8 842.7	11 917 951.8	4 116
木材加工及木竹藤棕草制品业	12 095.3	7 808.7	4 286.6	6 516 687.2	5 340
家具制造业	3 964.7	2 398.7	1 566.0	2 692 225.8	529
造纸及纸制品业	1 084 418.4	465 933.0	618 485.4	43 227 840.3	18 644
印刷业和记录媒介的复制	4 928.2	2 102.7	2 825.5	4 710 774.8	723
文教体育用品制造业	1 981.6	1 583.6	398.0	2 161 659.1	396
石油加工、炼焦及核燃料加工业	2 426 104.9	143 183.9	2 282 921.0	208 272 861.1	5 722
化学原料及化学制品制造业	4 670 812.1	457 788.4	4 213 023.7	163 557 927.9	30 048
医药制造业	331 996.9	64 903.8	267 093.1	45 480 141.1	9 050
化学纤维制造业	528 888.2	54 794.3	474 094.0	24 428 884.5	2 540
橡胶制品业	62 206.6	9 097.6	53 109.0	25 383 756.6	1 419
塑料制品业	23 271.2	6 715.3	16 555.9	13 473 872.5	2 327
非金属矿物制品业	325 021.2	73 307.5	251 713.6	78 211 345.8	42 794
黑色金属冶炼及压延加工业	6 933 354.8	352 871.6	6 580 483.2	275 811 499.6	13 105
有色金属冶炼及压延加工业	604 352.0	61 250.3	543 101.7	88 700 586.4	8 003
金属制品业	158 513.7	38 769.2	119 744.5	50 682 455.6	16 185
通用设备制造业	91 378.0	19 195.6	72 182.5	63 445 509.3	6 643
专用设备制造业	73 018.5	14 900.8	58 117.7	50 262 870.5	2 731
交通运输设备制造业	152 915.4	39 786.6	113 128.8	206 463 432.2	5 152
电气机械及器材制造业	31 092.7	13 102.5	17 990.2	74 971 031.9	3 471
通信计算机及其他电子设备制造业	212 208.0	42 402.7	169 805.3	188 350 733.0	6 970
仪器仪表及文化办公用机械制造业	41 250.7	7 281.3	33 969.4	20 470 914.5	1 435
工艺品及其他制造业	5 529.4	4 399.6	1 129.8	7 485 672.5	1 350
废弃资源和废旧材料回收加工业	3 070.4	1 239.0	1 831.4	1 818 920.7	336
电力、热力的生产和供应业	16 028 219.9	2 468 926.2	13 559 293.7	125 865 698.8	9 658
燃气生产和供应业	54 869.1	4 133.2	50 736.0	1 140 526.0	222
水的生产和供应业	69 554.9	64 597.0	4 957.9	16 615 009.4	2 025
其他行业	22 783.7	21 258.4	1 525.3	6 173 530.5	1 620

按行业分重点调查工业汇总情况（二）

（2009）

行业名称	“三废”综合利用产品产值（万元）	工业锅炉		锅炉烟尘排放达标的		工业炉窑数（座）	
		台数	蒸吨数	台数	蒸吨数		烟尘排放达标的
行业总计	**16 082 440.2**	**86 388**	**2 207 528.8**	**80 438**	**2 135 127.3**	**80 831**	**68 163**
煤炭开采和洗选业	215 935.1	5 347	57 237.9	4 826	30 037.6	297	200
石油和天然气开采业	124 425.3	2 369	20 914.8	2 292	20 800.9	3 328	3 293
黑色金属矿采选业	40 443.9	424	3 304.6	362	3 047.1	232	213
有色金属矿采选业	296 452.0	459	2 575.6	364	1 421.9	199	162
非金属矿采选业	33 333.5	272	2 686.5	257	2 653.5	427	255
其他采矿业	1 679.1	30	120.8	26	113.3	24	17
农副食品加工业	441 430.5	6 117	46 706.4	5 433	44 480.2	429	289
食品制造业	175 439.8	3 821	22 359.6	3 458	21 043.3	177	136
饮料制造业	322 743.9	3 107	24 391.2	2 750	21 832.4	574	503
烟草制品业	4 491.7	320	3 579.3	318	3 575.3	11	11
纺织业	258 372.5	8 983	50 673.9	8 634	49 437.4	459	333
纺织服装、鞋、帽制造业	6 317.7	1 039	3 798.2	959	3 668.7	16	12
皮革毛皮羽毛（绒）及其制品业	15 079.3	1 568	3 592.9	1 462	3 348.5	26	20
木材加工及木竹藤棕草制品业	134 382.5	2 044	7 955.0	1 767	7 195.5	65	53
家具制造业	4 824.1	235	742.9	210	692.0	66	45
造纸及纸制品业	2 045 188.2	5 761	55 702.8	5 417	53 986.5	147	128
印刷业和记录媒介的复制	17 625.8	304	1 057.8	300	1 052.8	9	9
文教体育用品制造业	1 216.1	128	316.3	119	297.0	10	10
石油加工炼焦及核燃料加工业	877 195.0	1 424	46 704.4	1 361	45 087.5	4 116	2 900
化学原料及化学制品制造业	1 352 447.8	9 276	109 182.3	8 731	106 473.8	5 983	5 410
医药制造业	126 705.5	2 921	15 379.6	2 721	14 705.7	93	85
化学纤维制造业	87 763.1	587	14 864.7	578	13 888.9	217	212
橡胶制品业	56 085.5	938	7 722.6	868	7 476.2	61	54
塑料制品业	70 474.1	976	4 391.9	925	4 161.0	118	107
非金属矿物制品业	4 067 650.2	2 779	11 805.7	2 537	11 053.7	30 004	23 279
黑色金属冶炼及压延加工业	2 447 857.2	1 822	59 079.0	1 751	58 537.2	11 334	10 472
有色金属冶炼及压延加工业	1 089 261.1	1 206	29 695.0	1 130	29 327.4	11 911	10 574
金属制品业	132 106.9	1 845	3 457.7	1 731	3 279.7	1 797	1 569
通用设备制造业	169 775.3	1 240	5 428.0	1 148	5 239.0	4 139	3 726
专用设备制造业	98 384.7	876	6 348.4	831	6 194.2	1 451	1 188
交通运输设备制造业	240 684.0	1 969	14 307.4	1 902	13 865.2	1 854	1 754
电气机械及器材制造业	85 284.3	723	3 009.4	683	2 960.0	410	384
通信计算机及其他电子设备制造业	170 357.9	724	2 273.1	693	2 191.1	422	408
仪器仪表及文化办公用机械制造业	31 346.1	209	1 049.3	204	1 029.8	27	27
工艺品及其他制造业	6 044.8	236	603.7	220	571.0	114	101
废弃资源和废旧材料回收加工业	91 021.6	47	244.8	44	240.8	92	49
电力、热力的生产和供应业	718 419.0	13 335	1 556 556.1	12 596	1 533 258.0	47	44
燃气生产和供应业	1 886.6	238	4 182.0	229	3 500.0	85	81
水的生产和供应业	15 869.8	54	194.0	44	166.8	2	2
其他行业	6 438.7	635	3 333.2	557	3 236.4	58	48

按行业分重点调查工业“三废”治理效率

（2009）

单位：%

行业名称	工业废水排放达标率	工业用水重复用水率	二氧化硫排放达标率	氮氧化物排放达标率	烟尘排放达标率	工业粉尘排放达标率	工业固体废物	
							综合利用率	处置率
行业总计	**94.7**	**85.3**	**91.8**	**89.1**	**91.1**	**90.5**	**66.7**	**23.5**
煤炭开采和洗选业	91.8	65.8	84.5	85.8	83.4	67.8	74.4	20.8
石油和天然气开采业	98.1	89.4	88.3	93.0	95.5	100.0	32.8	60.8
黑色金属矿采选业	94.2	83.2	90.1	91.3	87.2	73.7	24.8	58.4
有色金属矿采选业	87.7	65.4	69.6	50.5	56.4	67.9	34.5	47.0
非金属矿采选业	94.5	83.7	75.6	82.0	86.6	64.8	52.6	24.3
其他采矿业	80.3	49.2	78.3	75.6	94.5	95.4	65.6	12.4
农副食品加工业	91.8	58.2	86.3	78.3	88.3	83.2	98.3	1.3
食品制造业	91.8	55.8	86.5	77.7	89.6	86.0	98.2	1.6
饮料制造业	94.0	64.1	86.5	81.1	85.1	67.0	98.3	0.8
烟草制品业	97.6	73.0	91.0	79.4	89.5	99.1	83.3	15.6
纺织业	96.5	25.5	93.3	91.2	96.3	84.9	93.6	6.3
纺织服装、鞋、帽制造业	97.3	28.8	91.4	86.0	95.8	99.3	94.3	5.3
皮革毛皮羽毛（绒）及其制品业	92.5	23.2	88.9	82.1	93.6	98.7	82.0	17.1
木材加工及木竹藤棕草制品业	92.9	35.4	89.3	83.4	89.1	46.8	98.6	1.2
家具制造业	98.9	39.5	88.9	86.4	92.7	98.7	94.0	5.4
造纸及纸制品业	93.5	57.0	91.0	77.7	91.3	78.3	89.2	9.1
印刷业和记录媒介的复制	97.7	57.3	90.0	88.0	91.5	98.9	89.5	10.2
文教体育用品制造业	89.5	20.1	91.0	91.1	86.4	99.3	78.3	20.7
石油加工、炼焦及核燃料加工业	95.6	94.1	87.1	88.4	89.8	90.6	89.6	6.7
化学原料及化学制品制造业	95.0	90.2	90.0	83.1	89.1	93.2	68.1	20.0
医药制造业	96.8	80.5	86.9	86.1	87.4	89.8	91.2	7.9
化学纤维制造业	95.5	89.6	96.8	97.8	93.9	100.0	91.3	6.4
橡胶制品业	98.8	85.4	91.8	92.5	95.3	93.4	97.3	2.4
塑料制品业	91.3	71.1	94.7	93.4	94.2	91.8	93.3	6.6
非金属矿物制品业	92.9	77.5	87.5	84.8	84.7	91.2	95.8	2.6
黑色金属冶炼及压延加工业	96.9	94.9	94.7	85.9	92.5	93.9	86.5	9.9
有色金属冶炼及压延加工业	95.4	89.9	85.5	76.3	94.0	94.5	45.1	41.8
金属制品业	96.2	75.5	92.7	80.6	96.1	98.5	93.2	6.6
通用设备制造业	96.3	79.0	92.0	86.5	90.0	89.5	92.8	6.6
专用设备制造业	97.6	79.6	94.0	90.3	92.0	97.4	86.0	12.4
交通运输设备制造业	96.5	74.0	95.2	87.7	94.9	98.5	90.1	9.4
电气机械及器材制造业	96.5	57.9	88.2	86.9	91.5	96.6	88.0	11.8
通信计算机及其他电子设备制造业	97.8	80.0	96.7	62.3	99.8	96.7	76.8	22.8
仪器仪表及文化办公用机械制造业	97.9	82.4	83.7	84.0	97.6	98.6	70.0	29.8
工艺品及其他制造业	93.7	20.4	84.2	76.6	96.5	98.9	94.7	3.3
废弃资源和废旧材料回收加工业	95.6	59.7	97.7	94.2	88.6	99.9	92.5	7.0
电力、热力的生产和供应业	97.0	84.6	93.7	91.6	94.2	90.0	80.8	8.4
燃气生产和供应业	95.7	92.5	97.3	91.2	98.4	100.0	63.6	36.3
水的生产和供应业	97.8	7.1	89.1	87.0	69.6	100.0	46.0	53.7
其他行业	92.1	6.7	73.7	86.5	76.2	100.0	98.9	1.1

各地区火电行业工业废气排放及处理情况（一）

（2009）

地区名称	汇总工业企业数（个）	燃料煤消费量（万吨）	燃料油消费量（万吨）	废气治理设施数（套）	脱硫设施数	废气治理设施运行费用（万元）	脱硫设施运行费用
全国	**1 715**	**145 014**	**538.8**	**6 520**	**3 132**	**3 642 679.0**	**2 433 028.1**
北京	7	935	0.1	66	17	46 871.1	32 809.0
天津	12	1 803	0.3	76	31	57 566.6	46 978.6
河北	88	8 790	4.4	391	199	213 849.3	174 053.8
山西	76	8 369	4.5	303	182	175 515.3	140 188.6
内蒙古	78	12 850	2.7	343	146	185 822.9	109 920.5
辽宁	64	6 502	3.8	289	96	82 969.3	50 412.4
吉林	28	3 607	1.3	116	43	24 709.3	12 934.0
黑龙江	74	4 812	1.7	264	34	34 669.6	17 474.0
上海	17	2 622	13.0	69	27	51 341.2	29 973.5
江苏	206	12 855	2.5	794	479	404 944.2	232 381.7
浙江	130	8 431	18.5	540	410	448 999.9	183 600.4
安徽	48	5 986	2.0	160	78	97 981.8	75 612.9
福建	27	3 457	1.4	118	54	89 578.4	75 457.4
江西	16	2 151	0.5	61	18	43 007.6	32 557.0
山东	256	12 686	13.8	1 049	563	345 589.7	254 380.8
河南	115	10 466	6.6	408	188	270 196.4	186 263.6
湖北	34	2 864	1.3	113	54	125 189.9	59 340.3
湖南	25	2 759	5.0	137	52	70 107.6	53 779.7
广东	162	8 086	447.4	318	138	277 184.1	203 447.9
广西	13	1 696	0.6	57	24	24 852.0	21 108.0
海南	5	335	0.1	13	6	12 591.0	12 190.0
重庆	30	1 615	1.0	86	51	65 932.8	60 227.6
四川	45	3 031	1.9	134	47	109 817.6	73 525.9
贵州	22	4 897	1.3	113	49	142 139.7	125 807.5
云南	12	2 748	0.9	59	28	56 856.2	35 615.4
陕西	51	4 258	0.9	171	65	74 222.2	57 891.4
甘肃	16	1 723	0.3	61	19	32 424.9	19 219.7
青海	3	469	0.2	10	2	8 496.0	4 000.0
宁夏	13	2 096	0.3	48	24	56 170.2	48 633.2
新疆	42	2 116	0.4	153	8	13 082.2	3 243.3

各地区火电行业工业废气排放及处理情况（二）

（2009）

单位：吨

地　区 名　称	工业二氧化硫 排放量	工业二氧化硫 去除量	工业氮氧化物 排放量	工业氮氧化物 去除量	工业烟尘 排放量	工业烟尘 去除量
全　国	**8 772 740**	**14 072 887**	**7 345 613**	**368 298**	**1 928 604**	**271 060 974**
北　京	25 429	76 981	11 999	29 745	1 578	1 498 359
天　津	43 496	152 379	62 147	6 783	13 894	3 624 957
河　北	412 441	887 176	375 189	21 931	60 257	20 270 673
山　西	467 484	915 554	444 189	61 696	112 526	17 458 992
内蒙古	711 591	1 121 881	663 761	570	111 609	21 632 899
辽　宁	368 914	275 301	372 207	9 370	105 670	13 367 726
吉　林	162 914	72 533	236 875	0	125 859	6 698 179
黑龙江	276 252	41 049	216 803	4 648	190 726	8 839 682
上　海	142 969	132 446	184 408	322	20 080	3 864 153
江　苏	399 288	1 257 870	569 409	43 010	109 112	18 287 922
浙　江	376 849	768 212	396 316	16 910	70 257	10 635 134
安　徽	262 490	455 241	236 604	49 161	77 382	12 310 771
福　建	153 721	296 560	100 469	8 725	13 143	4 554 267
江　西	194 143	202 997	82 571	171	21 854	6 475 793
山　东	698 724	1 509 981	583 346	544	121 401	25 762 681
河　南	675 019	643 405	648 309	0	243 173	23 554 190
湖　北	221 577	302 064	196 279	9 110	51 730	5 058 171
湖　南	183 329	360 233	172 056	16 493	75 019	5 586 389
广　东	426 101	661 248	416 446	37 316	41 405	7 914 400
广　西	228 085	320 640	39 779	4 581	8 426	2 023 510
海　南	11 632	48 072	11 226	356	1 047	480 893
重　庆	242 689	616 589	87 054	4 102	37 462	3 998 178
四　川	422 589	440 625	299 614	10 373	38 924	7 245 249
贵　州	458 161	1 177 160	130 692	24 744	21 594	13 262 770
云　南	178 072	374 948	156 402	0	48 152	9 476 901
陕　西	489 257	436 868	289 323	0	65 454	7 146 871
甘　肃	108 704	252 884	93 534	7 306	27 993	2 348 901
青　海	43 110	13 305	30 949	0	10 128	1 015 223
宁　夏	166 142	244 316	87 110	0	30 836	4 071 875
新　疆	221 568	14 368	150 550	330	71 913	2 595 266

5

流域及入海陆源废水排放统计

LIUYU JI RUHAI LUYUAN FEISHUI PAIFANG TONGJI

ANNUAL STATISTIC REPORT ON ENVIRONMENT IN CHINA

2009

流域接纳工业废水及处理情况（一）

（2009）

流域	地区名称	汇总工业企业数（个）	工业废水排放量（万吨）	工业废水排放达标量（万吨）	工业废水处理量（万吨）	废水治理设施数（套）	本年运行费用（万元）
总计		**85 182**	**1 843 926**	**1 749 107**	**4 652 017**	**60 297**	**3 977 875.7**
辽河	内蒙古	301	4 481	4 176	5 937	157	6 356.8
	辽宁	4 001	39 356	33 037	272 963	1 186	173 339.4
	吉林	287	2 191	1 679	4 802	190	2 597.7
	合计	**4 589**	**46 027**	**38 892**	**283 702**	**1 533**	**182 293.9**
海河	北京	815	8 713	8 574	33 474	524	65 702.5
	天津	1 883	19 441	19 440	76 030	848	73 073.1
	河北	5 203	98 257	96 637	665 814	3 425	262 495.7
	山西	1 201	12 223	11 292	34 471	847	35 716.7
	内蒙古	65	460	345	396	26	958.3
	山东	1 093	48 798	47 276	43 235	571	60 701.4
	河南	1 541	52 906	50 630	81 185	893	53 378.8
	合计	**11 801**	**240 797**	**234 194**	**934 603**	**7 134**	**552 026.5**
淮河	江苏	2 549	49 877	48 769	100 203	1 757	80 860.2
	安徽	1 248	31 870	31 020	87 780	815	68 980.3
	山东	1 649	46 425	46 021	72 761	1 242	96 466.9
	河南	1 609	48 883	46 917	81 687	1 084	57 609.4
	合计	**7 055**	**177 054**	**172 727**	**342 431**	**4 898**	**303 916.8**
松花江	内蒙古	142	5 787	3 543	2 189	43	2 498.6
	吉林	643	26 669	24 105	34 393	379	36 188.6
	黑龙江	1 277	30 646	28 786	95 880	1 281	158 876.8
	合计	**2 062**	**63 102**	**56 434**	**132 462**	**1 703**	**197 564.0**
珠江	江西	78	941	891	716	45	723.9
	湖南	195	2 184	1 470	2 676	203	1 885.0
	广东	7 690	133 529	126 146	212 118	6 878	384 488.9
	广西	3 421	148 633	141 193	290 910	1 928	105 513.3
	贵州	1 500	5 749	3 738	12 079	1 035	15 238.7
	云南	584	7 109	6 955	62 869	656	39 205.9
	合计	**13 468**	**298 146**	**280 393**	**581 367**	**10 745**	**547 055.7**

流域接纳工业废水及处理情况（一）（续表）

（2009）

流域	地区名称	汇总工业企业数（个）	工业废水排放量（万吨）	工业废水排放达标量（万吨）	工业废水处理量（万吨）	废水治理设施数（套）	本年运行费用（万元）
长江	上　海	1 766	41 192	40 687	145 192	1 730	264 295.6
	江　苏	6 009	206 461	202 806	280 705	5 240	372 807.6
	浙　江	2 186	43 670	42 307	88 655	1 890	112 149.0
	安　徽	2 165	45 405	43 617	173 976	1 240	110 348.5
	福　建	98	1 807	1 783	1 679	92	1 541.4
	江　西	2 963	67 026	62 881	125 397	1 803	98 308.8
	河　南	387	17 339	17 012	18 933	510	19 801.9
	湖　北	2 460	88 100	85 122	280 791	2 018	131 396.0
	湖　南	3 877	96 396	88 059	271 660	3 195	117 552.4
	广　东	56	793	680	596	28	853.6
	广　西	169	1 002	979	4 794	143	1 887.5
	重　庆	2 905	65 684	61 925	60 793	1 638	54 792.7
	四　川	5 492	104 608	99 786	217 242	4 337	282 569.0
	贵　州	2 660	10 914	8 090	25 398	1 616	34 021.0
	云　南	865	8 044	7 759	42 565	977	37 094.9
	西　藏	4	75		5	2	64.6
	陕　西	810	5 180	4 945	17 267	465	14 293.4
	甘　肃	246	1 088	833	1 722	112	2 740.2
	青　海	12	95	63	150	1	500.0
	合　计	**35 130**	**804 878**	**769 335**	**1 757 520**	**27 037**	**1 657 018.1**
黄河	山　西	2 709	26 659	20 322	204 516	1 783	144 773.6
	内蒙古	1 075	13 047	12 392	83 595	500	41 982.6
	山　东	1 930	59 357	57 739	142 467	1 619	153 918.0
	河　南	1 495	32 531	30 916	52 437	1 222	58 079.4
	四　川	8	109	83	42	3	49.9
	陕　西	1 914	44 322	42 945	75 878	1 300	79 365.6
	甘　肃	869	7 611	6 448	22 641	354	25 343.0
	青　海	453	5 371	4 109	10 451	146	3 416.0
	宁　夏	624	24 915	22 179	27 905	320	31 072.6
	合　计	**11 077**	**213 923**	**197 132**	**619 931**	**7 247**	**538 000.7**

流域接纳工业废水及处理情况（二）

（2009）

单位：吨

流域	地区名称	工业废水中污染物排放量					
		汞	镉	六价铬	铅	砷	挥发酚
总计		**1.213**	**30.528**	**41.515**	**142.472**	**196.411**	**810.697**
辽河	内蒙古	…	0.015	0.020	0.033	0.073	0.129
	辽宁	0.048	0.005	0.174	0.487	0.340	4.166
	吉林						0.006
	合计	**0.049**	**0.020**	**0.194**	**0.520**	**0.412**	**4.301**
海河	北京			0.025	0.014	0.002	0.171
	天津	…		0.092	0.010	0.008	0.659
	河北	0.001	0.480	0.969	1.581	…	3.038
	山西	0.010	0.001	0.087	0.055	0.009	14.935
	内蒙古		0.002				0.102
	山东			0.045	0.006	0.026	3.805
	河南		0.024	0.285	0.065		10.599
	合计	**0.011**	**0.507**	**1.503**	**1.731**	**0.045**	**33.308**
淮河	江苏	0.003	0.007	0.637	0.368	0.719	7.791
	安徽			0.187	0.012		6.543
	山东			0.041	0.010	0.098	4.262
	河南		0.009	0.081	0.099	0.053	1.177
	合计	**0.003**	**0.015**	**0.945**	**0.489**	**0.869**	**19.772**
松花江	内蒙古						1.754
	吉林		0.004	0.502	0.053		34.104
	黑龙江		0.017	0.225	0.040		482.951
	合计		**0.021**	**0.727**	**0.093**		**518.809**
珠江	江西		0.003		0.033		
	湖南		0.175	2.946	2.974	2.276	0.696
	广东	0.012	0.760	9.596	8.350	1.708	11.745
	广西	0.061	3.623	1.320	21.262	21.755	31.086
	贵州	0.002	0.003	0.025	0.046	0.171	0.095
	云南		0.054	0.056	0.054	0.107	2.252
	合计	**0.075**	**4.618**	**13.942**	**32.719**	**26.017**	**45.874**

流域接纳工业废水及处理情况（二）（续表）

（2009）

单位：吨

流域	地区名称	工业废水中污染物排放量					
		汞	镉	六价铬	铅	砷	挥发酚
长江	上海	…	0.016	0.535	0.091	0.003	4.017
	江苏	0.017	0.053	6.815	2.326	0.160	26.235
	浙江			0.129	0.068		0.282
	安徽	0.002	0.176	0.088	1.249	2.441	6.023
	福建						0.001
	江西	0.087	3.746	2.313	9.510	10.766	22.556
	河南		…	0.034	0.004	0.027	2.402
	湖北		0.187	1.469	4.295	2.414	22.374
	湖南	0.599	14.691	8.212	37.315	65.367	66.917
	广东		0.012	0.002	0.108	0.599	1.419
	广西				0.359		
	重庆		0.003	1.042	0.113		1.185
	四川	0.002	0.046	1.404	2.148	0.458	2.145
	贵州	0.001	0.008	0.129	0.123	2.481	0.195
	云南	0.016	0.189	0.020	4.586	1.224	0.741
	西藏						
	陕西	0.026	0.184	0.019	0.632	0.425	0.241
	甘肃	0.006	0.053	0.023	3.522	0.077	0.243
	青海						0.232
	合计	**0.756**	**19.361**	**22.233**	**66.449**	**86.442**	**157.206**
黄河	山西	…	0.013	0.244	0.134	0.050	10.036
	内蒙古			0.245	1.232		0.744
	山东			0.150	0.013	0.181	3.736
	河南	0.006	0.596	0.140	3.689	0.283	2.088
	四川		0.018	0.143	0.170		
	陕西	0.003	1.365	0.718	1.847	1.733	2.319
	甘肃	0.310	3.965	0.280	33.359	80.317	2.309
	青海			0.042			0.044
	宁夏	…	0.029	0.010	0.029	0.061	10.152
	合计	**0.319**	**5.986**	**1.971**	**40.471**	**82.624**	**31.427**

流域接纳工业废水及处理情况（三）

（2009）

单位：吨

流域	地区名称	工业废水中污染物排放量			
		氰化物	化学需氧量	石油类	氨氮
总计		**206.512**	**3 564 980.363**	**7 790.951**	**234 422.893**
辽河	内蒙古		11 175.767	2.519	1 250.306
	辽宁	3.617	166 400.273	548.552	7 816.737
	吉林	0.004	7 686.518		359.986
	合计	**3.621**	**185 262.558**	**551.072**	**9 427.029**
海河	北京	0.105	4 898.107	57.363	452.795
	天津	0.153	23 469.359	77.563	2 915.493
	河北	5.727	205 755.946	223.634	15 421.293
	山西	10.447	52 445.598	128.625	6 026.698
	内蒙古		3 701.069	0.484	29.036
	山东	1.889	87 537.730	34.610	4 083.196
	河南	6.682	130 071.690	303.168	7 749.430
	合计	**25.004**	**507 879.499**	**825.445**	**36 677.940**
淮河	江苏	3.038	69 360.777	224.637	4 305.245
	安徽	5.495	46 076.215	91.797	9 983.726
	山东	1.172	48 249.381	66.948	2 737.581
	河南	0.971	76 891.010	43.513	9 110.538
	合计	**10.676**	**240 577.383**	**426.895**	**26 137.090**
松花江	内蒙古	0.002	31 583.892	31.176	290.741
	吉林	3.927	90 444.691	477.886	1 565.464
	黑龙江	1.936	96 030.343	484.083	5 813.326
	合计	**5.865**	**218 058.926**	**993.146**	**7 669.530**
珠江	江西		2 210.185	0.018	1 072.887
	湖南	7.210	2 946.458	11.755	376.209
	广东	12.935	138 817.878	295.325	6 922.604
	广西	16.499	422 029.111	244.744	12 682.303
	贵州	0.224	5 684.171	14.410	519.359
	云南	6.314	12 161.286	67.518	2 204.923
	合计	**43.182**	**583 849.090**	**633.769**	**23 778.285**

流域接纳工业废水及处理情况（三）（续表）

（2009）

单位：吨

流域	地区名称	工业废水中污染物排放量			
		氰化物	化学需氧量	石油类	氨氮
长江	上　海	5.591	29 030.618	191.595	1 982.838
	江　苏	7.687	181 265.186	667.005	9 254.063
	浙　江	0.215	42 231.266	15.385	3 663.795
	安　徽	3.908	89 732.587	116.970	5 624.620
	福　建	0.001	1 810.237	13.148	543.912
	江　西	5.521	103 394.529	399.048	7 281.017
	河　南	3.275	54 841.145	33.507	5 470.129
	湖　北	20.856	136 310.773	703.814	14 700.797
	湖　南	40.380	215 582.763	647.156	23 964.411
	广　东		1 072.544	0.025	46.167
	广　西		1 315.196	…	155.004
	重　庆	0.488	100 290.271	209.507	7 251.448
	四　川	5.308	241 473.799	307.954	13 425.262
	贵　州	2.279	9 837.598	27.022	834.542
	云　南	2.600	13 394.097	54.904	1 716.229
	西　藏		83.638		2.608
	陕　西	2.408	9 971.874	13.675	2 465.822
	甘　肃	0.018	3 649.499	3.480	43.562
	青　海		115.264	3.950	11.662
	合　计	**100.534**	**1 235 402.883**	**3 408.146**	**98 437.889**
黄河	山　西	6.988	87 490.323	223.050	5 207.614
	内蒙古	1.023	58 803.339	32.563	1 760.950
	山　东	3.463	96 017.617	243.159	4 001.448
	河　南	4.894	72 573.275	128.992	5 725.125
	四　川		76.152		4.470
	陕　西	0.980	117 244.404	190.344	4 739.484
	甘　肃	0.103	17 003.475	64.435	4 386.975
	青　海		28 291.721	50.966	1 129.210
	宁　夏	0.180	116 449.720	18.969	5 339.855
	合　计	**17.631**	**593 950.025**	**952.479**	**32 295.131**

流域接纳工业废水及处理情况（四）

（2009）

单位：吨

流域	地区名称	工业废水中污染物去除量				
		氰化物	化学需氧量	石油类	氨氮	挥发酚
总计		**11 927.491**	**10 386 515.358**	**335 821.575**	**495 718.515**	**77 195.890**
辽河	内蒙古		16 584.435	14.243	91.369	0.016
	辽　宁	67.991	178 638.040	7 254.411	6 739.475	4 044.848
	吉　林	1.800	40 529.792	22.626	509.149	0.039
	合　计	**69.791**	**235 752.267**	**7 291.280**	**7 339.993**	**4 044.903**
海河	北　京	47.840	39 985.779	2 509.250	5 869.763	599.007
	天　津	1.301	49 230.142	1 469.914	1 236.508	76.738
	河　北	428.995	711 710.146	5 465.645	25 074.865	3 564.090
	山　西	14.938	28 678.305	539.098	982.570	115.108
	内蒙古		256.439	0.494	14.953	
	山　东	12.520	857 028.144	606.433	25 620.001	26.014
	河　南	106.856	317 579.794	1 000.511	5 844.108	9 681.351
	合　计	**612.450**	**2 004 468.750**	**11 591.345**	**64 642.768**	**14 062.308**
淮河	江　苏	23.272	261 329.115	780.730	5 847.354	120.685
	安　徽	13.223	231 295.799	481.982	62 056.710	102.461
	山　东	12.362	505 720.318	3 276.221	63 860.957	485.928
	河　南	23.060	305 204.111	215.101	13 972.811	414.701
	合　计	**71.918**	**1 303 549.342**	**4 754.032**	**145 737.833**	**1 123.775**
松花江	内蒙古		221 253.965	1.163	94.223	
	吉　林	15.268	148 229.026	1 710.473	2 596.340	606.321
	黑龙江	137.717	291 109.521	162 662.209	26 336.530	4 906.014
	合　计	**152.985**	**660 592.512**	**164 373.845**	**29 027.093**	**5 512.336**
珠江	江　西		3 939.164		3 849.872	
	湖　南		5 545.861	3.705	286.616	
	广　东	1 065.219	549 405.564	1 947.589	26 166.975	370.046
	广　西	233.995	729 049.200	993.550	7 902.680	565.766
	贵　州	0.116	8 051.873	9.455	418.118	
	云　南	2.172	25 083.272	30 240.031	1 300.323	336.081
	合　计	**1 301.502**	**1 321 074.934**	**33 194.330**	**39 924.583**	**1 271.892**

流域接纳工业废水及处理情况（四）（续表）

（2009）

单位：吨

流域	地区名称	工业废水中污染物去除量				
		氰化物	化学需氧量	石油类	氨氮	挥发酚
长江	上 海	109.889	222 964.574	7 134.797	6 737.797	898.842
	江 苏	180.227	925 731.690	25 886.480	35 399.485	3 791.687
	浙 江	2.220	328 192.708	103.405	7 872.638	241.424
	安 徽	6 768.361	171 754.574	29 366.191	13 272.914	28 704.192
	福 建		23 898.340	13.864	473.380	0.005
	江 西	227.057	174 807.725	5 839.084	9 929.256	2 127.135
	河 南	7.377	293 275.439	106.851	3 985.527	0.011
	湖 北	117.756	347 111.681	2 128.546	13 154.104	1 349.314
	湖 南	186.070	252 934.086	2 918.341	15 893.922	810.304
	广 东		2 155.654	0.150	1.550	
	广 西		2 653.005		194.641	
	重 庆	15.730	110 764.399	471.133	6 660.627	1 165.407
	四 川	52.872	430 349.524	1 288.314	9 990.351	15.594
	贵 州	456.404	51 195.278	171.841	856.828	144.872
	云 南	26.621	39 807.911	391.838	17 808.739	689.584
	西 藏		3.724		1.223	
	陕 西	66.572	8 559.159	459.044	2 462.501	
	甘 肃	0.152	1 543.400	0.014	9.885	0.012
	青 海		101.905		18.231	
	合 计	**8 217.305**	**3 387 804.775**	**76 279.893**	**144 723.601**	**39 938.380**
黄河	山 西	1 067.049	109 566.915	1 985.182	15 299.685	5 200.924
	内蒙古	207.701	108 982.824	648.934	6 859.697	3 126.942
	山 东	95.406	669 090.093	19 219.524	23 167.092	2 317.811
	河 南	116.814	123 510.241	10 687.256	10 980.362	329.771
	四 川		14.000		1.472	
	陕 西	13.212	235 412.895	3 504.962	3 994.692	131.656
	甘 肃	0.460	16 582.252	846.850	605.528	62.745
	青 海		5 238.909	15.869	334.012	
	宁 夏	0.900	204 874.650	1 428.273	3 080.105	72.446
	合 计	**1 501.541**	**1 473 272.778**	**38 336.850**	**64 322.645**	**11 242.296**

流域工业污染治理情况

（2009）

单位：个

流域	地区名称	工业废水治理施工项目数（个）	工业废水治理竣工项目数（个）	工业废水治理项目完成投资（万元）	废水治理竣工项目新增处理能力（万吨/日）
	总 计	**3 114**	**2 773**	**1 244 072.5**	**2 405.7**
辽河	内蒙古	2	2	22.0	…
	辽 宁	40	36	26 797.0	8.9
	吉 林	7	6	3 823.0	0.4
	合 计	**49**	**44**	**30 642.0**	**9.4**
海河	北 京	10	10	1 205.4	0.4
	天 津	48	41	40 866.6	6.0
	河 北	98	94	30 373.4	31.3
	山 西	74	68	49 844.7	19.3
	内蒙古				
	山 东	74	70	33 800.2	16.1
	河 南	31	31	17 703.8	2.5
	合 计	**335**	**314**	**173 794.1**	**75.6**
淮河	江 苏	62	59	38 036.3	534.4
	安 徽	22	19	10 908.1	1.8
	山 东	80	77	63 038.0	20.3
	河 南	56	46	27 124.9	158.5
	合 计	**220**	**201**	**139 107.3**	**715.0**
松花江	内蒙古	4	4	2 973.4	4.6
	吉 林	33	25	16 918.8	14.6
	黑龙江	50	44	44 879.1	17.1
	合 计	**87**	**73**	**64 771.3**	**36.3**
珠江	江 西	2	2	150.0	…
	湖 南	14	11	2 240.2	3.2
	广 东	335	289	75 454.3	97.6
	广 西	106	89	71 211.8	151.9
	贵 州	33	27	4 593.5	95.9
	云 南	36	33	3 434.7	2.3
	合 计	**526**	**451**	**157 084.5**	**350.9**

流域工业污染治理情况（续表）

（2009）

单位：个

流域	地区名称	工业废水治理施工项目数（个）	工业废水治理竣工项目数（个）	工业废水治理项目完成投资（万元）	废水治理竣工项目新增处理能力（万吨/日）
长江	上 海	80	69	9 702.9	5.3
	江 苏	306	281	107 745.8	45.9
	浙 江	151	141	17 507.0	8.7
	安 徽	39	37	11 031.4	4.6
	福 建	2	2	116.0	0.3
	江 西	75	64	17 427.4	17.6
	河 南	33	32	6 522.0	150.1
	湖 北	122	105	53 042.6	233.2
	湖 南	159	142	66 314.7	69.9
	广 东	3	3	122.0	…
	广 西	10	10	619.5	0.5
	重 庆	63	50	28 813.2	25.8
	四 川	183	162	52 685.7	30.8
	贵 州	62	55	6 373.0	97.0
	云 南	40	40	3 459.3	0.3
	西 藏				
	陕 西	34	32	14 487.5	16.6
	甘 肃	29	25	6 674.1	0.9
	青 海				
	合 计	**1 391**	**1 250**	**402 644.1**	**707.4**
黄河	山 西	123	109	50 862.8	3.5
	内蒙古	51	49	26 346.6	35.9
	山 东	144	130	71 509.4	26.0
	河 南	76	68	30 596.0	317.0
	四 川	3	3		0.2
	陕 西	67	44	61 475.3	117.1
	甘 肃	14	12	18 785.9	2.3
	青 海	6	6	3 885.2	4.2
	宁 夏	22	19	12 568.0	5.0
	合 计	**506**	**440**	**276 029.2**	**511.1**

流域生活及其他污染情况

（2009）

流域	地区名称	污水处理厂数（座）	污水处理厂处理能力（万吨/日）	城镇生活污水排放量（万吨）	处理生活污水量（万吨）	城镇生活污水中化学需氧量排放量（吨）	城镇生活污水中氨氮排放量（吨）
总计		**1 894**	**8 873**	**2 980 568**	**1 965 362**	**6 968 979**	**786 661**
辽河	内蒙古	17	63	8 738	6 866	19 153	4 417
	辽宁	29	293	107 580	72 112	267 189	40 311
	吉林	7	48	14 137	10 682	50 113	6 532
	合计	**53**	**403**	**130 455**	**89 660**	**336 455**	**51 260**
海河	北京	59	371	132 100	114 916	93 948	12 577
	天津	29	196	40 206	32 891	109 531	9 065
	河北	125	554	126 072	92 587	312 175	35 327
	山西	38	87	23 737	18 938	66 955	8 915
	内蒙古			970		7 690	878
	山东	27	115	24 889	15 635	68 164	7 645
	河南	25	135	37 201	27 406	57 977	8 990
	合计	**303**	**1 458**	**385 176**	**302 374**	**716 440**	**83 396**
淮河	江苏	63	212	96 955	53 174	255 210	27 805
	安徽	40	167	46 246	34 690	100 254	13 077
	山东	49	212	54 205	44 322	121 878	16 885
	河南	71	283	83 470	58 959	157 411	25 759
	合计	**223**	**874**	**280 875**	**191 146**	**634 752**	**83 526**
松花江	内蒙古	5	17	4 500	2 050	15 960	4 716
	吉林	19	157	53 019	26 697	140 560	17 465
	黑龙江	17	115	63 826	32 440	274 576	32 196
	合计	**41**	**289**	**121 346**	**61 187**	**431 096**	**54 376**
珠江	江西			1 545		8 692	676
	湖南	4	11	4 684	1 318	18 376	1 627
	广东	185	1 006	368 891	264 248	409 331	55 966
	广西	19	131	111 299	33 749	340 120	25 322
	贵州	8	22	13 077	3 238	61 714	4 855
	云南	16	37	11 225	7 397	54 156	4 604
	合计	**232**	**1 208**	**510 722**	**309 949**	**892 388**	**93 050**

流域生活及其他污染情况（续表）

（2009）

流域	地区名称	污水处理厂数（座）	污水处理厂处理能力（万吨/日）	城镇生活污水排放量（万吨）	处理生活污水量（万吨）	城镇生活污水中化学需氧量排放量（吨）	城镇生活污水中氨氮排放量（吨）
长江	上海	47	665	189 326	141 331	214 391	27 811
	江苏	245	737	169 223	138 973	317 468	24 680
	浙江	38	257	54 372	48 660	60 547	7 871
	安徽	30	163	62 508	46 533	194 902	19 872
	福建	2	4	2 734	336	13 315	972
	江西	32	186	79 521	46 430	329 822	26 618
	河南	19	78	20 406	11 414	41 501	5 873
	湖北	70	394	167 152	101 122	409 161	47 207
	湖南	83	359	163 883	60 532	632 778	60 020
	广东	3	4	1 175	638	2 941	482
	广西	1	2	3 133	274	12 234	937
	重庆	76	226	81 385	64 096	139 507	19 527
	四川	106	321	155 946	89 410	497 799	45 503
	贵州	32	84	40 193	13 236	177 882	14 673
	云南	20	95	33 771	28 225	68 038	5 390
	西藏						
	陕西	4	17	8 847	2 823	34 514	3 884
	甘肃	3	9	3 323	1 429	13 621	1 830
	青海	1	5	1 615	899	1 971	397
	合计	**812**	**3 605**	**1 238 513**	**796 360**	**3 162 392**	**313 547**
黄河	山西	53	134	45 177	27 143	145 228	20 988
	内蒙古	18	68	20 728	15 753	78 624	12 834
	山东	57	272	65 077	51 374	144 037	18 307
	河南	42	260	74 473	57 056	111 446	14 388
	四川	2	2	373	107	2 521	198
	陕西	28	139	53 593	33 066	165 069	21 605
	甘肃	13	84	22 826	12 196	87 820	10 419
	青海	3	13	11 158	4 568	31 861	4 646
	宁夏	14	64	20 075	13 424	28 849	4 121
	合计	**230**	**1 035**	**313 481**	**214 687**	**795 455**	**107 507**

湖泊接纳工业废水及处理情况（一）

（2009）

流域	地区名称	汇总工业企业数（个）	工业废水排放量（万吨）	工业废水排放达标量（万吨）	工业废水处理量（万吨）	废水治理设施数（套）	本年运行费用（万元）
总计		**6 805**	**201 993**	**197 727**	**254 803**	**5 820**	**388 212.7**
滇池	云南	236	1 513	1 510	3 170	267	8 238.7
巢湖	安徽	474	4 299	4 123	22 674	239	12 828.8
洞庭湖	湖南	336	15 102	12 942	14 719	201	20 184.1
鄱阳湖	江西	95	1 746	1 588	1 228	35	1 825.1
太湖	上海	150	983	945	703	113	3 816.5
	江苏	3 519	136 272	135 844	130 292	3 238	234 201.2
	浙江	1 995	42 078	40 775	82 017	1 727	107 118.3
	合计	**5 664**	**179 332**	**177 563**	**213 013**	**5 078**	**345 136.0**

湖泊接纳工业废水及处理情况（二）

（2009）

单位：吨

流域	地区名称	工业废水中污染物排放量					
		汞	镉	六价铬	铅	砷	挥发酚
总计		**0.014**	**0.041**	**5.104**	**1.687**	**0.613**	**8.432**
滇池	云南	…	0.036	0.008	0.304	0.329	0.026
巢湖	安徽			0.004	0.045	0.208	0.290
洞庭湖	湖南			0.044	0.023		1.804
鄱阳湖	江西		0.005	0.036	0.098	0.016	0.600
太湖	上海			0.037			…
	江苏	0.014		4.846	1.149	0.060	5.430
	浙江			0.129	0.068		0.282
	合计	**0.014**		**5.012**	**1.217**	**0.060**	**5.712**

湖泊接纳工业废水及处理情况（三）

（2009）

单位：吨

流域	地区名称	工业废水中污染物排放量			
		氰化物	化学需氧量	石油类	氨氮
总计		**4.7**	**229 504.4**	**325.4**	**13 697.8**
滇池	云南	0.1	1 397.6	2.6	126.0
巢湖	安徽	…	4 993.5	4.8	317.9
洞庭湖	湖南	0.9	65 814.8	51.4	4 058.2
鄱阳湖	江西	0.1	1 886.0	4.6	117.0
太湖	上海	…	494.5	2.3	42.8
	江苏	3.3	114 701.7	245.1	5 642.3
	浙江	0.2	40 216.3	14.6	3 393.7
	合计	**3.6**	**155 412.5**	**262.0**	**9 078.8**

湖泊接纳工业废水及处理情况（四）

（2009）

单位：吨

流域	地区名称	工业废水中污染物去除量				
		氰化物	化学需氧量	石油类	氨氮	挥发酚
总计		**62.3**	**1 082 242.1**	**6 766.6**	**32 439.8**	**1 101.5**
滇池	云南	5.1	4 832.3	53.1	418.5	199.5
巢湖	安徽	0.7	16 309.1	757.2	441.4	101.4
洞庭湖	湖南	2.0	35 113.6	2 055.5	1 578.3	258.9
鄱阳湖	江西	0.8	6 669.1	231.5	42.7	0.1
太湖	上海	…	7 655.9	17.5	123.9	
	江苏	51.4	694 007.3	3 585.4	22 461.8	300.2
	浙江	2.2	317 654.8	66.4	7 373.3	241.4
	合计	**53.7**	**1 019 318.0**	**3 669.3**	**29 959.0**	**541.6**

湖泊工业污染治理投资情况

（2009）

单位：个

流域	地区名称	工业废水治理施工项目数（个）	工业废水治理竣工项目数（个）	工业废水治理项目完成投资（万元）	废水治理竣工项目新增处理能力（万吨/日）
总计		**423**	**389**	**120 100.5**	**63.8**
滇池	云南	18	18	607.1	0.1
巢湖	安徽	3	3	604.1	0.1
洞庭湖	湖南	15	12	18 672.2	11.7
鄱阳湖	江西	0	0	0	0
太湖	上海	6	5	229.0	…
	江苏	236	213	83 361.0	43.5
	浙江	145	138	16 627.1	8.4
	合计	**387**	**356**	**100 217.1**	**51.9**

湖泊生活及其他污染情况

（2009）

流域	地区名称	污水处理厂数（座）	污水处理厂处理能力（万吨/日）	城镇生活污水排放量（万吨）	处理生活污水量（万吨）	城镇生活污水中化学需氧量排放量（吨）	城镇生活污水中氨氮排放量（吨）
总计		**267**	**966**	**217 422**	**183 513**	**318 460**	**30 989**
滇池	云南	8	70	22 218	21 566	11 700	820
巢湖	安徽	12	77	23 261	26 332	50 381	5 844
洞庭湖	湖南	5	19	13 775	2 770	58 115	5 077
鄱阳湖	江西	4	11	3 719	1 781	13 320	1 093
太湖	上海	9	17	6 504	5 403	8 838	489
	江苏	194	523	95 007	78 551	120 027	10 109
	浙江	35	250	52 938	47 110	56 081	7 557
	合计	**238**	**790**	**154 449**	**131 064**	**184 945**	**18 155**

三峡地区接纳工业废水及处理情况（一）

（2009）

地　区		汇总企业数（个）	工业废水排放量（万吨）	工业废水处理量（万吨）	工业废水排放达标量（万吨）	工业废水排放达标率（%）
总　计		**10 969**	**192 304**	**337 304**	**181 326**	**94.3**
库　区	湖　北	28	1 643	1 664	1 626	93.2
	重　庆	1 772	45 236	42 214	43 399	85.1
	合　计	**1 800**	**46 879**	**43 878**	**45 025**	**96.0**
影响区	湖　北	127	5 924	5 416	5 857	97.8
	重　庆	978	19 365	17 505	17 498	90.7
	四　川	1 077	23 767	41 369	23 230	94.6
	贵　州	258	1 235	1 169	1 134	79.8
	合　计	**2 440**	**50 291**	**65 460**	**47 719**	**94.9**
上游区	重　庆	60	495	533	459	75.6
	四　川	4 484	82 104	176 373	77 791	83.2
	贵　州	1 458	6 471	13 722	4 496	71.5
	云　南	727	6 065	37 338	5 835	80.6
	合　计	**6 729**	**95 135**	**227 966**	**88 582**	**93.1**

三峡地区接纳工业废水及处理情况（二）

（2009）

地　区		工业废水中污染物排放量					
		汞	镉	六价铬	铅	砷	挥发酚
总　计		**0.020**	**0.239**	**2.579**	**6.920**	**1.616**	**3.854**
库　区	湖　北	0	0	0	0	0	0
	重　庆	0	0.001	0.458	0.078	0	1.062
	合　计	**0**	**0.001**	**0.458**	**0.078**	**0**	**1.062**
影响区	湖　北	0	0	0.002	0	0	0.013
	重　庆	0	0.002	0.584	0.0 331	0	0.124
	四　川			0.068		0.007	0.798
	贵　州						0
	合　计	**0**	**0.002**	**0.654**	**0.033**	**0.007**	**0.935**
上游区	重　庆	0	0	0	0	0	0
	四　川	0.002	0.046	1.339	2.148	0.451	1.353
	贵　州	0.001	0.002	0.110	0.075	0.001	0.027
	云　南	0.016	0.189	0.019	4.586	1.157	0.478
	合　计	**0.020**	**0.237**	**1.468**	**6.809**	**1.609**	**1.857**

三峡地区接纳工业废水及处理情况（三）

（2009）

地区		工业废水中污染物排放量			
		氰化物	化学需氧量	石油类	氨氮
总计		**6.8**	**367 963.2**	**563.9**	**22 784.4**
库区	湖北	0.02	900.3	0.015	4.1
	重庆	0.5	73 531.0	82.3	5 358.6
	合计	**0.5**	**74 431.3**	**82.3**	**5 362.7**
影响区	湖北	0.028	5 569.4	2.9	671.0
	重庆	0.002	25 739.7	126.1	1 873.9
	四川	4.4	70 585.8	45.9	2 362.2
	贵州		1 738.1	0	140.5
	合计	**4.4**	**103 633.0**	**174.9**	**5 047.6**
上游区	重庆	0	609.6	0	0
	四川	0.9	174 410.8	263.2	11 094.2
	贵州	0.1	5 585.0	11.0	584.7
	云南	0.8	9 293.5	32.4	695.1
	合计	**1.8**	**189 898.9**	**306.7**	**12 374.0**

三峡地区工业废水治理投资情况

（2009）

地区		工业废水治理施工项目数（个）	工业废水治理竣工项目数（个）	工业废水治理项目完成投资（万元）	废水治理竣工项目新增处理能力（万吨/日）
总计		**328**	**288**	**90 053.1**	**60.0**
库区	湖北	2	2	970.0	0.5
	重庆	33	28	18 338.6	2.9
	合计	**35**	**30**	**19 308.6**	**3.4**
影响区	湖北	11	9	2 688.0	0.5
	重庆	29	21	10 440.8	22.9
	四川	18	17	5 288.2	2.1
	贵州	18	17	441.0	0.7
	合计	**76**	**64**	**18 858.0**	**26.1**
上游区	四川	165	145	47 397.5	28.7
	贵州	22	19	1 910.6	1.6
	云南	30	30	2 578.4	0.2
	合计	**217**	**194**	**51 886.5**	**30.5**

三峡地区接纳生活及其他污染情况

（2009）

地区		污水处理厂数（座）	污水处理厂处理能力（万吨/日）	城镇生活污水排放量（万吨）	处理生活污水量（万吨）	城镇生活污水中化学需氧量排放量（吨）	城镇生活污水中氨氮排放量（吨）
总计		**240**	**736**	**308 701**	**197 132**	**840 414**	**82 515**
库区	湖北	11	7	1 657	1 348	1 684	197
	重庆	56	188	59 575	51 012	84 710	12 537
	合计	**67**	**195**	**61 231**	**52 360**	**86 394**	**12 735**
影响区	湖北	7	31	9 627	7 567	9 568	1 743
	重庆	20	38	18 684	11 742	46 211	5 979
	四川	11	36	20 640	9 246	91 051	9 574
	贵州	4	6	1 714	1 069	5 544	562
	合计	**42**	**110**	**50 665**	**29 624**	**152 374**	**17 858**
上游区	重庆			832	0	3 778	414
	四川	95	286	136 159	80 164	411 489	36 450
	贵州	22	58	28 955	8 790	129 611	10 500
	云南	14	87	30 859	26 194	56 768	4 557
	合计	**131**	**431**	**196 804**	**115 148**	**601 646**	**51 922**

“南水北调”东线工程沿线接纳工业废水及处理情况（一）

（2009）

地区名称	汇总企业数（个）	工业废水排放量（万吨）	工业废水处理量（万吨）	工业废水排放达标量（万吨）	工业废水排放达标率（%）
总计	**8 240**	**193 453**	**430 500**	**189 618**	**98.0**
天津	1 814	19 031	74 169	19 030	100.0
河北	980	9 322	6 581	9 135	97.7
江苏	1 139	24 934	67 502	24 486	98.3
安徽	336	15 793	29 813	15 457	96.3
山东	2 755	74 938	177 475	73 754	97.5
河南	1 216	49 435	74 959	47 756	95.5

“南水北调”东线工程沿线接纳工业废水及处理情况（二）

（2009）

单位：吨

地区名称	工业废水中污染物排放量					
	汞	镉	六价铬	铅	砷	挥发酚
总计	**0.000 2**	**0.024**	**1.086**	**0.572**	**0.396**	**28.058**
天津	0.000 2	0	0.092	0.010	0.008	0.659
河北	0	0	0.052	0.119	0	0.148
江苏	0	0	0.328	0.355	0.190	5.998
安徽			0.162		0	3.515
山东	0	0	0.170	0.030	0.181	8.412
河南	0	0.024	0.282	0.058	0.017	9.326

“南水北调”东线工程沿线接纳工业废水及处理情况（三）

（2009）

单位：吨

地区名称	工业废水中污染物排放量			
	氰化物	化学需氧量	石油类	氨氮
总计	**14.3**	**341 012.2**	**826.9**	**26 993.5**
天津	0.2	23 113.2	76.9	2 897.5
河北	0.0	25 818.5	13.8	3 992.1
江苏	0.6	34 181.2	139.7	2 266.0
安徽	2.5	22 533.0	71.5	4 131.5
山东	2.7	89 389.1	208.2	4 979.2
河南	8.2	145 977.2	316.7	8 727.2

“南水北调”东线工程沿线工业废水治理投资情况

（2009）

地区名称	工业废水治理施工项目数（个）	工业废水治理竣工项目数（个）	工业废水治理项目完成投资（万元）	废水治理竣工项目新增处理能力（万吨/日）
总计	**246**	**229**	**142 618.6**	**561.3**
天津	43	36	38 880.2	5.7
河北	16	16	3 320.7	2.4
江苏	41	39	17 875.8	528.7
安徽	9	8	3 994.6	0.6
山东	103	96	70 622.4	21.5
河南	34	34	7 924.9	2.3

“南水北调”东线工程沿线生活及其他污染情况

（2009）

地区名称	污水处理厂数（座）	污水处理厂处理能力（万吨/日）	城镇生活污水排放量（万吨）	处理生活污水量（万吨）	城镇生活污水中化学需氧量排放量（吨）	城镇生活污水中氨氮排放量（吨）
总计	**199**	**1 006**	**269 617**	**203 245**	**593 591**	**72 324**
天津	28	193	39 149	32 395	104 510	8 585
河北	17	51	13 189	7 779	43 626	4 508
江苏	32	128	53 256	33 578	128 249	14 132
安徽	16	93	22 587	18 308	36 786	5 862
山东	77	399	98 246	82 008	205 208	27 593
河南	29	142	43 190	29 177	75 212	11 645

入海陆源工业废水排放及处理情况（一）

（2009）

海域	地区名称	汇总工业企业数（个）	工业废水排放量（万吨）	直接排入海的	工业废水排放达标量（万吨）	工业废水处理量（万吨）	废水治理设施数（套）	本年运行费用（万元）
总计		**21 000**	**418 647.4**	**128 135.9**	**402 392.8**	**657 287.6**	**15 376**	**855 035.1**
渤海	天津	263	7 444.0	581.4	7 444.0	6 264.2	110	19 873.7
	河北	343	14 190.9	1 142.9	13 992.7	93 352.3	340	22 969.4
	辽宁	542	7 254.4	1 242.3	6 495.7	15 175.8	262	23 185.1
	山东	640	26 801.6	1 775.3	26 564.1	60 695.5	647	83 999.4
	合计	**1 788**	**55 690.9**	**4 741.9**	**54 496.5**	**175 487.8**	**1 359**	**150 027.6**
黄海	辽宁	365	27 748.2	23 112.5	25 430.9	18 554.7	227	16 007.1
	江苏	837	15 855.3	393.3	15 484.0	22 632.1	704	28 162.9
	山东	1 380	19 243.4	5 718.3	19 231.4	29 095.3	850	44 099.4
	合计	**2 582**	**62 846.9**	**29 224.2**	**60 146.3**	**70 282.1**	**1 781**	**88 269.4**
东海	上海	847	29 341.1	2 535.9	28 919.3	135 756.1	945	106 411.5
	浙江	5 719	83 421.4	11 631.7	79 038.5	73 059.9	4 091	222 532.2
	福建	3 481	105 682.3	73 706.8	105 076.0	114 664.2	2 139	46 714.3
	合计	**10 047**	**218 444.8**	**87 874.4**	**213 033.8**	**323 480.2**	**7 175**	**375 658.0**
南海	广东	5 925	70 914.1	4 289.9	64 661.8	74 617.0	4 673	225 754.0
	广西	307	6 018.0	1 597.0	5 553.6	7 177.0	133	6 607.7
	海南	351	4 732.7	408.5	4 500.9	6 243.6	255	8 718.4
	合计	**6 583**	**81 664.8**	**6 295.5**	**74 716.2**	**88 037.5**	**5 061**	**241 080.1**

入海陆源工业废水排及处理情况（二）

（2009）

单位：吨

海域	地区名称	工业废水中污染物排放量									
		汞	镉	六价铬	铅	砷	挥发酚	氰化物	COD	石油类	氨氮
总计		**0.031**	**0.126**	**10.487**	**3.545**	**0.221**	**19.8**	**43.4**	**521 366.2**	**1 073.4**	**27 035.9**
渤海	天津	0	0	0	0	0	0.2	0.0	7 297.4	10.1	1 921.1
	河北	0	0	0.022	0	0	0.2	0.1	28 984.2	54.0	1 126.5
	辽宁	0	0	0.039	0	0	0.0	0.9	51 035.8	83.4	592.1
	山东	0	0	0.001	1.400	0.016	0.6	0.0	48 253.7	182.9	2 544.4
	合计	**0**	**0**	**0.062**	**1.400**	**0.016**	**1.0**	**1.1**	**135 571.0**	**330.4**	**6 184.2**
黄海	辽宁	0	0	0.058	0	0	9.3	0.3	32 524.5	233.8	970.5
	江苏	0	0.007	0.431	0	0	3.2	0.9	18 325.7	26.6	1 308.6
	山东	0	0.049	0.342	0.161	0.074	0.5	0.3	26 352.1	37.3	1 139.9
	合计	**0**	**0.056**	**0.830**	**0.161**	**0.074**	**13.0**	**1.5**	**77 202.3**	**297.8**	**3 419.0**
东海	上海		0.015	0.349	0.052	0.002	2.7	4.3	22 373.6	143.4	1 363.7
	浙江	0.009	0.000	5.990	0.120	0.005	0.5	31.1	120 181.8	64.0	8 024.0
	福建	0.001	0.006	1.386	0.086	0.011	0.2	0.6	34 236.3	36.8	2 371.6
	合计	**0.010**	**0.020**	**7.725**	**0.258**	**0.018**	**3.4**	**35.9**	**176 791.7**	**244.3**	**11 759.3**
南海	广东	0.021	0.048	1.852	1.667	0.113	2.3	4.9	84 841.1	197.5	4 388.2
	广西			0.016	0.023		0.03		39 093.3	2.6	974.2
	海南		0.002	0.002	0.037		0		7 866.8	0.9	311.0
	合计	**0.021**	**0.050**	**1.871**	**1.726**	**0.113**	**2.4**	**4.9**	**131 801.2**	**201.0**	**5 673.4**

入海陆源工业废水排放及处理情况（三）

（2009）

单位：吨

海域	地区名称	工业废水中污染物去除量				
		挥发酚	氰化物	化学需氧量	石油类	氨氮
总计		**2 935.2**	**1 833.7**	**2 406 861.6**	**49 670.0**	**154 507.7**
渤海	天津	25.0	0	13 616.3	1 177.5	142.4
	河北	175.2	3.9	79 771.4	3 927.6	418.5
	辽宁	207.4	7.6	50 532.0	1 253.7	4 034.7
	山东	178.0	242.4	320 155.9	13 749.2	7 989.2
	合计	**585.5**	**253.9**	**464 075.6**	**20 108.1**	**12 584.8**
黄海	辽宁	0.1	0.0	57 707.3	393.6	20 053.4
	江苏	6.9	1.5	78 805.0	75.7	2 227.6
	山东	45.9	12.0	186 344.4	481.3	10 962.9
	合计	**52.8**	**13.4**	**322 856.7**	**950.5**	**33 243.8**
东海	上海	898.5	48.7	178 354.6	6 315.8	3 450.5
	浙江	181.3	884.8	706 476.0	19 870.0	56 249.2
	福建	962.7	12.7	329 660.5	59.5	6 732.8
	合计	**2 042.5**	**946.2**	**1 214 491.1**	**26 245.2**	**66 432.5**
南海	广东	226.3	620.2	314 920.0	2 084.4	41 254.9
	广西	28.0		73 593.1	267.1	661.6
	海南	0		16 925.2	14.7	330.0
	合计	**254.3**	**620.2**	**405 438.2**	**2 366.2**	**42 246.5**

入海陆源环境污染治理投资情况

（2009）

海域	地区名称	工业废水治理施工项目数（个）	工业废水治理竣工项目数（个）	工业废水治理项目完成投资（万元）	废水治理竣工项目新增处理能力（万吨/日）
总计		**803**	**683**	**276 407.0**	**101.9**
渤海	天津	16	16	23 001.0	4.9
	河北	1	1	1 050.0	0.1
	辽宁	24	22	19 218.0	6.6
	山东	100	88	66 626.3	20.5
	合计	**141**	**127**	**109 895.3**	**32.0**
黄海	辽宁	7	3	860.0	0.1
	江苏	22	22	12 846.4	1.1
	山东	43	40	36 435.2	22.1
	合计	**72**	**65**	**50 141.6**	**23.3**
东海	上海	60	52	7 913.4	2.4
	浙江	171	152	33 177.7	12.0
	福建	144	107	40 443.9	19.5
	合计	**375**	**311**	**81 535.0**	**33.9**
南海	广东	198	167	30 381.5	9.8
	广西	8	6	1 238.0	2.5
	海南	9	7	3 215.6	0.5
	合计	**215**	**180**	**34 835.1**	**12.8**

入海陆源生活及其他污染情况

（2009）

海域	地区名称	污水处理厂数（座）	污水处理厂处理能力（万吨/日）	城镇生活污水排放量（万吨）	处理生活污水量（万吨）	城镇生活污水中化学需氧量排放量（吨）	城镇生活污水中氨氮排放量（吨）
总计		**311**	**2 285.1**	**673 602**	**442 353**	**1 191 035**	**138 738**
渤海	天津	6	11.4	5 496	4 238	8 830	1 890
	河北	9	46.0	11 776	9 089	19 116	2 586
	辽宁	5	29.0	17 109	8 969	56 745	8 080
	山东	27	79.4	16 874	14 087	27 187	4 263
	合计	**47**	**165.8**	**51 256**	**36 383**	**111 878**	**16 819**
黄海	辽宁	12	79.5	19 337	17 001	29 292	5 150
	江苏	24	56.6	27 964	14 150	83 424	9 266
	山东	31	200.5	42 556	37 686	68 819	9 463
	合计	**67**	**336.5**	**89 857**	**68 836**	**181 534**	**23 879**
东海	上海	20	541.8	68 315	36 570	108 602	11 929
	浙江	40	237.3	72 765	55 080	141 795	10 654
	福建	35	179.7	51 709	32 639	149 198	12 068
	合计	**95**	**958.8**	**192 788**	**124 289**	**399 596**	**34 651**
南海	广东	89	760.3	294 202	197 206	361 113	52 294
	广西	2	18.0	15 012	3 796	48 190	3 520
	海南	11	45.8	30 486	11 843	88 724	7 574
	合计	**102**	**824.0**	**339 700**	**212 845**	**498 027**	**63 388**

6

医院环境统计

YIYUAN HUANJING TONGJI

ANNUAL STATISTIC REPORT ON ENVIRONMENT IN CHINA

2009

医院废水排放及处理情况（一）

（2009）

地　区 名　称	汇总医院数 （家）	总床位数 （张）	废水处理设施数 （套）	废水处理 设施能力（万吨/日）	废水处理 设施运行费用（万元）
合　计	**10 686**	**2 295 647**	**10 560**	**258.8**	**999 704.7**
北　京	338	75 337	336	9.1	2 719.1
天　津	184	84 328	200	3.5	2 725.8
河　北	417	95 312	365	6.4	47 350.5
山　西	325	56 674	289	3.9	67 329.3
内蒙古	266	49 155	220	2.3	895.0
辽　宁	501	99 201	403	7.6	186 809.2
吉　林	274	58 418	215	4.0	1 065.1
黑龙江	345	72 636	771	4.6	71 461.9
上　海	377	78 607	362	9.3	31 952.8
江　苏	440	119 501	467	13.9	9 859.6
浙　江	361	115 653	466	32.2	27 484.1
安　徽	263	64 536	363	6.5	1 696.8
福　建	301	63 442	418	6.8	71 067.1
江　西	334	60 542	321	30.8	28 710.6
山　东	650	151 751	563	17.8	11 715.8
河　南	505	137 775	432	11.9	38 639.0
湖　北	344	72 202	303	7.6	17 846.7
湖　南	394	91 943	369	10.3	75 705.3
广　东	660	156 798	798	22.7	44 327.5
广　西	322	62 924	298	7.4	26 689.0
海　南	53	11 391	48	0.8	719.6
重　庆	298	48 140	300	4.3	2 250.8
四　川	838	160 077	804	12.1	11 207.1
贵　州	289	43 631	229	3.1	161 514.0
云　南	417	68 712	306	4.2	12 870.6
陕　西	350	71 877	282	5.3	3 691.9
甘　肃	210	39 674	173	3.2	20 627.2
青　海	89	12 318	56	0.6	266.6
宁　夏	109	15 346	91	1.9	293.4
新　疆	432	57 746	312	4.6	20 213.3

医院废水排放及处理情况（二）

（2009）

地区名称	废水排放量（万吨）	达标排放量	化学需氧量排放量（吨）	氨氮排放量（吨）	废水处理量（万吨）
合 计	**44 595.0**	**38 821.5**	**70 274.7**	**7 352.7**	**42 178.1**
北 京	1 801.8	1 738.7	2 175.5	287.9	1 771.3
天 津	731.7	731.4	1 433.5	87.1	734.4
河 北	1 313.4	1 192.4	1 970.7	598.1	1 271.7
山 西	680.5	594.4	973.4	135.8	643.9
内蒙古	577.6	429.4	842.1	119.3	543.5
辽 宁	1 513.1	1 236.4	2 069.1	282.4	1 511.4
吉 林	567.0	450.3	943.6	100.2	575.8
黑龙江	829.7	740.0	790.6	57.2	821.4
上 海	2 689.7	2 602.2	1 406.9	334.4	2 592.6
江 苏	3 282.9	3 167.9	3 151.4	314.3	3 003.7
浙 江	2 618.0	2 512.0	1 767.1	290.7	2 548.6
安 徽	1 740.5	1 538.0	1 626.8	241.4	1 683.6
福 建	1 337.5	1 214.0	1 250.2	184.5	1 357.1
江 西	1 496.4	1 337.9	1 941.6	241.8	1 388.6
山 东	2 303.8	2 170.7	1 788.1	210.2	2 304.4
河 南	2 294.0	2 028.4	2 484.8	272.7	2 103.0
湖 北	1 928.6	1 622.9	2 034.0	343.8	1 771.9
湖 南	2 640.0	2 080.5	3 073.2	391.2	2 273.4
广 东	4 559.5	3 703.9	19 204.6	760.6	4 113.7
广 西	1 237.8	1 026.5	1 502.9	224.0	1 152.0
海 南	228.8	197.3	141.6	15.4	201.3
重 庆	983.0	960.6	927.3	104.4	976.2
四 川	2 476.6	2 238.9	3 105.6	516.0	2 446.5
贵 州	651.4	518.3	650.8	79.5	626.5
云 南	930.9	676.3	2 037.2	263.0	862.6
陕 西	1 432.4	1 012.6	2 338.5	462.0	1 356.5
甘 肃	428.2	319.2	672.1	62.1	414.9
青 海	258.0	76.6	591.0	60.1	156.7
宁 夏	238.5	170.1	407.6	43.6	200.6
新 疆	823.8	533.6	6 973.0	269.1	770.6

医院医疗废物排放及处理情况

（2009）

地　区 名　称	医疗废物 产生量（吨）	医疗废物 处置量（吨）	送往集中处置厂 处置量	医疗废物 处理设施数 （套）	医疗废物处理 设施运行费用 （万元）
合　计	**283 018.7**	**279 066.1**	**214 896.0**	**4 248**	**603 990.6**
北　京	11 381.5	11 381.5	11 328.0	49	451.1
天　津	3 216.4	3 216.4	3 216.4	9	103.3
河　北	5 891.0	5 817.5	3 542.2	213	51 860.1
山　西	4 773.7	4 473.8	3 184.7	139	39 675.5
内蒙古	5 608.4	4 747.5	2 741.8	138	501.5
辽　宁	7 286.9	7 270.1	5 429.9	203	25 107.9
吉　林	3 535.8	3 517.0	2 759.8	151	336.2
黑龙江	8 226.8	8 155.1	6 567.0	160	30 934.9
上　海	14 469.1	14 469.1	13 671.4	208	16 621.2
江　苏	16 954.3	16 937.2	14 926.0	115	1 656.7
浙　江	24 840.2	24 731.0	23 474.6	327	43 327.1
安　徽	8 106.6	7 992.9	4 963.1	102	543.4
福　建	6 924.0	6 896.9	6 759.7	76	1 303.1
江　西	7 748.7	7 701.2	6 436.3	197	44 795.4
山　东	17 307.8	17 307.1	16 504.3	165	39 047.2
河　南	11 885.4	11 862.0	9 414.6	198	42 062.0
湖　北	6 041.2	5 898.3	3 282.3	167	4 813.7
湖　南	10 716.1	10 546.1	6 044.5	124	16 585.1
广　东	31 505.1	31 355.8	29 498.7	266	15 304.2
广　西	11 395.8	11 377.1	6 760.3	210	31 013.4
海　南	1 745.9	1 745.9	1 738.4	11	27 717.9
重　庆	5 118.8	5 118.4	3 530.1	60	1 461.4
四　川	11 428.9	11 382.7	8 723.0	249	89 295.0
贵　州	7 171.6	6 697.5	4 987.6	66	306.6
云　南	8 295.4	7 487.9	4 816.6	170	2 559.7
陕　西	5 799.4	5 754.9	4 718.0	152	9 579.9
甘　肃	3 106.5	2 921.6	637.7	150	356.2
青　海	1 758.0	1 708.8	1 383.6	8	26.6
宁　夏	1 294.6	1 294.0	615.1	27	87.6
新　疆	19 484.8	19 300.7	3 240.3	138	66 556.7

医院医疗放射源管理情况

（2009）

地区名称	放射源数（枚）	集中管理的	退役放射源数（枚）
合　计	**10 583**	**9 774**	**665**
北　京	330	330	1
天　津	40	40	2
河　北	639	607	16
山　西	337	294	22
内蒙古	192	176	2
辽　宁	463	417	11
吉　林	445	443	10
黑龙江	295	257	10
上　海	166	165	3
江　苏	507	485	14
浙　江	325	301	5
安　徽	305	280	21
福　建	239	232	27
江　西	267	230	26
山　东	713	692	22
河　南	342	287	26
湖　北	239	215	14
湖　南	527	483	38
广　东	884	828	88
广　西	196	173	28
海　南	156	155	120
重　庆	540	526	6
四　川	799	665	23
贵　州	237	207	26
云　南	75	72	3
陕　西	382	355	9
甘　肃	357	336	40
青　海	66	50	10
宁　夏	70	68	4
新　疆	450	405	38

7

环境管理统计

HUANJING GUANLI TONGJI

ANNUAL STATISTIC REPORT ON ENVIRONMENT IN CHINA

2009

各地区环境信访工作情况（一）

（2009）

地区名称	来信总数（封）	环境污染与生态破坏类（件）					
		水污染	大气污染	固体废物污染	噪声污染	危险化学品	放射性污染
总 计	**696 134**	**100 497**	**260 168**	**15 010**	**242 521**	**2 881**	**625**
国家级	32 138	1 735	2 252	228	676	46	24
北 京	20 541	754	12 082	142	8 013	10	13
天 津	17 818	1 019	5 316	42	7 344	0	0
河 北	14 835	2 827	6 541	241	4 665	1	4
山 西	5 547	308	3 205	72	1 630	5	4
内蒙古	6 772	374	2 291	103	3 191	12	3
辽 宁	28 874	1 909	10 456	291	11 018	301	29
吉 林	5 093	339	2 397	38	2 113	0	0
黑龙江	10 917	2 033	4 360	1	4 521	0	0
上 海	30 055	1 831	8 386	143	7 451	22	9
江 苏	58 407	11 157	22 202	1 258	20 513	120	7
浙 江	55 782	12 196	25 381	959	12 975	60	24
安 徽	15 507	1 414	5 100	180	7 043	5	17
福 建	33 965	4 512	12 631	841	13 037	50	14
江 西	23 841	8 010	8 497	628	4 827	17	4
山 东	26 474	7 292	13 626	343	4 564	22	6
河 南	26 133	2 375	7 799	317	6 159	10	8
湖 北	29 411	4 789	11 186	932	11 092	22	7
湖 南	16 896	12 857	9 755	3 477	7 184	1 057	104
广 东	105 942	10 514	55 061	1 316	37 095	226	319
广 西	25 550	3 281	5 702	806	9 686	821	6
海 南	1 238	67	174	6	951	0	0
重 庆	25 445	1 268	5 711	105	16 171	1	0
四 川	25 276	4 027	7 160	491	8 365	46	11
贵 州	55	18	24	4	6	0	0
云 南	12 084	1 342	4 018	485	4 718	9	2
西 藏	357	25	93	17	185	0	0
陕 西	28 118	923	5 212	107	21 572	13	0
甘 肃	2 649	752	734	1 013	101	3	4
青 海	1 832	53	461	205	1 051	0	0
宁 夏	3 907	159	718	47	2 347	0	1
新 疆	4 675	337	1 637	172	2 257	2	5

各地区环境信访工作情况（二）

（2009）

单位：件

地区名称	环境污染与生态破坏类				
	电磁辐射	三产污染	生态破坏	畜养、农药化肥污染	其他
总计	**3 859**	**32 779**	**1 631**	**2 931**	**11 961**
国家级	53	0	104	1	5
北京	312	0	5	1	90
天津	62	172	0	1	80
河北	52	55	4	77	217
山西	2	37	1	7	261
内蒙古	49	564	21	9	104
辽宁	94	3 550	32	149	517
吉林	39	2	1	37	144
黑龙江	2	0	0	0	0
上海	143	634	5	165	1 305
江苏	263	1 340	23	116	1 767
浙江	491	1 488	47	147	1 707
安徽	133	1 227	18	99	300
福建	105	877	173	535	997
江西	49	1 466	91	187	31
山东	196	53	32	135	361
河南	68	302	36	103	187
湖北	106	1 344	52	280	690
湖南	379	683	547	250	232
广东	619	11 029	149	261	1 635
广西	80	1 518	74	53	317
海南	10	0	2	1	14
重庆	248	1 449	3	0	126
四川	144	3 850	33	275	511
贵州	0	0	0	0	0
云南	109	426	109	17	158
西藏	0	0	0	0	30
陕西	20	1	13	9	58
甘肃	5	0	26	0	0
青海	4	3	21	0	39
宁夏	2	598	4	2	20
新疆	20	111	5	14	58

各地区环境信访工作情况（三）

（2009）

单位：件

地区名称	建设项目类	行业作风类	发明建议类	环境监测类	咨询类	其他	已办结数量
总计	**6 685**	**721**	**859**	**551**	**12 951**	**44 052**	**644 296**
国家级	279	109	367	0	2	26 980	3 956
北京	146	93	27	0	153	327	20 089
天津	355	1	1	0	709	2 771	17 756
河北	119	10	1	0	0	21	14 835
山西	0	5	0	0	10	0	5 488
内蒙古	14	3	2	0	30	2	6 691
辽宁	55	20	23	10	311	109	28 778
吉林	7	0	0	0	1	98	5 090
黑龙江	0	0	0	0	0	0	10 482
上海	193	9	94	2	611	9 052	29 886
江苏	710	15	49	0	341	453	57 521
浙江	324	6	13	4	93	791	54 662
安徽	15	1	2	1	21	13	15 178
福建	88	4	0	0	18	52	33 659
江西	14	9	0	0	15	7	23 713
山东	54	11	5	10	36	280	26 469
河南	65	28	28	1	8 850	437	25 862
湖北	153	19	11	19	78	468	28 620
湖南	544	266	53	484	483	409	16 826
广东	202	83	44	5	184	1 109	92 271
广西	3 000	7	11	3	39	146	23 279
海南	3	0	0	0	4	6	1 209
重庆	64	2	13	0	27	257	24 815
四川	118	2	43	1	218	178	23 892
贵州	0	0	0	0	0	3	55
云南	134	16	71	11	542	32	11 819
西藏	1	0	0	0	4	2	349
陕西	15	2	1	0	129	23	28 063
甘肃	6	0	0	0	0	5	2 649
青海	0	0	0	0	0	4	1 809
宁夏	3	0	0	0	0	6	3 899
新疆	4	0	0	0	42	11	4 626

各地区环境信访工作情况（四）

（2009）

单位：件

地区名称	来访批次（批）	来访人次（人）	环境污染与生态破坏类					
			水污染	大气污染	固体废物污染	噪声污染	危险化学品	放射性污染
总　计	**42 170**	**73 798**	**10 127**	**16 072**	**1 298**	**11 031**	**123**	**62**
国家级	497	1 231	170	220	52	100	0	6
北　京	253	332	23	100	5	121	1	2
天　津	411	720	50	189	4	157	0	0
河　北	3 144	3 144	598	1 420	66	852	0	3
山　西	245	400	17	134	5	72	0	0
内蒙古	1 233	1 574	125	594	25	363	0	0
辽　宁	2 678	6 199	539	694	87	644	3	3
吉　林	902	1 841	110	431	11	328	0	0
黑龙江	1 274	2 040	312	499	0	463	0	0
上　海	840	2 290	71	288	6	274	1	0
江　苏	1 354	3 119	290	466	113	289	34	1
浙　江	2 548	5 709	589	1 069	55	592	9	0
安　徽	966	1 785	248	353	15	239	0	1
福　建	1 145	2 498	243	432	20	314	0	0
江　西	2 803	6 236	866	1 067	47	429	7	0
山　东	1 048	2 240	376	415	28	173	1	1
河　南	949	1 924	295	366	25	188	0	8
湖　北	2 347	5 370	487	952	57	798	5	4
湖　南	3 248	6 560	2 203	1 020	231	460	18	9
广　东	2 505	4 377	494	1 395	44	662	1	8
广　西	1 415	2 273	360	490	33	275	9	10
海　南	70	134	14	17	2	16	0	0
重　庆	59	176	11	28	1	8	0	0
四　川	5 353	5 298	968	1 537	141	1 619	29	5
贵　州	11	11	7	3	1	0	0	0
云　南	1 991	2 967	291	828	101	568	1	1
西　藏	4	5	2	10	0	8	0	0
陕　西	563	679	69	170	17	205	2	0
甘　肃	470	585	161	148	44	84	0	0
青　海	144	242	38	52	8	31	0	0
宁　夏	192	226	22	64	10	73	0	0
新　疆	1 508	1 613	78	621	44	626	2	0

各地区环境信访工作情况（五）

（2009）

单位：件

地区名称	环境污染与生态破坏类				
	电磁辐射	三产污染	生态破坏	畜养、农药化肥污染	其他
总计	**499**	**2 772**	**297**	**500**	**718**
国家级	19	0	18	3	4
北京	8	0	1	0	4
天津	0	8	0	0	7
河北	19	1	1	40	67
山西	0	3	0	0	3
内蒙古	11	49	5	6	29
辽宁	16	528	14	41	21
吉林	3	6	0	9	40
黑龙江	0	0	0	0	0
上海	9	46	0	11	65
江苏	30	95	0	3	18
浙江	44	96	3	29	95
安徽	12	81	0	12	8
福建	16	29	3	27	33
江西	24	259	8	63	13
山东	23	3	5	6	16
河南	14	15	6	10	10
湖北	57	150	4	29	12
湖南	89	110	178	23	58
广东	32	246	5	10	74
广西	23	158	2	10	17
海南	1	0	1	0	2
重庆	4	4	0	0	0
四川	24	774	6	109	72
贵州	0	0	0	0	0
云南	16	55	18	18	27
西藏	0	0	0	0	0
陕西	4	1	1	7	4
甘肃	0	0	16	1	2
青海	0	7	1	1	0
宁夏	0	16	0	1	1
新疆	1	32	1	31	16

各地区环境信访工作情况（六）

（2009）

单位：件

地区名称	建设项目类	行业作风类	发明建议类	环境监测类	咨询类	其他	已办结数量
总计	**633**	**57**	**42**	**34**	**389**	**407**	**40 633**
国家级	32	3	18	1	7	0	405
北京	25	0	0	0	2	4	250
天津	6	0	0	0	1	0	407
河北	47	0	0	0	11	19	3 144
山西	0	0	0	0	0	0	237
内蒙古	6	0	0	0	20	0	1 217
辽宁	27	6	2	3	37	13	2 656
吉林	4	0	0	0	10	0	901
黑龙江	0	0	0	0	0	0	1 223
上海	29	0	6	4	17	13	829
江苏	70	0	0	0	4	18	1 332
浙江	38	0	0	0	8	37	2 457
安徽	3	2	2	1	6	0	924
福建	14	0	0	0	7	8	1 126
江西	0	1	0	0	17	2	2 732
山东	11	4	1	0	5	21	1 046
河南	14	0	1	0	8	9	859
湖北	20	1	0	0	2	7	2 221
湖南	148	30	3	25	32	107	3 248
广东	31	2	3	0	9	11	2 234
广西	11	1	1	0	1	14	1 295
海南	0	0	0	0	8	8	59
重庆	3	0	0	0	0	0	57
四川	17	0	0	0	18	74	5 089
贵州	0	0	0	0	0	0	11
云南	19	4	5	0	59	22	1 806
西藏	8	0	0	0	8	1	35
陕西	24	0	0	0	56	3	561
甘肃	5	3	0	0	4	2	468
青海	4	0	0	0	1	1	109
宁夏	4	0	0	0	0	1	192
新疆	13	0	0	0	31	12	1 503

各地区人大建议、政协提案情况

（2009）

单位：件

地区名称	人大建议			政协提案		
	人大建议数	已办理数	已办理完毕数	政协提案数	已办理数	已办理完毕数
总　计	**4 734**	**4 527**	**4 508**	**6 607**	**6 361**	**6 337**
国家级	237	237	237	175	175	175
北　京	106	106	106	80	80	80
天　津	36	36	36	51	51	51
河　北	16	16	16	21	21	21
山　西	28	28	28	10	10	10
内蒙古	111	111	111	149	149	149
辽　宁	126	121	121	192	187	187
吉　林						
黑龙江	125	125	125	122	122	122
上　海	82	81	81	101	99	99
江　苏	384	384	382	601	601	601
浙　江	471	340	338	586	461	457
安　徽	86	86	86	207	207	207
福　建	303	303	303	337	337	337
江　西	189	189	189	335	335	335
山　东	115	115	115	286	286	286
河　南	232	231	231	431	425	425
湖　北	109	109	109	119	119	119
湖　南	311	311	311	317	317	317
广　东	380	380	380	550	550	550
广　西	102	96	95	136	129	131
海　南	12	12	12	38	38	38
重　庆	188	188	188	265	265	265
四　川	305	282	277	525	486	481
贵　州	35	35	35	61	61	61
云　南	243	207	198	320	260	248
西　藏	10	10	10	24	24	24
陕　西	67	67	67	108	108	108
甘　肃	91	87	87	141	140	135
青　海	25	25	25	26	26	26
宁　夏	11	11	11	54	54	54
新　疆	198	198	198	239	238	238

各地区环境保护档案工作情况（一）

（2009）

地　区 名　称	档案机构 （个）	现存档案资料		档案库房 实用面积 （米²）	现有专职 档案人员 （人）	兼职 档案人员 （人）
		全宗（个）	案卷（卷）			
总　计	**2 449**	**4 898**	**2 298 681**	**70 487**	**1 700**	**4 746**
国家级	13	34	83 726	803	13	160
北　京	29	29	163 498	919	17	171
天　津	16	22	49 710	804	12	86
河　北	150	202	119 912	3 373	153	279
山　西	124	142	71 331	2 536	145	171
内蒙古	85	106	101 347	2 298	92	221
辽　宁	83	110	127 034	3 022	58	193
吉　林	87	479	85 354	1 478	59	84
黑龙江	165	171	64 715	2 544	3	173
上　海	22	26	142 309	762	16	61
江　苏	114	96	134 819	3 380	99	233
浙　江	98	142	216 596	3 759	68	282
安　徽	41	94	67 169	1 702	40	105
福　建	51	99	56 132	2 229	13	90
江　西	69	130	21 540	1 894	34	129
山　东	195	200	184 400	5 966	204	494
河　南	195	187	38 099	3 949	151	137
湖　北	102	341	59 860	3 027	71	183
湖　南	99	73	14 119	2 329	30	101
广　东	125	792	241 032	4 270	94	289
广　西	55	233	22 233	1 700	16	119
海　南	14	20	6 983	1 107	25	11
重　庆	32	51	64 525	1 656	18	91
四　川	126	232	36 628	3 830	67	225
贵　州	39	71	21 113	1 340	15	84
云　南	50	233	15 059	1 523	53	124
西　藏	0	20	724	88	0	13
陕　西	87	228	23 229	2 604	21	144
甘　肃	85	121	25 840	1 895	55	100
青　海	14	76	4 123	909	5	43
宁　夏	20	24	9 909	522	6	18
新　疆	64	114	25 613	2 269	47	132

各地区环境保护档案工作情况（二）

（2009）

地 区 名 称	本年接收 档案（卷）	本年借阅档案 人次（人次）	本年借阅 档案（卷）	本年编研 资料（种）	档案管理达标升级情况（个）			
					国家级	省一级	省二级	省三级
总 计	**191 629**	**199 433**	**310 998**	**4 336**	**38**	**476**	**418**	**255**
国家级	4 046	6 109	7 298	15	5	6	0	0
北 京	16 031	2 485	10 379	77	0	8	13	2
天 津	3 729	1 069	1 353	50	0	9	5	2
河 北	10 942	8 263	9 817	304	2	32	19	54
山 西	8 283	5 761	5 873	34	0	6	17	21
内蒙古	10 221	6 366	7 282	108	7	32	11	2
辽 宁	6 823	9 176	15 152	129	1	17	17	7
吉 林	9 207	2 290	5 712	98	0	12	29	11
黑龙江	2 728	4 434	6 233	48	4	44	2	7
上 海	7 232	2 413	8 643	25	1	5	5	0
江 苏	5 453	12 680	20 771	324	1	47	27	13
浙 江	23 610	19 042	32 863	297	1	25	26	2
安 徽	4 195	4 272	5 988	124	1	8	5	0
福 建	4 455	5 057	8 041	20	1	4	0	0
江 西	1 373	6 176	6 817	83	0	1	9	6
山 东	11 692	12 414	24 170	437	3	65	57	26
河 南	2 532	8 677	10 751	208	0	28	15	4
湖 北	9 454	7 404	11 128	210	2	34	59	0
湖 南	1 611	1 987	3 117	7	0	2	32	2
广 东	16 721	15 694	30 799	248	4	37	17	3
广 西	1 361	6 629	9 165	123	0	0	0	0
海 南	4 847	3 616	6 930	94	1	1	1	1
重 庆	2 968	2 950	4 670	50	0	4	6	9
四 川	6 207	21 943	26 950	430	0	9	26	60
贵 州	2 207	3 333	5 382	343	0	0	0	1
云 南	1 915	5 287	7 124	66	1	10	4	16
西 藏	907	180	270	0	0	0	0	0
陕 西	2 254	2 705	4 322	41	0	2	3	6
甘 肃	3 034	5 847	6 090	73	2	17	3	0
青 海	537	652	1 080	14	0	4	6	0
宁 夏	758	930	2 077	4	0	3	0	0
新 疆	4 296	3 592	4 751	252	1	4	4	0

各地区环境法制工作情况（一）

（2009）

地 区 名 称	颁布地方性法规		当年受理环境 行政处罚案件数 （起）	当年受理环境 行政复议案件数 （起）	当年受理环境 行政诉讼案件数 （起）	当年受理环境 犯罪案件数 （起）
	法规 （件）	行政规章 （件）				
总 计	**22**	**17**	**78 788**	**661**	**249**	**5**
国家级	0	0	24	73	2	0
北 京		0	837	2		
天 津		0	459	2		
河 北	2	0	4 146			
山 西	0	0	101	0	0	0
内蒙古	1	0	1 153	2	10	
辽 宁	1	2	8 652	1	2	1
吉 林	2	0	794	0	6	0
黑龙江	0	1	299	2	4	0
上 海						
江 苏	3	0	9 892	54	53	4
浙 江	1	0	8 469	42	11	
安 徽	0	0	268	1	1	0
福 建	2	0	2 676	16	2	0
江 西	1	2	2 190	3		
山 东		1	5 198	18	6	
河 南	1	0	2 053	7	0	0
湖 北		0	998	12	2	
湖 南	0	0	1 410	18	6	0
广 东	2	6	20 446	324	91	0
广 西		0	786	5	3	
海 南	1	0	68	4	1	
重 庆	0	0	1 609	47	44	0
四 川	0	0	1 456	17	3	0
贵 州	1	0	699	2	0	0
云 南	1	0	520	4	1	0
西 藏		0	10			
陕 西	1	2	1 511			
甘 肃		0	334		1	
青 海	0	2	32	0	0	0
宁 夏	2	0	246	0	0	0
新 疆		1	1 452	5		

各地区环境法制工作情况（二）

（2009）

单位：起

地区名称	当年做出环境行政处罚决定的案件数	当年做出环境行政复议决定的案件数	当年做出判决的环境行政诉讼案件数	当年做出判决的环境犯罪案件数
总　计	**73 719**	**465**	**249**	**3**
国家级	24	68	2	0
北　京	837	2	3	
天　津	378	1		
河　北	4 146			
山　西	101	0	0	0
内蒙古	1 081	1	24	
辽　宁	8 482	1	1	1
吉　林	775	0	0	0
黑龙江	229	1	1	0
上　海				
江　苏	9 512	32	41	2
浙　江	8 012	34	7	
安　徽	223	1	23	0
福　建	2 573	15	3	0
江　西	2 010	2		
山　东	4 999	16	5	
河　南	1 718	5	0	0
湖　北	728	6	5	
湖　南	1 284	12	2	0
广　东	18 465	224	77	0
广　西	689		3	
海　南	68	3	1	
重　庆	1 485	28	43	0
四　川	1 352	9	4	0
贵　州	699	0	0	0
云　南	537	4	3	0
西　藏	10			
陕　西	1 438		1	
甘　肃	331			
青　海	26	0	0	0
宁　夏	246	0	0	0
新　疆	1 261	0		

各地区环境保护系统年末机构总数（一）

（2009）

单位：个

地区名称	总计	国家、省级合计	环保局	监察机构	监测站	科研所	宣教中心	信息中心	其他
总　计	**12 700**	**401**	**32**	**48**	**40**	**32**	**30**	**27**	**192**
国家级	44	44	1	13	1	3	1	1	24
北　京	105	12	1	1	1	1	1	1	6
天　津	86	14	1	1	1	1	1	1	8
河　北	812	11	1	2	1	1	1	1	4
山　西	587	16	1	1	1	1	1	1	10
内蒙古	389	11	1	3	2	1	1	–	3
辽　宁	475	18	1	1	1	1	1	1	12
吉　林	289	12	1	1	1	1	1	1	6
黑龙江	421	17	1	1	1	1	1	1	11
上　海	78	8	1	1	1	1	1	1	2
江　苏	705	19	1	1	1	1	1	1	13
浙　江	586	9	1	1	2	1	1	1	2
安　徽	410	11	1	1	1	1	1	1	5
福　建	349	12	1	1	3	1	1	1	4
江　西	398	11	1	1	1	1	1	1	5
山　东	933	13	1	1	1	1	1	1	7
河　南	649	8	1	1	1	1	1	1	2
湖　北	457	9	1	1	1	1	1	1	3
湖　南	456	6	1	1	2	1	1	–	–
广　东	886	11	1	1	1	1	1	1	5
广　西	324	9	1	1	2	1	1	–	3
海　南	123	3	1	1	1	–	–	–	–
重　庆	334	12	1	1	1	–	1	1	7
四　川	626	13	1	1	2	1	1	1	6
贵　州	351	13	1	1	1	1	1	1	7
云　南	456	11	1	1	1	1	1	1	5
西　藏	101	7	1	1	1	1	–	–	3
陕　西	367	15	1	1	1	1	1	1	9
甘　肃	338	11	1	1	1	1	1	1	5
青　海	131	9	1	1	1	1	1	1	3
宁　夏	57	10	1	1	1	–	1	1	5
新　疆	377	16	1	2	2	2	1	1	7

各地区环境保护系统年末机构总数（二）

（2009）

单位：个

地区名称	地市级合计	环保局	监察机构	监测站	科研所	宣教中心	信息中心	其他
总计	**1 902**	**332**	**352**	**337**	**209**	**112**	**122**	**438**
北京	–	–	–	–	–	–	–	–
天津	–	–	–	–	–	–	–	–
河北	78	11	12	11	11	5	6	22
山西	96	11	11	11	11	7	10	35
内蒙古	67	12	12	12	9	4	1	17
辽宁	113	14	14	14	14	13	9	35
吉林	63	9	12	9	7	8	3	15
黑龙江	76	13	14	13	11	6	3	16
上海	–	–	–	–	–	–	–	–
江苏	92	13	14	13	12	8	6	26
浙江	64	11	11	11	6	5	1	19
安徽	83	17	17	17	12	3	10	7
福建	53	9	9	9	9	6	7	4
江西	70	11	11	12	10	6	4	16
山东	112	17	17	17	9	6	11	35
河南	95	17	18	17	10	3	3	27
湖北	86	13	20	13	12	4	5	19
湖南	79	14	14	14	11	2	1	23
广东	147	20	21	21	18	10	15	42
广西	60	14	14	15	9	1	4	3
海南	11	2	2	3	2	–	1	1
重庆	–	–	–	–	–	–	–	–
四川	84	21	21	23	4	1	5	9
贵州	47	9	9	9	2	3	2	13
云南	67	16	15	16	4	3	4	9
西藏	20	7	5	7	–	–	–	1
陕西	60	10	14	11	6	4	1	14
甘肃	77	14	15	15	6	–	6	21
青海	25	8	8	5	1	–	1	2
宁夏	18	5	7	5	–	–	1	–
新疆	59	14	15	14	3	4	2	7

各地区环境保护系统年末机构总数（三）

（2009）

单位：个

地区名称	县级合计	环保局	监察机构	监测站	其他	全省乡镇环保机构
总计	**8 548**	**2 811**	**2 668**	**2 158**	**911**	**1 849**
北京	93	18	23	19	33	–
天津	72	18	21	20	13	–
河北	535	172	144	132	87	188
山西	419	119	116	114	70	56
内蒙古	292	101	94	89	8	19
辽宁	313	100	95	79	39	31
吉林	208	57	73	54	24	6
黑龙江	327	113	105	90	19	1
上海	70	18	19	20	13	–
江苏	381	106	137	93	45	213
浙江	309	90	87	71	61	204
安徽	272	104	88	64	16	44
福建	272	84	84	76	28	12
江西	305	99	88	91	27	12
山东	560	140	168	132	120	248
河南	498	158	169	121	50	48
湖北	323	98	90	84	51	39
湖南	357	121	110	103	23	14
广东	417	111	94	103	109	311
广西	246	104	80	60	2	9
海南	57	20	15	15	7	52
重庆	127	40	40	40	7	195
四川	519	181	191	137	10	10
贵州	250	88	87	61	14	41
云南	342	129	108	97	8	36
西藏	74	73	–	–	1	–
陕西	292	106	108	76	2	–
甘肃	214	86	81	43	4	36
青海	97	43	40	11	3	–
宁夏	29	16	6	7	–	–
新疆	278	98	107	56	17	24

各地区环境保护系统年末实有人数

（2009）

单位：人

地区名称	年末实有人数	高级职称	中级职称	初级职称	环保局	监察机构	监测站	乡镇环保机构
总计	**188 991**	**10 485**	**26 162**	**33 130**	**45 626**	**60 896**	**52 944**	**6 414**
国家级	2 417	677	485	252	306	294	135	–
北京	2 589	200	448	620	636	356	518	–
天津	1 949	212	344	352	435	247	797	–
河北	15 677	535	1 184	2 373	4 356	4 485	3 551	1 460
山西	10 859	234	1 185	2 012	1 673	3 872	3 317	564
内蒙古	5 225	362	813	853	1 694	1 610	1 361	26
辽宁	8 143	666	1 491	1 253	1 449	2 625	2 312	2
吉林	5 299	404	1 029	1 297	786	2 343	1 552	37
黑龙江	4 864	394	1 022	842	1 162	1 673	1 399	20
上海	2 347	170	572	495	458	507	938	–
江苏	9 897	689	2 184	2 148	2 212	2 981	3 389	375
浙江	6 450	626	1 259	1 413	1 365	1 467	2 022	878
安徽	5 527	308	747	1 458	1 199	2 109	1 659	109
福建	3 648	383	674	642	794	1 039	1 228	40
江西	4 914	267	525	766	1 536	1 487	1 327	27
山东	13 494	815	1 905	2 650	2 857	4 077	3 997	782
河南	21 573	449	1 812	3 711	4 164	10 645	5 114	262
湖北	7 561	271	1 309	1 496	1 953	2 612	1 973	173
湖南	8 559	316	1 140	1 475	2 450	2 807	2 539	93
广东	10 320	584	1 356	1 708	2 699	2 215	2 770	855
广西	3 575	334	890	855	1 124	872	1 278	16
海南	1 370	49	95	139	412	365	388	95
重庆	2 549	171	294	283	619	710	808	283
四川	7 437	366	887	1 086	2 147	2 302	2 510	34
贵州	2 650	91	258	399	922	727	665	12
云南	4 534	309	701	716	1 814	887	1 296	115
西藏	557	4	17	26	398	37	78	–
陕西	5 784	159	329	540	1 204	2 469	1 672	–
甘肃	4 005	85	299	437	1 257	1 491	935	49
青海	885	72	181	191	254	289	241	–
宁夏	827	112	178	193	279	233	262	–
新疆	3 506	171	549	449	1 012	1 063	913	107

各地区环境保护系统各级机构人员数（一）

（2009）

单位：人

地区名称	年末实有人数合计	省级、国家级合计							
			环保局	监察机构	监测站	科研所	宣教中心	信息中心	其他
总计	**188 991**	**14 336**	**2 539**	**1 270**	**3 231**	**2 999**	**488**	**296**	**3 513**
国家级	2 417	2 417	306	294	135	588	29	34	1 031
北京	2 589	809	114	64	148	236	51	10	186
天津	1 949	672	107	60	181	171	24	19	110
河北	15 677	368	76	52	76	51	16	13	84
山西	10 859	367	76	33	73	45	10	12	118
内蒙古	5 225	289	59	45	84	26	15	-	60
辽宁	8 143	381	63	14	72	104	12	6	110
吉林	5 299	356	69	16	86	73	19	15	78
黑龙江	4 864	408	61	29	84	75	13	8	138
上海	2 347	675	93	58	173	230	27	14	80
江苏	9 897	517	117	13	75	105	15	21	171
浙江	6 450	341	67	24	140	79	7	6	18
安徽	5 527	329	59	38	85	73	10	12	52
福建	3 648	349	73	27	82	47	9	7	104
江西	4 914	351	53	41	79	100	9	9	60
山东	13 494	452	83	35	80	71	22	13	148
河南	21 573	307	105	31	69	36	20	6	40
湖北	7 561	268	61	23	62	68	19	5	30
湖南	8 559	403	59	20	175	128	21	-	-
广东	10 320	444	96	40	101	26	13	9	159
广西	3 575	291	44	23	102	43	17	-	62
海南	1 370	171	18	6	147	-	-	-	-
重庆	2 549	448	124	53	175	-	16	10	70
四川	7 437	469	90	31	150	129	13	11	45
贵州	2 650	368	66	29	80	95	8	8	82
云南	4 534	447	72	18	95	155	16	9	82
西藏	557	102	36	10	32	-	-	-	24
陕西	5 784	427	86	47	86	45	14	16	133
甘肃	4 005	301	54	19	87	74	14	6	47
青海	885	208	41	25	69	21	8	6	38
宁夏	827	162	54	16	41	-	8	5	38
新疆	3 506	439	57	36	107	105	13	6	115

各地区环境保护系统各级机构人员数（二）

（2009）

单位：人

地区名称	地市级合计	环保局	监察机构	监测站	科研所	宣教中心	信息中心	其他
总计	**41 763**	**8 508**	**9 070**	**15 371**	**3 552**	**748**	**725**	**3 789**
北京	–	–	–	–	–	–	–	–
天津	–	–	–	–	–	–	–	–
河北	2 524	490	443	794	261	75	47	414
山西	1 800	344	373	531	163	32	76	281
内蒙古	1 427	281	251	551	163	24	5	152
辽宁	3 297	468	605	973	530	116	77	528
吉林	990	202	284	295	78	39	13	79
黑龙江	1 448	338	322	497	132	49	10	100
上海	–	–	–	–	–	–	–	–
江苏	2 449	482	529	1 011	176	46	20	185
浙江	1 452	270	285	637	122	34	10	94
安徽	1 584	319	414	670	108	12	46	15
福建	992	166	242	357	142	32	36	17
江西	1 254	259	311	435	131	31	17	70
山东	2 718	543	544	970	150	62	73	376
河南	3 115	619	825	1 084	189	32	41	325
湖北	1 738	302	428	596	239	27	20	126
湖南	1 932	425	372	788	209	15	3	120
广东	3 331	593	775	1 025	352	56	74	456
广西	1 337	302	252	628	113	9	25	8
海南	290	49	101	88	20	–	29	3
重庆	–	–	–	–	–	–	–	–
四川	2 011	481	446	913	95	14	16	46
贵州	609	154	109	276	14	4	4	48
云南	1 153	337	200	472	56	12	20	56
西藏	184	92	27	46	–	–	–	19
陕西	1 355	272	248	616	58	18	8	135
甘肃	1 080	255	256	445	16	–	34	74
青海	192	61	55	57	6	–	7	6
宁夏	346	75	129	140	–	–	2	–
新疆	1 155	329	244	476	29	9	12	56

各地区环境保护系统各级机构人员数（三）

（2009）

单位：人

地　区 名　称	县级 合计	环保局	监察机构	监测站	其他	全省乡镇 环保机构
总　计	**126 478**	**34 579**	**50 556**	**34 342**	**7 001**	**6 414**
北　京	1 780	522	292	370	596	–
天　津	1 277	328	187	616	146	–
河　北	11 325	3 790	3 990	2 681	864	1 460
山　西	8 128	1 253	3 466	2 713	696	564
内蒙古	3 483	1 354	1 314	726	89	26
辽　宁	4 463	918	2 006	1 267	272	2
吉　林	3 916	515	2 043	1 171	187	37
黑龙江	2 988	763	1 322	818	85	20
上　海	1 672	365	449	765	93	–
江　苏	6 556	1 613	2 439	2 303	201	375
浙　江	3 779	1 028	1 158	1 245	348	878
安　徽	3 505	821	1 657	904	123	109
福　建	2 267	555	770	789	153	40
江　西	3 282	1 224	1 135	813	110	27
山　东	9 542	2 231	3 498	2 947	866	782
河　南	17 889	3 440	9 789	3 961	699	262
湖　北	5 382	1 590	2 161	1 315	316	173
湖　南	6 131	1 966	2 415	1 576	174	93
广　东	5 690	2 010	1 400	1 644	636	855
广　西	1 931	778	597	548	8	16
海　南	814	345	258	153	58	95
重　庆	1 818	495	657	633	33	283
四　川	4 923	1 576	1 825	1 447	75	34
贵　州	1 661	702	589	309	61	12
云　南	2 819	1 405	669	729	16	115
西　藏	271	270	–	–	1	–
陕　西	4 002	846	2 174	970	12	–
甘　肃	2 575	948	1 216	403	8	49
青　海	485	152	209	115	9	–
宁　夏	319	150	88	81	–	–
新　疆	1 805	626	783	330	66	107

各地区环境科技工作情况（一）

（2009）

地区名称	科研课题项目数（项）	科研课题经费数（万元）	授权专利数（项）	授权发明专利数	获科学技术奖励数（项）	国家级	省（部）级一等	省（部）级二等	省（部）级三等
总计	**2 091**	**86 026.5**	**258**	**71**	**131**	**10**	**16**	**35**	**70**
北京	91	6 184.0	4	3	1	0	0	0	1
天津	17	2 002.0	0	0	5	2	0	1	2
河北									
山西	10	52.0			2				2
内蒙古	21	530.0	0	0	0				
辽宁	130	1 522.6	10	6	11	0	0	0	11
吉林	100	3 730.0							
黑龙江	34	1 088.5	1	0	6	1	1	3	1
上海	90	4 024.6	0	0	3	0	1	2	0
江苏	265	11 343.7	80	12	6	0	1	2	3
浙江	206	3 981.1	3	2	5	0	0	0	5
安徽	94	3 403.3	11	2	4	0	0	1	3
福建	69	1 088.1	9	2	1	0	0	0	1
江西	8	1 107.8	0	0	0	0			
山东	231	10 218.6	124	37	43	4	10	13	16
河南	64	1 611.0	6	0	6	0	2	2	2
湖北	120	1 076.0	0	0	0				
湖南	25	2 297.0	2	0	4	0	0	2	2
广东	114	4 423.1	4	4	13	1	0	4	8
广西	16	118.5	0	0	3	0	0	0	3
海南	43	2 348.3	0	0	3	0	0	0	3
重庆	34	1 464.0	0	0	1	0	0	0	1
四川	23	597.4	4	3	2	0	0	1	1
贵州									
云南	150	2 707.8		0	4	2	1	0	1
西藏		82.0							
陕西	46	13 866.0		0	0	0	0		0
甘肃	26	369.0	0	0	5			1	4
青海	6	161.0	0	0	0	0	0	0	0
宁夏	33	2 797.8			3			3	
新疆	25	1 831.3	0	0	0				

各地区环境科技工作情况（二）

（2009）

地区名称	颁布地方环境标准数（项）	累积颁布地方环境标准总数（项）	从事科技活动人员数（人）					科研业务费支出（万元）
				科技管理人员	科技人员	科技辅助人员	外聘流动研究人员	
总　计	**11**	**105**	**19 743**	**3 145**	**13 719**	**2 257**	**622**	**63 559.9**
北　京	2	28	393	36	320	29	8	189.9
天　津	0	3	336	66	267	3	0	4 037.0
河　北								
山　西	0	1	225	30	165	0	30	1 052.5
内蒙古			387	64	270	40	13	2 329.8
辽　宁	0	3	950	143	723	74	10	7 781.6
吉　林			680	60	554	44	22	862.0
黑龙江	2	2	478	57	368	39	14	338.9
上　海	1	8	232	32	167	27	6	0.0
江　苏	0	0	1 999	283	1 349	345	22	5 546.5
浙　江	0	5	1 936	358	1 388	177	13	2 912.2
安　徽	0	0	476	65	369	37	5	3 794.2
福　建	0	0	485	70	321	68	26	1 188.6
江　西			716	128	462	104	22	1 384.4
山　东	2	19	3 142	469	2 029	509	135	22 285.4
河　南	0	0	1 550	264	1 114	146	26	1 741.0
湖　北			541	89	384	39	29	844.0
湖　南	0	0	730	282	326	59	63	1 449.5
广　东	0	5	1 589	221	1 123	183	62	2 809.6
广　西	0	0	81	10	48	16	7	0.0
海　南	0	0	302	46	166	45	45	363.2
重　庆	0	3	300	22	254	21	3	54.9
四　川	0	0	833	119	597	67	50	677.9
贵　州								
云　南	0	0	525	83	360	80	2	20.6
西　藏			31	4	22	5	0	78.0
陕　西	2	16	267	95	172			323.0
甘　肃	1	1	226	10	186	30	0	320.0
青　海	0	0	41	5	32	4	0	169.0
宁　夏			195	23	104	61	7	604.0
新　疆	1	11	97	11	79	5	2	402.2

各地区环境监测工作情况（一）

（2009）

地区名称	监测用房总面积（米²）	环境监测经费（万元）	环境监测仪器数量（台或套）	环境空气监测点位	国控监测点位	酸雨监测点位（个）	开展酸雨监测的监测站数（个）
总　计	**1 668 995**	**550 437.3**	**153 198**	**4 364**	**661**	**1 743**	**1 144**
国家级	14 954	25 076.1	623				
北　京	21 718	10 030.7	5 775	27	15	3	3
天　津	29 461	14 162.5	3 957	25	13	9	9
河　北	71 500	9 264.0	3 811	80	29	18	11
山　西	23 131	13 512.1	3 679	257	32	22	11
内蒙古	56 355	15 437.7	5 498	39	12	32	17
辽　宁	52 813	15 201.9	5 494	188	44	137	106
吉　林	51 799	10 858.3	2 896	149	13	34	20
黑龙江	45 784	8 308.8	2 539	51	19	44	13
上　海	36 555	20 884	3 393	48	10	22	20
江　苏	167 909	77 015.6	12 230	220	51	129	92
浙　江	90 409	43 285.9	9 955	185	24	106	90
安　徽	44 598	13 639.9	3 488	133	14	84	40
福　建	46 247	12 248.6	5 283	185	12	74	42
江　西	50 428	11 332.0	4 837	212	17	44	27
山　东	140 426	37 186.7	12 279	518	47	160	102
河　南	90 125	19 020.2	7 555	196	37	74	48
湖　北	46 330	11 111.9	3 608	146	17	68	51
湖　南	77 635	19 056.7	5 299	229	35	91	52
广　东	108 235	50 048.7	12 955	314	41	94	76
广　西	33 474	12 785.6	3 560	106	21	53	33
海　南	12 273	4 002.9	1 769	95	5	50	29
重　庆	48 178	23 294.6	7 332	71	20	44	39
四　川	85 339	26 880.5	10 493	396	41	160	79
贵　州	25 894	7 083.0	731	51	15	12	12
云　南	55 968	10 365.7	6 583	129	11	49	41
西　藏	11 081	601.0	326	9	4	1	1
陕　西	43 973	8 688.2	1 907	165	30	59	43
甘　肃	35 298	3 528.6	1 734	32	8	27	13
青　海	10 393	1 913.8	876	44	4	6	4
宁　夏	13 982	4 815.4	982	25	8	11	6
新　疆	26 730	9 795.7	1 751	39	12	26	14

各地区环境监测工作情况（二）

（2009）

地　区 名　称	沙尘暴监测点位数（个）	开展沙尘暴监测的监测站数（个）	地表水水质监测断面（个）	其中：国控断面	开展饮用水源地水质监测的城市数（个）	近岸海域监测点位（个）	开展近岸海域监测的监测站数（个）
总　计	**139**	**110**	**10 984**	**759**	**1 220**	**902**	**145**
国家级							
北　京	1	1	228	8	1	0	0
天　津	1	1	143	16	1	17	1
河　北	3	3	191	44	11	8	3
山　西	3	2	107	8	11	0	0
内蒙古	20	20	109	25	14	0	0
辽　宁	47	24	332	27	35	177	18
吉　林	5	5	198	27	36	0	0
黑龙江	0	0	119	26	13	0	0
上　海	0	0	371	3	3	14	3
江　苏	2	0	1 795	124	66	38	4
浙　江	0	0	951	37	84	107	33
安　徽	0	0	558	68	27	0	0
福　建	0	0	348	18	67	65	7
江　西	0	0	290	17	76	0	0
山　东	4	5	1 146	43	89	265	35
河　南	1	1	550	36	54	0	0
湖　北	7	7	330	19	94	0	0
湖　南	0	0	358	26	76	0	0
广　东	0	0	483	9	62	101	13
广　西	0	0	145	14	34	8	2
海　南	0	0	266	4	33	102	26
重　庆	0	0	235	8	39	0	0
四　川	0	0	539	25	161	0	0
贵　州	0	0	74	10	9	0	0
云　南	0	0	462	43	48	0	0
西　藏	0	0	6	7	1	0	0
陕　西	16	7	277	9	33	0	0
甘　肃	7	12	47	11	15	0	0
青　海	3	3	27	5	1	0	0
宁　夏	5	5	40	4	10		
新　疆	14	14	259	38	16	0	0

各地区环境监测工作情况（三）

（2009）

地区名称	开展环境噪声监测的监测站数（个）	环境噪声自动监测系统（套）	开展污染源监督性监测的重点企业数量（个）	开展生态监测的监测站数（个）	开展土壤监测的监测站数（个）
总计	**571**	**291**	**51 001**	**141**	**418**
国家级					
北京	19	108	333	1	1
天津	20	0	754	1	4
河北	11	3	689	1	12
山西	11	7	1 193	1	2
内蒙古	15	0	776	12	10
辽宁	14	1	1 396	26	27
吉林	54	0	466	1	3
黑龙江	13	0	216	14	14
上海	20	0	581	1	12
江苏	13	33	3 969	20	111
浙江	11	8	2 788	10	44
安徽	34	28	1 413	3	11
福建	72	3	1 395	10	9
江西	61	24	598	1	6
山东	17	1	5 872	4	25
河南	7	0	1 763	4	16
湖北	3	2	1 308	1	5
湖南	14	0	1 376	4	16
广东	21	29	7 629	1	7
广西	37	0	713	0	9
海南	2	0	301	0	1
重庆	40	21	10 588	1	1
四川	8	4	2 182	6	29
贵州	19	2	211	0	0
云南	3	13	666	2	8
西藏	1	0	11	0	0
陕西	6	0	923	2	6
甘肃	2	0	122	3	15
青海	2	1	224	1	1
宁夏	2	0	258	1	4
新疆	19	3	287	9	9

各地区环境污染控制与管理情况

（2009）

地 区 名 称	强制性清洁生产审核 当年完成数（个）	已发放危险废物 经营许可证数（个）	环保模范城市数 （个）	参加“城考”城市数 （个）
总 计	**1 320**	**1 433**	**71**	**655**
北 京	15	13	0	1
天 津	26	17	1	1
河 北	259	53	1	33
山 西	120	12	0	22
内蒙古		10	0	20
辽 宁	29	59	2	31
吉 林	24	45	1	28
黑龙江	23	24	1	30
上 海	95	51	2	1
江 苏	142	333	18	40
浙 江	201	73	6	33
安 徽	20	24	1	22
福 建	15	18	3	23
江 西	20	30	0	21
山 东	91	101	18	48
河 南	49	43	0	38
湖 北	34	41	0	36
湖 南	9	106	0	29
广 东	11	138	8	44
广 西	5	17	1	21
海 南	3	5	1	8
重 庆	37	39	2	1
四 川		70	2	32
贵 州	28	9	0	13
云 南	1	34	0	17
西 藏		0	0	2
陕 西	8	30	1	13
甘 肃	39	7	0	16
青 海	3	4	0	3
宁 夏	2	5	0	7
新 疆	11	22	2	21

各地区自然生态保护情况（一）

（2009）

地 区 名 称	自然保护区数 （个）					保护区面积 （公顷）	
		国家级	省 级	地市级	县 级		国家级
总 计	**2 541**	**319**	**827**	**416**	**979**	**147 746 809**	**92 671 100**
北 京	20	2	12	6	0	133 966	26 403
天 津	8	3	5	0	0	91 115	37 862
河 北	33	11	18	2	2	571 827	217 177
山 西	46	5	41	0	0	1 148 673	82 936
内蒙古	185	23	61	25	76	13 823 738	3 843 723
辽 宁	98	12	27	35	24	2 661 940	936 405
吉 林	35	13	13	3	6	1 265 093	921 188
黑龙江	197	23	70	34	70	6 185 216	2 337 122
上 海	4	2	2	0	0	93 821	66 175
江 苏	30	3	10	10	7	564 983	336 211
浙 江	31	9	9	0	13	190 922	98 064
安 徽	102	6	27	5	64	502 764	131 410
福 建	92	12	25	9	46	504 584	205 521
江 西	178	8	22	2	146	1 115 339	144 486
山 东	85	7	32	24	22	1 132 528	256 766
河 南	35	11	21	1	2	735 832	426 316
湖 北	63	10	17	18	18	870 322	239 899
湖 南	95	17	28	0	50	1 148 476	500 686
广 东	369	11	63	117	178	3 535 340	225 534
广 西	78	16	50	3	9	1 455 964	308 255
海 南	54	9	24	14	7	2 740 191	102 026
重 庆	48	3	19	1	25	838 590	195 512
四 川	166	23	66	29	48	8 913 697	2 774 776
贵 州	129	8	4	16	101	951 766	243 539
云 南	152	16	45	55	36	2 841 649	1 427 075
西 藏	45	9	11	3	22	41 403 081	37 153 065
陕 西	54	12	35	4	3	1 157 311	350 605
甘 肃	58	15	39	0	4	7 344 411	4 784 193
青 海	11	5	6	0	0	21 822 201	20 252 490
宁 夏	13	6	7	0	0	507 104	439 529
新 疆	27	9	18	0	0	21 494 365	13 606 151

各地区自然生态保护情况（二）

（2009）

地区名称	保护区面积（公顷）			保护区面积占辖区面积比（%）
	省级	地市级	县级	
总计	**40 044 745**	**4 712 387**	**10 318 577**	**14.72**
北京	71 413	36 150	0	7.97
天津	53 253	0	0	8.06
河北	335 668	8 806	10 176	2.97
山西	1 065 737	0	0	7.36
内蒙古	7 089 975	315 783	2 574 257	11.69
辽宁	830 976	794 093	100 466	12.46
吉林	300 360	20 564	22 981	6.75
黑龙江	2 598 107	418 628	831 359	13.6
上海	27 646	0	0	5.22
江苏	85 448	122 827	20 497	4.08
浙江	58 235	0	34 623	1.47
安徽	289 796	852	80 706	3.6
福建	138 962	75 147	84 954	3.2
江西	290 438	3 609	676 806	6.68
山东	496 364	244 476	134 922	4.89
河南	307 953	163	1 400	4.41
湖北	364 798	121 861	143 764	4.68
湖南	402 100	0	245 690	5.42
广东	573 547	388 578	2 347 681	6.68
广西	908 725	118 947	120 037	5.99
海南	2 618 267	18 653	1 245	7.2
重庆	350 397	3 686	288 995	10.18
四川	2 961 899	1 327 778	1 849 244	18.41
贵州	56 965	215 109	436 153	5.41
云南	842 686	410 273	161 615	7.41
西藏	4 243 642	4 870	1 504	33.94
陕西	710 570	61 534	34 602	5.62
甘肃	2 445 318	0	114 900	16.16
青海	1 569 711	0	0	30.21
宁夏	67 575	0	0	9.79
新疆	7 888 214	0	0	12.95

各地区建设项目环境影响评价执行情况

（2009）

地区名称	当年开工建设项目数（个）	申报项目投资总额（亿元）	申请项目环保投资总额（亿元）	审批环境影响评价的项目数（个）	编制报告书	填报报告表	填报登记	环评制度执行率（%）
总　计	**248 962**	**354 157**	**18 626**	**321 203**	**20 587**	**134 786**	**165 830**	**99.8**
国家项目	395	24 779.3	988.7	395	370	24	1	100.0
北　京	13 991	5 103.9	138.3	14 476	315	4 103	10 058	100.0
天　津	2 212	4 137.3	138.1	2 212	294	1 565	353	100.0
河　北	12 296	6 952.2	213.4	14 794	926	7 500	6 368	99.9
山　西	3 411	3 115.7	120.4	3 510	587	2 183	740	98.0
内蒙古	4 063	5 153.9	207.9	5 151	629	2 402	2 120	98.2
辽　宁	11 414	4 180.6	75.4	13 570	2 242	6 139	5 189	100.0
吉　林	1 893	4 931.3	148.8	4 333	611	2 329	1 393	100.0
黑龙江	3 437	2 186.1	96.8	4 188	422	1 868	1 898	99.3
上　海	3 619	5 254.4	152.7	14 636	387	6 962	7 287	100.0
江　苏	33 740	20 804.9	679.0	37 508	1 505	15 972	20 031	100.0
浙　江	29 148	27 264.5	224.4	30 445	1 206	13 649	15 590	100.0
安　徽	5 942	4 354.3	178.3	5 903	846	3 355	1 702	99.5
福　建	6 051	3 512.3	95.4	13 886	562	7 204	6 120	100.0
江　西	4 077	3 053.5	140.0	4 121	602	1 893	1 626	99.1
山　东	1 799	16 239.8	810.3	18 097	1 063	8 790	8 244	99.3
河　南	9 651	3 992.1	136.8	11 060	628	3 335	7 097	100.0
湖　北	5 463	3 237.1	153.4	5 792	763	2 744	2 285	99.5
湖　南	5 961	5 541.2	213.9	5 528	1 109	1 560	2 859	99.4
广　东	40 347	6 935.7	153.7	56 804	787	24 089	31 928	100.0
广　西	8 463	4 457.5	500.9	10 225	714	3 189	6 322	100.0
海　南	992	165 267.7	12 034.9	1 345	170	691	484	97.7
四　川	8 002	5 305.1	155.1	7 991	1 102	3 310	3 579	100.0
重　庆	4 598	2 892.1	116.9	4 893	479	1 848	2 566	100.0
贵　州	4 431	1 635.3	74.5	4 338	305	1 766	2 267	97.9
云　南	8 946	5 642.9	288.7	8 946	494	1 696	6 756	100.0
西　藏				608	59	40	509	
陕　西	3 994	4 104.2	138.0	4 457	494	1 575	2 388	100.0
甘　肃	1 925	713.0	27.7	2 550	247	758	1 545	99.9
青　海	1 195	510.4	29.9	1 230	131	351	748	99.9
宁　夏	2 045	1 111.8	48.0	2 142	154	768	1 220	100.0
新　疆	5 461	1 787.5	145.5	6 069	384	1 128	4 557	98.6

各地区建设项目“三同时”执行情况（一）

（2009）

地区名称	当年建成投产项目数（个）	申请环保验收项目数（个）	未申请环保验收（个）	当年验收申请率（%）
总　计	**79 391**	**77 690**	**1 701**	**97.9**
国家项目	274	265	9	96.7
北　京	4 306	3 842	464	89.2
天　津	1 073	1 073	0	100.0
河　北	2 425	2 417	8	99.7
山　西	1 152	1 152	0	100.0
内蒙古	1 324	1 313	11	99.2
辽　宁	4 648	4 644	4	99.9
吉　林	1 460	1 460	0	100.0
黑龙江	1 389	1 389	0	100.0
上　海	4 563	4 560	3	99.9
江　苏	9 968	9 910	58	99.4
浙　江	11 184	11 114	70	99.4
安　徽	2 011	1 997	14	99.3
福　建	2 864	2 664	200	93.0
江　西	1 804	1 642	162	91.0
山　东	3 486	3 481	5	99.9
河　南	3 711	3 701	10	99.7
湖　北	2 141	2 134	7	99.7
湖　南	784	784	0	100.0
广　东	4 804	4 707	97	98.0
广　西	3 478	3 472	6	99.8
海　南	94	92	2	97.9
重　庆	1 713	1 713	0	100.0
四　川	1 806	1 806	0	100.0
贵　州	1 283	1 202	81	93.7
云　南	1 302	1 302	0	100.0
西　藏				
陕　西	1 101	1 101	0	100.0
甘　肃	526	521	5	99.0
青　海	308	308	0	100.0
宁　夏	581	581	0	100.0
新　疆	1 828	1 343	485	73.5

各地区建设项目"三同时"执行情况（二）

（2009）

地区名称	当年完成环保验收项目数（个）	环保验收一次合格项目数（个）	经限期改正验收合格项目数（个）	"三同时"执行率（%）	完成环保验收项目总投资额（亿元）	完成环保验收项目环保投资额（万元）
总　计	**97 049**	**90 133**	**6 916**	**92.9**	**48 393.1**	**15 707 038.1**
国家项目	291	276	15	94.8	22 521.4	3 782 802.6
北　京	3 784	3 537	247	93.5	1 016.6	250 414.2
天　津	1 073	1 073	0	100.0	570.3	296 312.8
河　北	2 746	2 737	9	99.7	813.5	763 659.3
山　西	1 136	1 131	5	99.6	572.1	553 698.0
内蒙古	1 452	1 258	194	86.6	430.8	244 163.1
辽　宁	5 010	4 343	667	86.7	898.8	323 367.9
吉　林	1 460	1 458	2	99.9	438.5	157 044.4
黑龙江	1 614	1 487	127	92.1	209.8	137 690.8
上　海	4 563	4 563	0	100.0	1 721.8	893 284.2
江　苏	10 175	10 143	32	99.7	4 349.5	1 100 358.1
浙　江	11 047	10 994	53	99.5	2 658.5	796 051.8
安　徽	1 997	1 985	12	99.4	829.3	350 954.2
福　建	5 816	5 779.0	37	99.4	1 243.4	428 502.9
江　西	1 594	1 529	65	95.9	122.8	179 860.8
山　东	8 300	3 461	4 839	41.7	1 623.8	1 119 074.8
河　南	3 844	3 826	18	99.5	894.2	479 816.7
湖　北	2 148	2 135	13	99.4	2 085.8	518 916.5
湖　南	991	784	207	79.1	322.6	426 662.3
广　东	13 827	13 689	138	99.0	546.3	340 812.9
广　西	3 729	3 703	26	99.3	412.0	355 498.7
海　南	168	163.0	5	97.0	180.9	41 344.2
重　庆	1 691	1 673	18	98.9	1 847.9	405 576.9
四　川	1 806	1 806	0	100.0	453.8	423 590.2
贵　州	1 202	1 202.0	0	100.0	80.1	71 116.4
云　南	1 302	1 302	0	100.0	461.8	366 422.1
西　藏	13	13	0	100.0		
陕　西	1 099	1 067	32	97.1	511.9	374 088.7
甘　肃	501	486	15	97.0	96.9	135 421.7
青　海	389	306	83	78.7	85.0	56 155.7
宁　夏	579	579	0	100.0	145.2	143 675.2
新　疆	1 702	1 645	57	96.7	247.8	190 700.0

各地区排污费征收情况（一）

（2009）

地区名称	排污费征收		排污费解缴入库		排污费解缴入库明细	
					污水类解缴入库	
	开单户数（户）	金额（万元）	户数（户）	金额（万元）	户数（户）	金额（万元）
总　计	**458 681**	**1 726 192.3**	**446 422**	**1 642 245.3**	**227 693**	**243 560.3**
北　京	1 932	3 147.6	1 766	3 000.0	810	336.3
天　津	3 963	17 246.3	3 761	15 114.9	1 869	1 171.9
河　北	29 994	120 872.7	29 994	120 872.7	9 387	8 236.2
山　西	11 282	176 074.2	10 980	168 734.7	3 324	7 204.2
内蒙古	8 673	97 515.8	8 155	72 983.6	4 500	2 423.0
辽　宁	27 909	103 948.5	27 381	97 696.9	10 688	10 289.8
吉　林	26 853	38 169.9	26 764	37 135.5	7 291	5 618.4
黑龙江	11 789	35 025.3	11 571	34 368.6	4 529	2 755.9
上　海	5 777	27 671.4	5 699	27 461.6	3 401	3 564.5
江　苏	34 825	187 443.4	34 528	184 554.3	21 897	23 758.8
浙　江	32 489	101 926.9	30 756	97 961.0	15 591	16 941.6
安　徽	17 496	45 782.8	17 490	45 002.5	8 703	7 043.5
福　建	21 628	34 172.3	21 183	33 936.4	12 472	10 409.5
江　西	26 596	47 533.8	26 585	47 524.5	12 604	16 046.9
山　东	16 605	138 461.2	16 118	125 093.1	4 087	8 508.4
河　南	17 776	80 326.4	17 549	77 321.6	7 071	10 286.2
湖　北	14 524	37 064.9	13 173	35 099.3	7 047	8 942.9
湖　南	13 584	48 205.5	13 598	47 567.9	8 399	14 347.8
广　西	69 608	85 069.2	65 140	81 111.4	51 585	26 548.9
广　东	7 283	24 738.2	7 024	22 301.3	2 073	4 742.8
海　南	1 362	3 447.7	1 338	3 426.4	889	847.9
重　庆	9 869	37 478.4	9 857	37 282.0	8 644	9 703.5
四　川	7 523	52 747.4	7 343	48 663.5	3 243	8 946.6
贵　州	7 878	43 938.4	7 849	47 441.0	4 091	12 947.9
云　南	7 558	25 123.0	7 406	25 121.5	2 815	2 722.0
西　藏	2 865	751.6	2 865	751.6	2 641	481.5
陕　西	5 536	43 376.5	5 476	42 601.7	2 479	8 419.6
甘　肃	8 649	21 311.9	8 608	21 154.4	2 420	2 390.0
青　海	1 724	5 907.2	1 491	4 972.5	889	1 543.2
宁　夏	3 708	13 502.7	3 697	12 729.1	1 379	1 104.2
新　疆	1 423	28 211.1	1 277	23 259.9	875	5 276.5

各地区排污费征收情况（二）

（2009）

地区名称	排污费解缴入库明细					
	废气类解缴入库		噪声类解缴入库		危险废物解缴入库	
	户数（户）	金额（万元）	户数（户）	金额（万元）	户数（户）	金额（万元）
总　计	**200 097**	**1 310 557.1**	**74 267**	**99 403.9**	**2 541**	**8 993.6**
北　京	1 454	2 792.0	65	19.4		
天　津	3 071	16 504.3	93	177.7	5	7.0
河　北	18 141	108 243.4	4 503	3 161.1	95	196.8
山　西	9 228	160 941.9	459	535.0	64	53.7
内蒙古	4 211	92 590.4	362	424.6	60	274.0
辽　宁	12 415	81 349.7	8 442	10 155.5	117	2 175.2
吉　林	14 564	26 693.9	6 123	4 901.5	88	482.7
黑龙江	5 806	30 490.9	1 737	743.9	30	482.9
上　海	3 005	22 595.9	944	1 098.3	2	0.3
江　苏	18 264	132 625.6	2 835	7 055.5	80	217.9
浙　江	17 857	69 425.5	5 434	11 641.9	314	579.8
安　徽	5 940	33 934.7	3 494	4 144.1	155	192.2
福　建	7 943	16 040.0	6 027	6 905.9	142	90.0
江　西	7 557	24 273.5	6 913	7 059.2	100	153.8
山　东	10 566	122 212.3	5 003	7 634.3	20	153.3
河　南	9 410	69 024.0	4 293	3 223.5	136	234.9
湖　北	4 391	22 773.2	3 791	4 195.3	110	146.7
湖　南	4 021	29 196.4	3 037	3 105.7	451	1 179.0
广　西	11 236	43 840.3	65	19.4	5	399.6
广　东	3 550	15 917.8	65	19.4	17	12.3
海　南	293	2 473.7	165	103.6	1	1.2
重　庆	4 055	19 184.2	2 977	8 283.0	63	20.4
四　川	4 592	30 667.9	1 877	6 644.0	36	26.3
贵　州	3 474	29 690.0	1 341	1 155.3	139	145.7
云　南	2 955	17 862.6	1 624	2 537.9	16	5.3
西　藏	12	160.0	42	15.3	130	22.8
陕　西	3 256	31 191.2	1 023	3 550.7	56	163.3
甘　肃	5 488	17 606.5	819	501.3	51	81.2
青　海	1 008	4 794.5	84	153.9	3	380.2
宁　夏	1 720	12 216.6	545	162.5		0.0
新　疆	614	23 244.4	85	75.3	55	1 115.3

各地区污染源自动监控情况

（2009）

地区名称	已实施自动监控总数（套）	已实施自动监控国家重点监控企业数（家）	已实施自动监控国家重点监控企业中		已实施自动监控省级重点监控企业数（家）
			COD监控设备与环保部门稳定联网数（套）	SO_2监控设备与环保部门稳定联网数（套）	
总　计	**12 665**	**6 254**	**2 985**	**2 100**	**3 342**
北　京	34	34	24	9	
天　津	55	53	34	19	2
河　北	433	433	281	152	
山　西	642	266	91	133	376
内蒙古	229	175	73	102	54
辽　宁	339	167	76	91	172
吉　林	143	134	61	67	
黑龙江	228	181	36	36	47
上　海	170	63	0		
江　苏	2 254	742	510	232	136
浙　江	1 452	371	264	107	1 081
安　徽	416	214	133	81	202
福　建	239	132	80	52	107
江　西	162	156	73	70	5
山　东	1 164	456	272	185	708
河　南	600	337	0		
湖　北	341	300	179	121	41
湖　南	454	334	237	156	120
广　西	1 391	238	0		
广　东	487	371	256	162	68
海　南	30	25	0		19
重　庆	182	86	52	32	96
四　川	283	283	0	0	30
贵　州	181	96	32	64	38
云　南	205	104	5	23	
西　藏					
陕　西	209	205	78	103	4
甘　肃	71	71	36		
青　海	55	55	25	33	
宁　夏	81	73	37	44	8
新　疆	101	83	32	18	18

各地区排污申报核定情况

（2009）

地区名称	一般工业企业排污单位申报核定户数（户）	污水处理厂（场）申报核定户数（户）	固体废物专业处置单位申报核定户数（户）	COD 排放量申报核定（吨）	SO_2 排放量申报核定（吨）
总　计	**516 920**	**1 483**	**544**	**2 893 442**	**8 302 188**
北　京	10 837	41	28	22 573.9	12 972.6
天　津	9 633	26	10	26 214.3	112 225.5
河　北	24 558	58	9	114 374.4	862 000
山　西	16 955	50	14	49 069.8	318 493.4
内蒙古	9 131	19	6	28 094.1	277 774.3
辽　宁	31 919	40	17	78 140.9	598 330.9
吉　林	26 895	12	31	204 320	227 553
黑龙江	15 613	11	7	27 170.1	192 034.6
上　海	4 755	19	3	31 643.0	108 767.8
江　苏	43 355	321	79	285 209.5	406 953.8
浙　江	45 497	147	45	458 313.6	369 273.2
安　徽	19 073	42	6	47 220.3	158 592.6
福　建	23 721	57	23	103 032.9	155 776.5
江　西	21 357	28	12	131 687.7	185 781.4
山　东	22 133	133	19	137 197.8	586 552.1
河　南	25 737	137	28	299 914	874 224
湖　北	7 237	22	2	75 635.07	186 720.1
湖　南	21 657	25	20	166 752.4	276 345
广　东	58 096	56	32	186 118	266 570.5
广　西	6 237	13	9	42 598.21	148 738.2
海　南	2 045	5	3	0	0
重　庆	10 578	40	62	111 355.1	145 345.9
四　川	8 208	55	27	65 972.0	285 374.3
贵　州	6 218	19	8	22 185.6	314 397.8
云　南	7 418	26	0	0	432 924.2
西　藏			0	0	0
陕　西	4 270	5	1	54 046.3	209 433.9
甘　肃	9 758	18	6	33 027.8	130 806.2
青　海	835	2	2	5 495.1	30 187.8
宁　夏	3 710	12	3	26 620.4	83 119.3
新　疆	19 484	44	32	59 459.8	344 918.9

各地区突发环境事件情况（一）

（2009）

地区名称	事件次数（次）	直接经济损失（万元）	按事故程度分							
			特别重大环境事件		重大环境事件		较大环境事件		一般环境事件	
			次数	经济损失（万元）	次数	经济损失（万元）	次数	经济损失（万元）	次数	经济损失（万元）
总　计	**418**	**43 354. 39**	**2**	**0. 59**	**2**	**4 450**	**6**	**2 121**	**356**	**23 130. 8**
北　京	31								31	
天　津	0									
河　北	4	21 520					1	1 500	3	20 020
山　西	4								4	
内蒙古	5	479							5	479
辽　宁	6	550							6	550
吉　林	0									
黑龙江	0									
上　海	118								118	
江　苏	10	13 000	1				1		8	
浙　江	50	653								
安　徽	22	625					2	220	20	405
福　建	6	18							6	18
江　西	6	512							6	512
山　东	19	4 450			2	4 450			17	
河　南	10	80. 6							9	80. 6
湖　北	11								11	
湖　南	0									
广　东	10						1		9	
广　西	11	291. 3							11	291. 3
海　南	7								7	
重　庆	33							1	32	
四　川	0									
贵　州	4	283. 8							4	283. 8
云　南	3	524					1	400	2	124
西　藏	0									
陕　西	10	3. 79	1	0. 59					9	3. 2
甘　肃	36	363. 9							36	363. 9
青　海	2								2	
宁　夏	0									
新　疆	0									

各地区突发环境事件情况（二）

（2009）

单位：万元

地区名称	按事故类型分					
	水污染				大气污染	
	次数	经济损失	危险化学品污染		次数	经济损失
			次数	经济损失		
总　计	**116**	**26 847.29**	**21**	**4 959**	**130**	**745.8**
北　京	1		1		7	
天　津						
河　北	2	20 020	1	20		
山　西	3					
内蒙古	3	479	3	479	2	0
辽　宁	1	300			3	240
吉　林						
黑龙江						
上　海	4				71	
江　苏	7				2	
浙　江						
安　徽	12	358.9			3	20
福　建	3	18	1		2	
江　西	4	412			2	100
山　东	3	4 450	2	4 450	6	
河　南	1	10	1	10	5	68.3
湖　北	11		6			
湖　南						
广　东	3	1				
广　西	9	285.4				
海　南	5				2	
重　庆	20		6		10	
四　川						
贵　州						
云　南	2	420			1	104
西　藏						
陕　西	7	2.99				
甘　肃	14	90			13	213.5
青　海	1				1	
宁　夏						
新　疆						

各地区突发环境事件情况（三）

（2009） 单位：万元

地区名称	按事故类型分							
	海洋污染				固体废物污染		噪声污染与振动危害	
	次数	经济损失	溢油及化学品污染		次数	经济损失	次数	经济损失
			次数	经济损失				
总 计	**2**	**10**	**1**		**55**	**2 032.5**	**55**	**2 100.5**
北 京					22			
天 津								
河 北					1	1 500		
山 西								
内蒙古								
辽 宁	1	10						
吉 林								
黑龙江								
上 海					13			
江 苏								
浙 江								
安 徽					4	242		
福 建								
江 西								
山 东	1		1		8			
河 南								
湖 北								
湖 南								
广 东								
广 西					2	5.9		
海 南								
重 庆								
四 川								
贵 州					4	283.8		
云 南								
西 藏								
陕 西					1	0.8		
甘 肃								
青 海								
宁 夏								
新 疆								

各地区突发环境事件情况（四）

（2009）　　单位：万元

地区名称	按事故类型分					
	生态破坏		核与辐射		其他	
	次数	经济损失	次数	经济损失	次数	经济损失
总　计	**7**	**40.7**	**4**		**49**	**26.5**
北　京					1	
天　津						
河　北					1	
山　西						
内蒙古						
辽　宁					1	
吉　林						
黑龙江						
上　海			2		28	
江　苏						
浙　江						
安　徽					3	4.5
福　建	1					
江　西						
山　东					1	
河　南	1	0.3			2	2
湖　北						
湖　南						
广　东			1		5	
广　西						
海　南						
重　庆					3	
四　川						
贵　州						
云　南						
西　藏						
陕　西			1			
甘　肃	5	40.4			4	20
青　海						
宁　夏						
新　疆						

各地区突发环境事件情况（五）

（2009）

单位：万元

地区名称	按事件起因分					
	违法排污引发环境事件		生产事故引发环境事件		交通事故引发环境事件	
	次数	经济损失	次数	经济损失	次数	经济损失
总　计	**46**	**444.49**	**118**	**22 286.5**	**95**	**535**
北　京	1		7		16	
天　津						
河　北			2	21 500	1	20
山　西						
内蒙古			3	50	1	279
辽　宁			3	420	2	120
吉　林						
黑龙江						
上　海			37		13	
江　苏	1		5		1	
浙　江			19		18	
安　徽	3		6	21.1	5	10.5
福　建	2				2	18
江　西	1	100	2		1	10
山　东	3		4		6	
河　南			2	10	6	70
湖　北			2		5	
湖　南						
广　东					5	
广　西						
海　南					1	
重　庆	1		15		8	
四　川						
贵　州			1	283	1	0.2
云　南	1		2			
西　藏						
陕　西	1	0.59	7	2.4	2	0.8
甘　肃	32	343.9			1	6.5
青　海			1			
宁　夏						
新　疆						

各地区突发环境事件情况（六）

（2009）

单位：万元

地区名称	按事件起因分			
	自然灾害引发环境事件		其他	
	次数	经济损失	次数	经济损失
总计	**13**	**150**	**111**	**1 020.5**
北京			7	
天津				
河北			1	
山西				
内蒙古	1	150		
辽宁			1	10
吉林				
黑龙江				
上海			68	
江苏			2	
浙江				
安徽			8	593.8
福建	1		1	
江西			2	402
山东			6	
河南			2	0.6
湖北	3		1	
湖南				
广东	2		3	
广西				
海南				
重庆	6		3	
四川				
贵州			2	0.6
云南				
西藏				
陕西				
甘肃			3	13.5
青海			1	
宁夏				
新疆				

各地区突发环境事件情况（七）

（2009）

地区名称	环境问题引发群体性事件（起）	伤亡人数（人）			突发环境事件罚款总数（万元）	污染损害赔款总数（万元）
			死亡人数	中毒人数		
总　计	**3**	**36**	**8**	**28**	**326.1**	**1 842.4**
北　京						
天　津						
河　北		13	2	11	35	1 520
山　西						
内蒙古		7	0	7		
辽　宁		2	2			
吉　林						
黑龙江						
上　海						
江　苏					20	
浙　江						
安　徽					17	220
福　建	2				10	
江　西					25	
山　东	1					
河　南		3	3			0.8
湖　北		1		1		
湖　南						
广　东						
广　西					68.6	41.8
海　南						
重　庆		5	1	4	9	
四　川						
贵　州						
云　南		5		5	71	
西　藏						
陕　西					70.5	
甘　肃						59.8
青　海						
宁　夏						
新　疆						

各地区环境宣教情况

（2009）

地　区 名　称	召开新闻发布会 （次）	发布新闻通稿 （篇）	组织宣传活动 （次）	创建绿色学校 （所，累计数）	创建绿色社区 （个，累计数）
总　计	**433**	**52 690**	**11 713**	**11 622**	**6 917**
国家级					
北　京	28	515	218	242	1 237
天　津	7	700	0	46	65
河　北	5	45	98	150	100
山　西	6	128		866	131
内蒙古	12	4 500	300	81	5
辽　宁	39	7 846	800	760	400
吉　林	3	1 345	494	156	180
黑龙江	3	3	42	115	104
上　海	26	363	258	73	151
江　苏	40	6 320	1 260	1 260	766
浙　江	28	5 524	762	594	363
安　徽	8	6	60	126	28
福　建	20	397	589	412	119
江　西	2	50	65	41	5
山　东	2	23	224	2 693	1 370
河　南	89	3 904	1 822	1 088	230
湖　北	3	2 824	253	307	49
湖　南	0				
广　东	65	6 356	1 740	1 072	1 078
广　西	4	2 216	357	112	8
海　南	1	7	14	0	10
重　庆	12	1 273	450	344	174
四　川	5	56	366	257	85
贵　州	2	4	1	15	5
云　南	0	882	89	103	22
西　藏	1	30	67	20	2
陕　西	4	2 031	494	232	31
甘　肃	8	2 256	330	145	42
青　海	5	5	0	33	15
宁　夏	0	1 085	137	130	48
新　疆	5	1 996	423	149	94

8

附　表

FUBIAO

ANNUAL STATISTIC REPORT ON ENVIRONMENT IN CHINA

2009

全国行政区划

（2009年底）

单位：个

省级区划名称	地级区划数	地级市	县级区划数	县级市	市辖区	县	自治县
全　国	**333**	**283**	**2 858**	**367**	**855**	**1 464**	**117**
北京市			18		16	2	
天津市			16		13	3	
河北省	11	11	172	22	36	108	6
山西省	11	11	119	11	23	85	
内蒙古自治区	12	9	101	11	21	17	
辽宁省	14	14	100	17	56	19	8
吉林省	9	8	60	20	20	17	3
黑龙江省	13	12	128	18	64	45	1
上海市			18		17	1	
江苏省	13	13	106	27	55	25	
浙江省	11	11	90	22	32	35	1
安徽省	17	17	105	5	44	56	
福建省	9	9	85	14	26	45	
江西省	11	11	99	10	19	70	
山东省	17	17	140	31	49	60	
河南省	17	17	159	21	50	88	
湖北省	13	12	103	24	38	38	2
湖南省	14	13	122	16	34	65	7
广东省	21	21	121	23	54	41	3
广西壮族自治区	14	14	109	7	34	56	12
海南省	2	2	20	6	4	4	6
重庆市			40		19	17	4
四川省	21	18	181	14	43	120	4
贵州省	9	4	88	9	10	56	11
云南省	16	8	129	9	12	79	29
西藏自治区	7	1	73	1	1	71	
陕西省	10	10	107	3	24	80	
甘肃省	14	12	86	4	17	58	7
青海省	8	1	43	2	4	30	7
宁夏回族自治区	5	5	22	2	9	11	
新疆维吾尔自治区	14	2	98	19	11	62	6
香港特别行政区							
澳门特别行政区							
台湾省							

注：数据摘自《中国统计摘要》（中国统计出版社），以下同。

国民经济与社会发展总量指标摘要

指标	单位	2005 年	2006 年	2007 年	2008 年	2009 年
人口						
年底总人口	万人	130 756	131 448	132 129	132 802	133 474
其中：城镇	万人	56 212	57 706	59 379	60 667	62 186
乡村	万人	74 544	73 742	72 750	72 135	71 288
国民经济核算						
国内生产总值	亿元	183 867. 9	210 871. 0	257 305. 6	300 670. 0	340 507
其中：第一产业	亿元	23 070. 4	24 737. 0	28 627. 0	34 000. 0	35 226
第二产业	亿元	87 364. 6	103 162. 0	124 799. 0	146 183. 4	157 639
第三产业	亿元	73 432. 9	82 972. 0	103 879. 6	120 486. 6	147 642
人均国内生产总值	元/人	14 103	16 084	19 524. 1	22 698. 0	25 575
支出法国内生产总值	亿元	188 692. 1	221 170. 5	263 093. 8	306 859. 8	345 024
其中：最终消费	亿元	97 822. 7	110 413. 2	128 793. 8	149 112. 6	165 527
资本形成总额	亿元	80 646. 3	94 103. 2	110 919. 4	133 612. 3	164 464
固定资产投资						
全社会固定资产投资总额	亿元	88 773. 6	109 998. 2	137 323. 9	172 291. 1	224 599
城镇	亿元	75 095. 1	93 368. 7	117 464. 5	148 167. 2	193 920
其中：房地产开发	亿元	15 909. 2	19 422. 9	25 288. 8	30 579. 8	36 242
农村	亿元	13 678. 5	16 629. 5	19 859. 5	24 123. 0	30 678
主要农业、工业产品产量						
粮食	万吨	48 402. 2	49 747. 9	50 160. 3	52 870. 9	53 028
棉花	万吨	571. 4	674. 6	762. 4	749. 2	638
油料	万吨	3 077. 1	3 059. 4	2 568. 7	2 952. 8	3 154
肉类	万吨	7 743. 1	8 051. 4	6 865. 7	7 278. 3	7 650
原煤	亿吨	22. 05	23. 73	25. 26	27. 93	29. 73
原油	万吨	18 135. 29	18 476. 57	18 632	18 973	18 949
发电量	亿千瓦·时	25 002. 60	28 657. 26	32 816	34 669	37 147
粗钢	万吨	35 324. 0	41 914. 9	48 929	50 092	57 218
水泥	万吨	106 884. 8	123 676. 5	136 117	140 000	164 398

国民经济与社会发展总量指标摘要（续表）

指标	单位	2005 年	2006 年	2007 年	2008 年	2009 年
国内商业和对外贸易						
社会消费品零售总额	亿元	67 177	76 410	89 210	108 488	132 678
进出口总额	亿美元	14 219	17 604	21 737. 3	25 616. 3	22 075. 4
其中：出口额	亿美元	7 620	9 689	12 177. 8	14 285. 5	12 016. 1
进口额	亿美元	6 600	7 915	9 558. 5	11 330. 9	10 059. 2
利用外资						
实际利用外资额	亿美元	638. 1	735. 2	783. 4	952. 6	918. 0
其中：外商直接投资	亿美元	603. 3	694. 7	747. 7	924. 0	900. 3
外商其他投资	亿美元	34. 8	40. 6	35. 7	28. 6	17. 7
旅游						
入境过夜旅游者人数	万人次	4 681	4 991	5 472. 0	5 304. 9	
国内旅游人数	亿人次	12. 1	13. 9	16. 1	17. 1	19. 0
国际旅游外汇收入	亿美元	293. 0	339. 5	419. 2	408. 4	396. 8
国内旅游总收入	亿元	5 285. 9	6 229. 7	7 770. 6	8 749. 3	10 183. 7
教育、科技、文化、卫生						
普通高等学校学生数	万人	1 561. 8	1 738. 8	1 884. 9	2 021. 0	2 144. 7
普通中等学校学生数	万人	8 581	8 451. 9	8 243. 3	8 050. 4	7 876. 9
小学学生数	万人	10 864	10 711. 5	10 564. 0	10 331. 5	10 071. 5
研究与试验发展经费支出	亿元	2 450	3 003. 1	3 710. 2	4 570. 0	5 791. 9
技术市场成交额	亿元	1 551	1 818. 2	2 227	2 665	3 039
图书总印数	亿册（张）	64. 7	64. 0	62. 9	68. 7	70. 4
杂志总印数	亿册	27. 6	28. 5	30. 4	30. 2	31. 5
报纸总印数	亿份	412. 6	424. 5	438. 0	445. 3	439. 1
医院、卫生院数	个	60 397	60 037	60 531	59 572	59 918
医生数	万人	193. 8	199. 5	201. 3	208. 2	232. 9
医院、卫生院床位数	万张	313. 5	327. 1	343. 8	374. 8	408. 1
城市公用事业						
城市房屋集中供热面积	亿米 ^{2}	25. 2	26. 6			
年末供水综合生产能力	万米 ^{3}/日	24 720	26 962			
年末污水处理能力	万米 ^{3}/日	7 990	9 734			
年末城市道路长度	千米	247 015	241 351			

注：① 由于计算误差的影响，支出法国内生产总值不等于按生产法计算的国内生产总值。

② 本表价值量指标均按当年价格计算。

国民经济与社会发展结构指标摘要

单位：%

指标	2005 年	2006 年	2007 年	2008 年	2009 年
总人口	**100**	**100**	**100**	**100**	**100**
其中：城镇	43.0	43.9	44.9	45.7	46.6
乡村	57.0	56.1	55.1	54.3	53.4
国内生产总值	**100**	**100**	**100**	**100**	**100**
其中：第一产业	12.6	11.3	11.1	11.3	10.3
第二产业	47.5	48.7	48.5	48.6	46.3
第三产业	39.9	40.0	40.4	40.1	43.4
固定资产投资总额	**100**	**100**	**100**	**100**	**100**
城镇	84.6	84.9	85.6	86.0	86.3
农村	15.4	15.1	14.4	14.0	13.7
财政收入	**100**	**100**	**100**	**100**	**100**
其中：中央	52.3	52.8	54.1	53.3	52.4
地方	47.7	47.2	45.9	46.7	47.6
财政支出	**100**	**100**	**100**	**100**	**100**
其中：中央	25.9	24.7	23.1	21.4	20.0
地方	74.1	75.3	76.9	78.6	80.0
农、林、牧、渔业产值	**100**	**100**	**100**	**100**	**100**
其中：农业	49.7	51.1	50.4	55.7	50.7
林业	3.6	3.9	3.8	3.8	3.9
牧业	33.7	29.4	33.0	29.7	32.3
渔业	10.2	9.6	9.1	10.9	9.3
农、林、牧、渔、服务业	2.8	6.0	3.7		3.8
工业总产值	**100**	**100**	**100**	**100**	**100**
其中：轻工业	31.4	30.5			
重工业	68.6	69.5			

注：2002 年起轻重工业结构为国有及规模以上非国有工业企业口径。

自然资源状况

项目	单位	2006 年	2007 年	2008 年	2009 年
国土面积	万千米²	960	960	960	960
海域面积	万千米²	473	473	473	473
大陆岸线长度	万千米	1.80	1.80	1.80	1.80
岛屿面积	万千米²	3.87	3.87	3.87	3.87
降水量					
台湾中部山区	毫米	≥4 000	≥4 000	≥4 000	≥4 000
华南沿海	毫米	1 600～2 000	1 600～2 000	1 600～2 000	1 600～2 000
长江流域	毫米	1 000～1 500	1 000～1 500	1 000～1 500	1 000～1 500
华北、东北	毫米	400～800	400～800	400～800	400～800
西北内陆	毫米	100～200	100～200	100～200	100～200
塔里木盆地、吐鲁番盆地和柴达木盆地	毫米	≤25	≤25	≤25	≤25
耕地面积	万公顷	13 004	13 004	12 178	12 178
荒地面积	万公顷	10 800	10 800	10 800	10 800
林业用地面积	万公顷	28 493	28 493	28 493	30 378
草地面积	万公顷	40 000	40 000	40 000	40 000
活立木总蓄积量	亿米³	136.2	136.2	136.2	136.2
森林面积	亿公顷	1.75	1.75	1.75	1.95
森林覆盖率	%	18.21	18.21	18.21	20.36
水资源总量	亿米³	27 430	25 567	24 696	23 763
水力资源蕴藏量	亿千瓦	6.76	6.76	6.76	6.76
其中：可开发量	亿千瓦	3.79	3.79	3.79	3.79
内陆水域总面积	万公顷	1 747	1 747	1 747	1 747
其中：可养殖面积	万公顷	675	675	675	675
海水可养殖面积	万公顷	260	260	260	260
其中：已养殖面积	万公顷	109	109	109	109

注：①森林资源为 1994—1998 年调查数；草地资源为 1991 年调查数；水面资源为 1988 年数；水力资源为 1999 年公报数；耕地面积为 1996 年农业普查数。

②本表除国土面积、海域面积和降水量外，其余指标均未包括香港特别行政区、澳门特别行政区和台湾省数据。

9

主要统计指标解释

ZHUYAO TONGJI ZHIBIAO JIESHI

ANNUAL STATISTIC REPORT ON ENVIRONMENT IN CHINA

2009

【工业用水量】 指报告期内企业厂区内用于生产和生活的水量，它等于新鲜用水量与重复用水量之和。

【新鲜用水量】 指报告期内企业厂区内用于生产和生活的新鲜水量（生活用水单独计量且生活污水不与工业废水混排的除外），它等于企业从城市自来水取用的水量和企业自备水用量之和。

【重复用水量】 指报告期内企业生产用水中重复再利用的水量，包括循环使用、一水多用和串级使用的水量（含经处理后回用量）。

【工业煤炭消费量】 指报告期内企业所用燃料煤和原料煤的总消费量。

【燃料煤消费量】 指报告期内企业厂区内用作燃料的煤炭消费量（实物量），包括企业厂区内生产、生活用燃料煤，也包括砖瓦、石灰等产品生产用的内燃煤，不包括炼焦等行业的原料用煤。

【原料煤消费量】 指报告期内企业在生产工艺中用作原料并能转换成新的产品实体的煤炭消费量。如转换为水泥、焦炭、煤气、碳素、活性炭、氮肥的煤炭称为原料煤。

【燃料煤平均硫分】 指报告期内多次监测的燃料煤硫分加权平均值。

【燃料油消费量（不含车船用）】 指报告期内企业用作燃料的各种油料总消费量（不包括车船交通用油量）。

【重油消费量】 指报告期内企业用作燃料的重油总消费量。

【柴油消费量】 指报告期内企业用作燃料的柴油总消费量（不包括车船交通用油量）。

【重油平均硫分】 指报告期内多次监测的重油硫分加权平均值。

【洁净燃气消费量】 指报告期内企业用作燃料的清洁燃气消费量。清洁燃气要求硫分在 5 克/米^{3}以下。

【工业锅炉数】 指报告期内企业厂区内用于生产和生活的大于 1 蒸吨（含 1 蒸吨）的蒸汽锅炉、热水锅炉总台数和总蒸吨数，包括燃煤、燃油、燃气和燃电的锅炉，不包括茶炉。

【工业炉窑数】 指报告期内企业生产用的炉窑总数，如炼铁高炉、炼钢炉、冲天炉、烘干炉窑、锻造加热炉、水泥窑、石灰窑等。

【烟尘排放达标的工业炉窑数】 指烟尘浓度、烟气黑度均达到国家或地方排放标准的工业炉窑数[《工业炉窑大气污染物排放标准》（GB 9078）和《炼焦炉大气污染物排放标准》（GB 76171）或相应的地方排放标准值]。

【主要产品生产情况】 指报告期内企业生产的，并符合产品质量要求的实物生产情况。产品品种只限于正式投产的产品，不包括试制新产品、科研产品以及正式投产以前试生产的产品。应填写在工业总产值中占比重较大或较关键的 3 种工业产品的名称、单位及产量。

【主要有毒有害原辅材料用量】 指报告期内企业在生产过程中使用的能排出有毒、有害物质污染环境的主要原材料和辅助材料。要求填写 3 种主要有毒有害原辅材料的名称和用量。

【污水排放口数】 指企业产生的工业废水排往厂区外的排出口的数量。

【直排海的污水排放口数】 指企业污水排放口位于海边，使废水经过排放口直接排入海，而未经过城市下水道或其他中间体的污水排放口的数量。

【废水污染物在线监控仪器套数】 指报告期内企业对污染源主要污染物排放指标、流量，以及污染物治理设施运行记录装置（包括黑匣子等）进行实时自动监测监控系统的数量。

【废气污染物在线监控仪器套数】 指报告期内企业对污染源废气排放参数、污染物排放量进行在线监测的仪器套数。监测同一废气排放口的为一套。

【废水治理设施数】 指报告期内企业用于防治水污染和经处理后综合利用水资源的实有设施（包括构筑物）数，以一个废水治理系统为单位统计。附属于设施内的水治理设备和配套设备不单独计算。已经报废的设施不统计在内。

【废水治理设施处理能力】 指报告期内企业的废水治理设施实际具有的废水处理能力。

【废水治理设施运行费用】 指报告期内企业维持废水治理设施运行所发生的费用。包括能源消耗、设备维修、人员工资、管理费、药剂费及与设施运行有关的其他费用等。

【工业废水处理量】 指经各种水治理设施实际处理的工业废水量，包括处理后外排的和处理后回用的工业废水量。虽经处理但未达到国家或地方排放标准的废水量也应计算在内。计算时，如遇有车间和厂排放口均有治理设施，并对同一废水分级处理时，不应重复计算工业废水处理量。

【工业废水排放量】 指报告期内经过企业厂区所有排放口排到企业外部的工业废水量。包括生产废水、外排的直接冷却水、超标排放的矿井地下水和与工业废水混排的厂区生活污水，不包括独立外排的间接冷却水（清浊不分流的间接冷却水应计算在内）。

【直接排入海的工业废水排放量】 指废水经过工厂的排污口直接排入海，而未经过城市下水道或其他中间体，也不受其他水体的影响。

【排入污水处理厂的工业废水排放量】 指企业产生的废水直接或间接经市政管网排入污水处理厂的废水量，包括排入在远离市政管网的厂矿区设置的、处理工业区工业废水并处理周边地区生活污水的污水集中处理装置，也包括单纯处理工业废水而不处理周边地区生活污水的集中处理装置的废水量。

【排入污水处理厂的 COD 浓度】 指企业产生的排入污水处理厂的废水中 COD 的浓度。

【排入污水处理厂的氨氮浓度】 指企业产生的排入污水处理厂的废水中氨氮的浓度。

【工业废水排放达标量】 指报告期内废水中各项污染物指标都达到国家或地方排放标准的外排工业废水量，包括未经处理外排达标的，经废水处理设施（包括企业内部的废水处理设施和工业区内设置的单纯处理工业废水的集中处理装置）处理后达标排放的，以及经污水处理厂（包括工业区废、污水集中处理装置）处理后达标排放的。国家排放标准见《污水综合排放标准》（GB 8978—1996）和相关行业废水排放标准。

企业的废水排入工业区内设置的单纯处理工业废水的集中处理装置进行处理的废水，应根据集中处理装置处理后实际达到的浓度来评价其是否达标。集中处理装置处理后排放的废水达到排放标准，则该企业的排放废水量计为达标废水量；如集中处理装置处理后排放的废水未达到排放标准，则该企业的排放废水不能计为达标废水量。

对于企业单位产生的废水排入城镇下水道并进入二级污水处理厂（包括工业区废、污水集中处理装置）进行处理的，其废水的达标问题，作出以下规定：

企业单位的废水排入城镇下水道并进入二级污水处理厂（包括工业区废、污水集中处理装置）进行处理的废水，应根据污水处理厂处理后实际达到的浓度来评价其是否达标。污水处理厂处理后排放的废水达到排放标准，则该企业的排放废水量计为达标废水量；如污水处理厂处理后排放的废水未达到排放标准，则该企业的排放废水不能计为达标废水量。

【工业废水中污染物去除量】 指报告期内企业生产过程排出的废水，经过各种水治理设施处理后，除去废水中所含的挥发酚、氰化物、化学需氧量、石油类、氨氮和铅、汞、镉、六价铬等重金属污染物本身的纯重量。计算公式是：

污染物去除量（纯重量）=处理的工业废水量×（处理前污染物的平均浓度−处理后污染物的平均浓度）

企业排出的工业废水经污水处理厂（包括工业区废、污水集中处理装置）集中处理的，上述计算公式中的“处理后污染物的平均浓度”即为污水处理厂（包括工业区废、污水集中处理装置）排放口的实际平均浓度。

【当年新增废水治理设施去除的化学需氧量】 指报告期内企业新增的废水处理设施去除化学需氧量的纯重量。

【工业废水中污染物排放量】 指报告期内企业排放的工业废水中所含化学需氧量、氨氮、石油类、挥发酚、氰化物、砷等污染物和铅、汞、镉、六价铬等重金属本身的纯重量。它可以通过工业废水排放量和其中污染物的浓度相乘求得，计算公式是：

污染物排放量（纯重量）=工业废水排放量×排放口污染物的平均浓度

企业排出的工业废水经污水处理厂（包括工业废、污水集中处理装置）集中处理的，上述计算公式中“排放废水中污染物的平均浓度”即为污水处理厂（包括工业废、污水集中处理装置）排放口的实际平均浓度。

凡安装连续自动在线监测设备（须由市级以上环境监测站标定的）并与当地环境监测站联网的单位，优先采用实时监测数据的汇总数作为排放量数据。未安装连续自动在线监测设备的单位，在采用实测法计算排污数据时，为保证监测数据能够准确地反映实际情况，须多次测定样品取值，并须经当地环境监测站认定。

【工业废气排放量】 指报告期内企业厂区内燃料燃烧和生产工艺过程中产生的各种排入空气中含有污染物的气体的总量，以标准状态（273 K，101 325 Pa）计。

工业废气排放总量=燃料燃烧过程中废气排放量+生产工艺过程中废气排放量

【燃料燃烧过程中废气排放量】 指燃煤、油、气锅炉、锻造加热炉、退火炉及其他工业炉窑在燃烧过程中所排废气的总量，以标准状态计。

【生产工艺过程中废气排放量】 指生产工艺过程中排放的废气总量。如：化工、冶炼、建材（包括水泥行业）、化纤、造纸等行业生产工艺过程中排放的废气，以标准状态计。

【废气治理设施数】 指报告期末企业用于减少在燃料燃烧过程与生产工艺过程中排向大气的污染物或对污染物加以回收利用的废气治理设施总数，以一个废气治理系统为单位统计。附属于设施内的治理设备和配套设备不单独计算。已报废的设施不统计在内。锅炉中的除尘装置属于“三同时”设备，应统计在内。

【脱硫设施数】 指在治理设施中有专用（或兼用）的脱硫设备（或系统），其脱硫效率要达到40%及以上，脱硫后不再释放出二氧化硫，比如使系统中有足够的碱性物质与二氧化硫反应，生成稳定的盐类物质或采用活性炭吸附制酸等方法进行脱硫的设施数。

【废气治理设施处理能力】 指报告期末企业实有的废气治理设施的实际废气处理能力。

【废气脱硫设施脱硫能力】 指报告期末企业脱硫设施的实际去除二氧化硫的能力，计量单位为千克/时。

【废气治理设施运行费用】 指报告期内维持废气治理设施运行所发生的费用。包括能源消耗、设备折旧、设备维修、人员工资、管理费、药剂费及与设施运行有关的其他费用等。

【脱硫设施运行费用】 指报告期内维持脱硫设施运行所发生的费用。包括能源消耗、设备折旧、设备维修、人员工资、管理费、药剂费及与设施运行有关的其他费用等。

【二氧化硫去除量】 指报告期内燃料燃烧废气和生产工艺废气经过各种废气治理设施处理后去除的二氧化硫总量。

二氧化硫去除量=燃料燃烧过程中二氧化硫去除量+生产工艺过程中二氧化硫去除量

【燃料燃烧过程中二氧化硫去除量】 指燃料燃烧过程中产生的废气，经过各种废气治理设施后去除的二氧化硫数量。它可以根据实测、物料衡算或经验公式计算求得。

【生产工艺过程中二氧化硫去除量】 指生产工艺过程中产生的废气，经过各种废气治理设施后去除的二氧化硫量。

【当年新增设施去除的二氧化硫量】 指企业在报告期内新增的废气治理设施去除的二氧化硫量。

【二氧化硫排放量】 指报告期内企业在燃料燃烧和生产工艺过程中排入大气的二氧化硫总量。

二氧化硫排放量=燃料燃烧过程中二氧化硫排放量+生产工艺过程中二氧化硫排放量

【燃料燃烧过程中二氧化硫排放量】 指燃料燃烧过程中排入大气的二氧化硫量。它可以根据实测、物料衡算或排放系数计算求得。

凡安装连续自动在线监测设备并与当地环境监测站联网的单位，优先采用实时监测数据的汇兑数作为排放量数据。未安装连续自动在线监测设备的单位，在采用实测法计算排污数据时，为保证监测数据能够准确地反映实际情况，须多次测定样品取值，并须经当地环境监测站认定。

未安装连续自动在线监测设备的单位采用实测法计算的排放数据，须与使用燃料含硫率计算得出的排放数据进行对照验证。如计算结果偏差较大，应进行核实调整。

【燃料燃烧过程中二氧化硫排放达标量】 指在燃料燃烧过程中排入大气的达到排放标准的二氧化硫量。

【生产工艺过程中二氧化硫排放量】 指企业在生产工艺过程中排入大气的二氧化硫量。它可以根据实测、物料衡算或经验公式计算求得。

【生产工艺过程中二氧化硫排放达标量】 指在生产工艺过程中排入大气的达到排放标准的二氧化硫量。

【氮氧化物去除量】 氮氧化物去除量指报告期内企业利用各种废气治理设施去除的氮氧化物量。

【氮氧化物排放量】 指报告期内企业排入大气的氮氧化物量。

【氮氧化物排放达标量】 指排入大气的达到排放标准的氮氧化物量。

【烟尘去除量】 烟尘是指在燃烧过程中产生的烟气中夹带的颗粒物。烟尘去除量指报告期内企业利用各种废气治理设施去除的烟尘量。

烟尘去除量=（除尘设备进口烟尘平均浓度−除尘设备出口烟尘平均浓度）×
除尘系统排风量×烟尘设备运行时间

【烟尘排放量】 指报告期内企业排放烟尘量。

烟尘排放量可以通过除尘系统的排风量和除尘设备出口烟尘浓度相乘求得。

【烟尘排放达标量】 指达到排放标准的烟尘排放量。

【工业粉尘去除量】 工业粉尘指在生产工艺过程中排放的能在空气中悬浮一定时间的固体颗粒。如钢铁企业耐火材料粉尘、焦化企业的筛焦系统粉尘、烧结机的粉尘、石灰窑的粉尘、建材企业的水泥粉尘等。不包括电厂排入大气的烟尘。

工业粉尘去除量是指报告期内企业对生产工艺过程中产生的废气，经过各种废气治理设施处理后去除的粉尘总重量。它可以根据实测计算求得。

工业粉尘去除量=（除尘设备进口粉尘平均浓度−除尘设备出口粉尘平均浓度）×
除尘系统排风量×除尘设备运行时间

除尘系统进、出口的粉尘浓度，应以实测的数字为准。

【工业粉尘排放量】 指报告期内企业有组织排放的工业粉尘量。工业粉尘排放量可以通过除尘系统的排风量和除尘设备出口排尘浓度相乘求得。

【工业粉尘排放达标量】 指达到排放标准的粉尘排放量。

【工业固体废物产生量】 指报告期内企业在生产过程中产生的固体状、半固体状和高浓度液体状废弃物的总量，包括危险废物、冶炼废渣、粉煤灰、炉渣、煤矸石、尾矿、放射性废物、脱硫石膏和其他废物等；不包括矿山开采的剥离废石和掘进废石（煤矸石和呈酸性或碱性的废石除外）。酸性或碱性废石是指采掘的废石其流经水、雨淋水的 pH 值小于 4 或 pH 值大于 10.5 者。

工业固体废物产生量=危险废物产生量+冶炼废渣产生量+粉煤灰产生量+炉渣产生量+煤矸石产生量+尾矿产生量+放射性废物产生量+脱硫石膏产生量+其他废物产生量

工业固体废物产生量=（工业固体废物综合利用量−综合利用往年贮存量）+工业固体废物贮存量+（工业固体废物处置量−处置往年贮存量）+工业固体废物排放量

【危险废物】 指列入国家危险废物名录或者根据国家规定的危险废物鉴别标准和鉴别方法认定的，具有爆炸性、易燃性、易氧化性、毒性、腐蚀性、易传染性疾病等危险特性之一的废物。按国家环保局、国家经贸委、外经贸部、公安部联合颁布的《国家危险废物名录》填报。其计量单位（吨）保留 2 位小数。

【冶炼废渣】 指在冶炼生产中产生的高炉渣、钢渣、铁合金渣以及有色金属矿渣等。

【粉煤灰】 又称飞灰或烟道灰。指燃煤锅炉在燃烧过程中产生的烟气中的细灰，主要从烟道气体收集而得，应与其烟尘去除量基本相等。

完善指标解释：又称飞灰或烟道灰。指燃煤锅炉在燃烧过程中产生的烟气中的细灰，在引风机将烟气排入大气之前，这些细灰经过除尘器被分离、收集，因此粉煤灰应与其烟尘去除量基本相等。

【炉渣】 指企业燃烧设备从炉膛排出的灰渣，不包括燃料燃烧废气处理系统去除的烟尘。

【煤矸石】 指与煤层伴生的一种含碳量低、比煤坚硬的黑色岩石。通常由煤矿开采、洗煤及耗煤单位排出。是与煤层伴生的一种含碳量低、比煤坚硬的黑色岩石，是碳质、泥质和砂质页岩的混合物，具有低发热值，含碳20%～30%。包括巷道掘进过程中的掘进矸石、采掘过程中从顶板、底板及夹层里采出的矸石以及洗煤过程中挑出的洗矸石。目前煤矸石主要被用于生产矸石水泥、混凝土的轻质骨料、耐火砖等建筑材料，此外还可用于回收煤炭，煤与矸石混烧发电，制取结晶氯化铝、水玻璃等化工产品以及提取贵重稀有金属，也可作肥料。

【尾矿】 指各种金属和非金属矿矿石经过选矿或水冶作业后，存于水溶液中的残留脉石、矿砂等，统称为尾矿。尾矿产生量是指选矿厂和水冶厂排出的尾矿量，包括赤泥。选矿厂包括各种金属和非金属矿石的选矿厂。赤泥指以铝土矿为原料的氧化铝厂的生产废料。

【放射性废物】 指含有天然放射性核素，并其比活度大于 $2\times10^4\ B_q/kg$ 的尾矿砂、废矿石及其他放射性固体废物（指放射性浓度或活度或污染水平超过规定下限的固体废物）。

【脱硫石膏】 指发电厂用于脱硫的湿式石灰石/石膏法工艺中，吸收剂与烟气中 SO_2 等反应后生成的副产物。湿式石灰石/石膏法脱硫设备每处理 1 吨二氧化硫大约产生脱硫石膏 2.7 吨。

【其他废物】 指工业垃圾、污泥及燃料燃烧过程中去除的烟尘等工业固体废物。工业垃圾指机械工业切削碎屑、研磨碎屑、废砂型等；食品工业的活性炭渣；硅酸盐工业和建材工业的砖、瓦、碎砾、混凝土碎块等。污泥指工业废水处理中排出的、以干泥量计的固体沉淀物。

【工业固体废物综合利用量】 指报告期内企业通过回收、加工、循环、交换等方式，从固体废物中提取或者使其转化为可以利用的资源、能源和其他原材料的固体废物量（包括当年利用的往年工业固体废物累计贮存量）。如用作农业肥料、生产建筑材料、筑路等。综合利用量由原产生固体废物的单位统计。

危险废物综合利用量是指按可能导致资源回收、再循环、直接再利用或其他用途的作业方式进行综合利用危险废物的实际量。

【工业固体废物综合利用往年贮存量】 指企业在报告期内对往年贮存的工业固体废物进行综合利用的量。

【工业固体废物贮存量】 指报告期内企业以综合利用或处置为目的，将固体废物暂时贮存或堆存在专设的贮存设施或专设的集中堆存场所内的量。专设的固体废物贮存场所或贮存设施必须有防扩散、防流失、防渗漏、防止污染大气、水体的措施。

粉煤灰、钢渣、煤矸石、尾矿等的贮存量是指排入灰场、渣场、矸石场、尾矿库等贮存的量。

【危险废物贮存量】 指将危险废物以一定包装方式暂时存放在专设的贮存设施内的量。专设的贮存设施指对危险废物的包装、选址、设计、安全防护、监测和关闭等符合《危险废物贮存污染控制标准》（GB 18597—2001）等相关环保法律法规要求，具有防扩散、防流失、防渗漏、防止污染大气和水体措施的设施。

【工业固体废物处置量】 指报告期内企业将固体废物焚烧或者最终置于符合环境保护规定要求的场所并不再回取的工业固体废物量（包括当年处置的往年工业固体废物贮存量）。

处置方式如：填埋（其中危险废物应安全填埋）、焚烧、专业贮存场（库）封场处理、深层灌注、回填矿井及海洋处置（经海洋管理部门同意投海处置）等。

【危险废物处置量】 指报告期内企业将危险废物焚烧或者最终置于符合环境保护规定要求的场所并不再回取的危险废物量（包括当年处置的往年危险废物贮存量）。

【危险废物送往集中处置厂的处置量】 指将所产生的危险废物运往集中处置厂进行处置的数量。

【工业固体废物处置往年贮存量】 指报告期内企业按照《关于固体废物处置、综合利用的作业方式的规定》的要求，处置的上一报告期末企业累计贮存的工业固体废物的量。

【工业固体废物排放量】 指报告期内企业将所产生的固体废物排到固体废物污染防治设施、场所以外的量。不包括矿山开采的剥离废石和掘进废石（煤矸石和呈酸性或碱性的废石除外）。排放方式如下:

（1）向水体排放废油类、废酸碱及其他高浓度液态废物;

（2）在江河、湖泊、运河、渠道、海洋的滩场和岸坡倾倒、堆放和存贮废物;

（3）利用渗井、渗坑、渗裂隙和溶洞倾倒废物;

（4）向路边、荒地、荒滩倾倒废物;

（5）未经环保部门同意作填坑、填河和土地填埋固体废物;

（6）混入生活垃圾进行堆置的废物;

（7）未经海洋管理部门批准同意，向海洋倾倒废物;

（8）其他去向不明的废物。

工业固体废物排放量计算公式是:

工业固体废物排放量=工业固体废物产生量–贮存量–（综合利用量–综合利用往年贮存量）–（处置量–处置往年贮存量）

【危险废物排放量】 指报告期内企业将所产生的危险废物排到危险废物污染防治设施以外的量。

【脱硫设施脱硫效率】 脱硫装置实测的脱硫效率。

数据获取方式：脱硫效率计算时，一是根据脱硫装置的进口和出口二氧化硫排放量；二是根据脱硫装置的进口和出口二氧化硫折算平均加权浓度。

不要与脱硫设施设计脱硫效率、脱硫设施综合脱硫效率（脱硫效率与投运率乘积）混淆。某机组全年二氧化硫去除量与产生量相比计算得出的是脱硫设施综合脱硫效率。

【污染治理项目名称】 指以治理老污染源的污染、“三废”综合利用为主要目的的工程项目名称。凡已纳入建设项目环境保护“三同时”管理的不在统计范围之内。

【治理类型】 按企业治理污染的对象，分为 9 类，并给予不同的代码。填报时，按代码顺序逐项填写：

1—工业废水治理；
2—燃料燃烧废气治理；
3—工艺废气治理（含工业粉尘治理）；
4—工业固体废物治理；
5—噪声治理（含振动）；
6—电磁辐射治理；
7—放射性治理；
8—污染搬迁治理；
9—其他治理（含综合防治）。

【开工年月】 指污染治理项目开始建设的年月。按照建设项目设计文件中规定的永久性工程第一次开始施工的年月填写。如果没有设计，就以计划方案规定的永久性工程实际开始施工的年月为准。

【建成投产年月】 指污染治理项目按计划规定的生产能力和效益在一定时间内全部建成，经验收合格或达到竣工验收标准（引进项目并应按合同规定经过试生产考核达到验收标准，经双方签字确认）正式移交生产或交付使用的时间。

【至本年底累计完成投资】 指至报告期末，企业在污染治理项目中实际完成的累计投资额。实际完成投资额包括实际完成的建筑安装工程的价值，设备、工具、器具的购置费，以及实际发生的其他费用。没用到工程实体的建筑材料、工程预付款和没有进行安装的设备等，都不能计算此指标。

【本年完成投资及资金来源】 指在报告期内，企业实际用于环境治理工程的投资额。投资额中的资金来源，是指投资单位在本年内收到的用于污染治理项目投资的各种货币资金，包括排污费补助、政府其他补助、企业自筹。各种来源的资金均为报告期投入的资金，不包括以往历年的投资。

本年污染治理资金合计=排污费补助+政府其他补助+企业自筹

【排污费补助】 指从征收的排污费中提取的用于补助重点排污单位治理污染源以及环境污染综合性治理措施的资金。

【政府其他补助】 指用于补助重点排污单位治理污染源以及环境污染综合性治理措施的除排污费补助以外的政府其他补助资金。

【企业自筹】 指除排污费补助、政府其他补助资金以外的其他用于污染治理的资金，包括国内贷款（不包括环保贷款）、利用外资、银行贷款等其他来源资金。

【银行贷款】 指企业向银行借入的用于污染治理项目建设投资的贷款，属于企业自筹资金。

【竣工项目设计或新增处理能力】 设计能力是指设计中规定的主体工程（或主体设备）及相应的配套的辅助工程（或配套设备）在正常情况下能够达到的处理能力。报告期内竣工的污染治理项目，属新建项目的填写设计文件规定的处理、利用“三废”能力；属改扩建、技术改造项目的填写经改造后新增加的处理利用能力，不包括改扩建之前原有的处理能力；只更新设备或重建构筑物，处理利用“三废”能力没有改变的则不填。

工业废水设计处理能力的计量单位为 t/d；工业废气设计处理能力（标态）的计量单位为 m^3/h；工业固体废物设计处理能力的计量单位为 t/d；噪声治理（含振动）设计处理能力以降低分贝数表示；电磁辐射治理设计处理能力以降低电磁辐射强度表示（电磁辐射计量单位有电场强度单位：V/m、磁场强度单位：A/m、功率密度单位：W/m^2）。放射性治理设计处理能力以降低放射性浓度表示，废水计量单位为 Bq/L，固体废物计量单位为 Bq/kg。

【危险废物集中处置厂】 指将多个工业企业产生的危险废物或者将多个教学单位、第三产业或居民生活产生的危险废物集中起来进行综合利用或者焚烧、填埋等处置的场所。

目前统计范围仅限于集中式危险废物处置场所，没有扩充至所有取得综合危险废物经营许可证的企业。

【本年运行天数】 指危险废物集中处置厂报告期内正常运行的实际天数。

【危险废物主要种类】 填写出本处置厂集中处置危险废物的 5 种主要种类的名称，并将其在《国家危险废物名录》中的编码填入方格内。

【危险废物实际处置能力】 指危险废物集中处置厂每昼夜实际处理危险废物的能力。

【焚烧处置能力】 指处置厂每昼夜将危险废物焚烧或高温裂解处理的能力。

【填埋处置能力】 指处置厂每昼夜将危险废物以填埋方式进行处置的能力。

【当年新增焚烧处置能力】 指危险废物集中处置厂在报告年内新增加的对危险废物采取焚烧方法进行处置的能力。

【当年新增填埋处置能力】 指危险废物集中处置厂在报告年内新增加的对危险废物采取填埋方法进行处置的能力。

【危险废物处置量】 报告期内对危险废物采取焚烧、填埋的总量。通过危险废物焚烧、填埋和其他改变危险废物的物理、化学、生物特性的方法，达到减少已产生的危险废物数量、缩小危险废物体积、减少或者消除其危险成分的活动，或者将危险废物最终置于符合环境保护规定要求的填埋场的活动中，所消纳危险废物的量。

【危险废物焚烧量】 指报告期内对危险废物以焚烧或高温裂解方法进行处置的量。

【危险废物填埋量】 指报告期内对危险废物以填埋方法进行处置的量。

【处置工业危险废物量】 指报告期内采用各种方式处置的工业危险废物的总量。

【处置医疗废物量】 指处置厂在报告期内采用各种方式处置的医疗废物的总量。

【处置其他危险废物量】 指报告期内采用各种方式处置的除工业危险废物和医疗废物以外其他危险废物的总量，如教学科研单位实验室、机械电器维修、胶卷冲洗、居民生活、办公等产生的危险废物。

【危险废物综合利用量】 指报告期内通过回收、加工、循环、交换等方式，从危险废物中提取或者使其转化为可以利用的资源、能源和其他原材料的危险废物量。

【焚烧残渣量】 指报告期内危险废物经焚烧处置后生成的残渣，包括焚烧主体设备排出的炉渣以及烟气处理设备中收集的飞灰的重量。

【焚烧残渣利用量】 指对残渣（不包括飞灰）的再利用量，如用炉渣制水泥、混凝土砖及其他材料等的量。

【焚烧残渣填埋量】 指报告期内将炉渣、飞灰直接或经预处理后进行安全填埋的重量。

【本年运行费用】 指报告期内维持危险废物集中处置厂正常运行所发生的费用。包括能源消耗、设备折旧、维修、人员工资、管理费、药剂费及与危险集中处置厂运行有关的其他费用等。计量单位为万元，允许保留一位小数。

【污水处理级别】 按处理程度，污水处理（主要是城市生活污水和某些工业废水）一般可分为：一级、二级和三级处理。

一级处理是以物理处理为主体的处理工艺。指去除污水中的漂浮物和悬浮物的净化过程，主要为沉淀。

二级处理是以生物处理为主体的处理工艺。指污水经一级处理后，用生物处理方法继续去除污水中胶体和溶解性有机物的净化过程。

三级处理是进一步去除二级处理所不能完全去除的污水中的污染物的处理工艺。三级处理也称高级处理或深度处理。

【污水处理方法】 污水处理方法主要分为物理处理、生物处理、化学处理、物理化学处理和生化处理等方法。填报单位将本处理厂采用的主要处理方法填入表中。

物理处理：指通过物理作用分离、回收污水中不溶解的呈悬浮状态的污染物（包括油膜和油珠）的污水处理法。

生物处理：指通过微生物的代谢作用，使污水中呈溶液、胶体以及微细悬浮状态的有机污染物，转化为稳定、无害的物质的污水处理方法。根据作用微生物的不同，生物处理法又可分为需氧生物处理和厌氧生物处理两种类型。

化学处理：指通过化学反应和传质作用来分离、去除污水中呈溶解、胶体状态的污染物或使其转化为无害物质的污水处理方法。

【污水处理设施类型】 指将污水处理设施分为三种类型：①污水处理厂；②工业区废（污）水集中处理装置；③其他。由填报单位根据本单位的类型选择代码填入方格内。

【城镇污水处理厂】 指在城市或工业区，城市污水（生活污水、工业废水）和雨水通过排水管道集中于一个或几个处所，并利用由各种处理单元组成的污水处理系统进行净化处理，最终使处理后的污水和污泥达到规定的要求后排放水体或再利用。不包括氧化塘、渗水井和化粪池、改良化粪池。

【工业废水处理厂】 指提供社会化有偿服务、专门从事为工业园区、连片工业企业或周边企业处理工业废水（包括一并处理周边地区生活污水）的集中设施或独立运营的单位。不包括企业内部的污水处理设施。

【其他污水处理设施】 指在远离市政管网的居民小区、度假区等设置的小型污水处理设备。

【本年运行天数】 指报告期内污水处理厂（或处理装置）正常运行的实际天数。

【污水设计处理能力】 指报告期内污水处理厂（或处理装置）正常运行时每昼夜处理污水量的设计能力。

【污水实际处理量】 指报告期内污水处理厂（或处理装置）每昼夜处理污水量的实际能力。

【污水年处理量】 指报告期内污水处理厂（或处理装置）实际处理的污水总量。一般用污水流量计测量。

【污水再生利用量】 指报告期内污水处理厂（或处理装置）处理后的污水中再利用的水量，包括直接用于工业冷却、洗涤、冲渣和生活冲厕、洗车等杂用，以及直接用于农田灌溉、绿地浇灌、养鱼、生态恢复等。

【污泥】 指污水处理厂（或处理装置）在进行废水处理过程中分离出来的固体。

【污泥产生量】 是指报告期内污水处理厂（或处理装置）在整个污水处理过程中污泥的最终产生量。

【污泥处置量】 指报告期内经过污泥消化、调理、浓缩、脱水等手段进行预处理后，采用土地填埋、焚烧、海洋倾倒等方法对污泥进行最终处置的量。

污泥浓缩：脱除污泥颗粒间的空隙水，使污泥体积缩小的处理方法。

污泥消化：使污泥稳定化的处理方法。是一个生物化学过程，主要依靠微生物对污泥中有机物的分解作用来进行。

污泥脱水：依靠多孔性过滤介质两面的压力差，使污泥中水分强制通过，固体颗粒截留的脱水处理方法。

污泥焚烧：是指依靠污泥本身含有的有机物燃烧发热量和辅助燃料，进行污泥焚烧的处理方法。

污泥填埋：指对污泥采用填埋方式进行处理的方法。包括污泥灌溉，熟污泥灌溉牧场，熟污泥、机械脱水泥饼或焚烧灰用于填海滩、洼地或废矿井以及埋于地下。

【污泥利用量】 指报告期内经过预处理后对污泥中的可用成分加以利用，如制造建筑材料、用作农肥、制取沼气及其他用途等的量。

【污泥排放量】 指报告期内不做处理利用而将污泥任意弃置到划定的污泥堆场以外的任何区域的量。

【本年运行费用】 指报告期内维持污水处理厂（或处理装置）正常运行所发生的费用。包括能源消耗、设备折旧、设备维修、人员工资、管理费、药剂费及与污水处理厂（或处理装置）运行有关的其他费用等。

【政府补贴】 指地方政府会同财政部门统筹安排用于补助城市污水处理厂的资金。

【收费】 指通过收取城镇居民的污水处理费而获得的资金。

【耗电量】 指报告期内，城市污水处理厂用于生产运行和生活所消耗的总用电量。

【医院等级】 医院等级包括一级、二级（甲等、乙等）、三级（甲等、乙等）和未定级医院共四类。医院是医疗机构中的一种，医疗机构是指从卫生行政部门取得《医疗机构执业许可证》的机构，包括医院、疗养院、社区卫生服务中心（站）、卫生院、门诊部、诊所（卫生所、医务室）、妇幼保健院（所、站）、专科疾病防治院（所、站）、急救中心（站）和临床检验中心。

【污水处理级别】 按处理程度，医疗污水处理一般可分为：一级处理（或一级强化）+加氯等消毒工艺；二级处理+加氯等消毒工艺；其他工艺。

【污水处理方法】 污水处理方法主要分为物理处理、生物处理、化学处理、物理化学处理、生化处理、消毒处理等方法。填报单位将本医院采用的主要处理方法填入表中。

物理处理：指通过物理作用分离、回收污水中不溶解的呈悬浮状态的污染物的污水处理法。

生物处理：指通过微生物的代谢作用，使污水中呈溶液、胶体以及微细悬浮状态的有机污染物，转化为稳定、无害的物质的污水处理方法。根据作用微生物的不同，生物处理法又可分为需氧生物处理和厌氧生物处理两种类型。

化学处理：指通过化学反应和传质作用来分离、去除污水中呈溶解、胶体状态的污染物或使其转化为无害物质的污水处理方法。

【医院床位数】 指填报单位报告期内的固定实有床位（非编制床位）。包括正规床、简易床、监护床和正在消毒、修理的床位及因扩建或大修理而停用的床位（按扩建或大修理前的床位计算），但不包括产科的新生儿床、库存床、临时增设的床位、病人家属的陪床、接产室的待产床等。

【医院病床使用率】 指报告时期内实际占用总床日数与实际开放总床日数的比率。

【医院门诊量】 指报告期内依据医院挂号系统来统计的看病人次。

【废水处理设施数】 指报告期内医院用于防治水污染和经处理后综合利用水资源的实有设施（包括构筑物）数，以一个废水治理系统为单位统计。附属于设施内的水治理设备和配套设备不单独计算。已经报废的设施不统计在内。

【废水处理设施能力】 指报告期内医院的废水治理设施实际具有的废水处理能力。

【废水处理设施运行费用】 指报告期内医院维持废水治理设施运行所发生的费用。包括能源消耗、设备折旧、设备维修、人员工资、管理费、药剂费及与设施运行有关的其他费用等。

【医疗废物处理设施数】 指报告期内医院用于处理医疗废物的实有设施数。

【医疗废物处理设施运行费用】 指报告期内医院维持医疗废物处理设施运行所发生的费用。包括能源消耗、设备折旧、设备维修、人员工资、管理费、药剂费及与设施运行有关的其他费用等。

【用水量】 指报告期内医院用于医疗和生活的水量。

【废水处理量】 指报告期内医院的各种废水处理设施实际处理的废水量。虽经处理但未达到国家或地方排放标准的废水量也应计算在内。计算时，如遇有病房和医院排放口均有治理设施，并对同一废水分级处理时，不应重复计算废水处理量。

【处理废水产生污泥量】 是指报告期内医院废水处理装置在整个污水处理过程中污泥的最终产生量。

【医疗废物产生量】 指报告期内医院在工作过程中产生的固体状、半固体状和高浓度液体状废弃物的总量。

【医疗废物处置量】 指报告期内医院将医疗废物焚烧或者最终置于符合环境保护规定要求的场所并不再回取的医疗废物量。

污染源普查解释：指对医疗废物采用符合环境保护和医疗废物管理规定的焚烧、高温蒸煮、微波消毒和化学消毒等方式处理医疗废物并最终实现医疗废物毁形、减容和消除其危害性，并对其残余物进行安全填埋的处置的过程。

【运往集中处置厂的量】 指将产生的医疗废物运往集中处置厂进行处置的数量。

【放射源数】 指用放射性物质制成的能产生辐射照射的物质或实体的数量，包括密封源和非密封源。其中，密封源是密封在包壳或紧密覆盖层里的放射性物质，如钴-60、铯-137、铱-192 等。非密封源是指没有包壳的放射性物质，如碘-131、碘-125、锝-99 等。

【集中管理的放射源数】 指医院里纳入集中控制管理的放射源的数量。

【退役放射源数】 指医院里已经不正常使用的放射源的数量。

【生活及其他污染】 指除工业生产活动以外的所有社会、经济活动及公共设施的经营活动产生的污染。

【人口总数】 指辖区人口总数。以各地区人口统计年鉴的数据为准。

【城镇常住人口数】 指在城镇有固定的居所在城镇居住，在城镇有固定的职业和稳定的收入及生活来源并且户口落户在城镇的人员；或者户口虽然未在城镇落户，但是其已经在城镇居住、工作、生活并且达到一定期限的人员。

【生活及其他煤炭消费量】 指除工业用煤之外的生活和其他社会经济活动的煤炭消耗量。

计算公式是：

生活及其他煤炭消费量=煤炭消费总量–工业煤炭消费量

煤炭消费总量和工业煤炭消费量的数据都取自统计年鉴上的全社会数统计年鉴的工业煤炭消费量与环境统计汇总的工业煤炭消费量存在一个差值（理论上全社会工业燃煤量应大于环境统计的工业燃煤量），差值部分的燃煤排污量未在环境统计中计算。为将这部分差值统计进来，规定凡全社会工业燃煤量大于环境统计工业燃煤量的，差额部分归入生活燃煤统计，计算公式改为：

生活及其他煤炭消费量=煤炭消费总量（全社会数）–工业煤炭消费量（环境统计数）

如果有地区环境统计的工业燃煤汇总量比全社会工业燃煤量大。在这种情况下，计算公式中的减数仍要用统计局的工业燃煤量。计算公式为：

生活及其他煤炭消费量=煤炭消费总量（全社会数）－工业煤炭消费量（全社会数）

指除工业用煤之外的生活和其他社会经济活动的煤炭消耗量。

【生活及其他煤炭含硫率】 应填入本地区计算所用生活及其他消费煤炭的含硫率。

【生活及其他煤炭灰分】 应填入本地区计算所用生活及其他消费煤炭的灰分。

【城镇生活污水排放系数】 指城镇居民每人每天排放生活污水的数量。生活污水排放系数测算公式为：

人均日生活污水排放系数=人均日生活用水量×用排水折算系数

人均日生活用水量取自各地区统计年鉴，采用城市供水管理部门的统计数据。用排水折算系数可采用城市供水管理部门和市政管理部门的统计数据计算，一般为0.7～0.9。计算公式为：

用排水折算系数=污水年排放量÷供水总量

【城镇生活污水排放量】 用人均系数法测算。测算公式为：

城镇生活污水排放量=城镇生活污水排放系数×城镇常住人口数×365

【城镇生活污水处理量】 指报告期内污水处理厂处理的城镇生活污水总量。由于污水处理厂不仅处理生活污水，也处理一部分工业废水，因此计算公式为：

城镇生活污水处理量=污水处理厂的污水处理总量–处理的工业废水量

【城镇生活污水处理率】 指报告期内城镇生活污水处理量占城镇生活污水产生量的百分率。计算公式是：

城镇生活污水处理率=城镇生活污水处理量÷城镇生活污水产生量×100%

【城镇生活污水中COD产生系数】 指城镇居民每人每天排放的生活污水中含COD的纯重量。全国平均取值为75克/（人·日）；北方城市COD平均值为65克/（人·日）；北方特大城市为70克/（人·日）；北方其他城市为60克/（人·日）；南方城市平均值为90克/（人·日）。

【城镇生活污水中COD产生量】 用人均系数法测算。测算公式为：

城镇生活污水中COD产生量=城镇生活污水中COD产生系数×城镇常住人口数×365

【污水处理厂去除生活污水中COD量】 指城镇生活污水经过污水处理厂（包括工业区废水、污水集中处理装置）处理后，去除的污水中所含COD的纯重量。

污水处理厂去除生活污水中COD量=污水处理厂COD去除量–污水处理厂去除工业COD量

【城镇生活污水中COD排放量】 指城镇生活污水中产生的COD，经污水处理厂（包括工业区废水、污水集中处理装置）处理去除部分量后，实际排放外环境的量。测算公式为：

城镇生活污水中COD排放量=城镇生活污水中COD产生量–污水处理厂去除生活污水中COD量

【城镇生活污水中氨氮产生系数】 指城镇居民每人每天排放的生活污水中含氨氮的纯重量。全国平均取值7克/（人·日）：①实地监测出本地区排放城镇生活污水中氨氮的浓度，与本地区生活污水排放量相乘，得出本地区城镇生活污水中氨氮的实际排放量；②用氨氮排放量除以本地区城镇常住人口数，即得出本地区城镇生活污水人均氨氮产生系数。

【城镇生活污水中氨氮产生量】 用人均系数法测算。测算公式为：

城镇生活污水中氨氮产生量=城镇生活污水中氨氮产生系数×城镇常住人口数×365

【污水处理厂去除生活污水中氨氮量】 指生活污水经过污水处理厂（包括工业区废水、污水集中处理装置）处理后，去除的污水中所含氨氮的纯重量。

污水处理厂去除生活污水中氨氮量=污水处理厂氨氮去除量–污水处理厂去除工业氨氮量

【城镇生活污水中氨氮排放量】 指城镇生活污水中产生的氨氮，经污水处理厂（包括工业区废水、污水集中处理装置）处理去除部分量后，实际排放外环境的量。测算公式为：

城镇生活污水中氨氮排放量=生活污水中氨氮产生量–污水处理厂去除生活污水中氨氮量

【生活及其他二氧化硫排放量】 指报告期内除工业生产活动以外的所有社会、经济活动及公共设施的经营活动中燃煤所排放的二氧化硫纯重量。

生活及其他二氧化硫排放量以生活及其他煤炭消费量及其含硫率为基础进行测算，其测算公式如下：

生活及其他二氧化硫排放量=生活及其他煤炭消费量×含硫率×0.8×2

【生活及其他烟尘排放量】 指报告期内除工业生产活动以外的所有社会、经济活动及公共设施的经营活动中燃煤所排放的烟尘纯重量。

生活及其他烟尘排放量以生活及其他煤炭消费量为基础进行测算。在测算中，要依照煤炭消费的不同用途和不同燃烧方式分别计算：

1. 集中供热锅炉房采暖用煤的烟尘排放量，按照工业锅炉燃煤排放烟尘的计算方法和排放系数计算；

2. 居民生活以及社会生活用煤的烟尘排放量，按照燃用的民用型煤和原煤，分别采用不同的计算系数：

①民用型煤的烟尘排放量，以每吨型煤排放 1~2 kg 烟尘量计算，计算公式为：

烟尘排放量=型煤消费量（t）×（1~2）‰

②原煤的烟尘排放量，以每吨原煤排放 8~10 kg 烟尘量计算，计算公式为：

烟尘排放量=原煤消费量（t）×（8~10）‰

【生活及其他氮氧化物排放量】 指报告期内除工业生产活动以外的所有社会、经济活动及公共设施的经营活动中燃料所排放的氮氧化物纯重量。

按照污染源分类，NO_x 排放量统计分为工业、生活和移动源三部分。生活 NO_x 排放量统计采取系数测算法。具体方法是以地市级为单位，根据该地区生活燃料消费量和生活 NO_x 排放系数，统计出该地区生活 NO_x 排放量。移动源 NO_x 排放量统计方法同生活源，其排放量包含在生活排放量中。

生活 NO_x 排放量=生活燃料消费量×生活 NO_x 排放系数+公路交通氮氧化物排放量